品質管制

王献彰　編著

全華圖書股份有限公司　印行

序言

CONTENTS

台灣工業化幾近五十年，由過去的農業社會漸進式的轉變爲工業社會，八十年代以後，由於工業化的結果，造成工資成本上揚，土地成本提高，傳統工業受到很大的衝擊。期間，政府大力提倡產業結構之自動化，並引進資電等高科技產業，未及時進行產業結構轉變的企業，承受不了工資成本等因素，紛紛轉進大陸設廠，根留台灣之企業除了生產技術之提昇，並且積極作好品質管制，降低成本，提高生產力外，否則難與大陸設廠的製造業相抗衡。

本書基於提供品質管制更豐富的手法與觀念而書寫，筆者從事教職期間，由於擔任行政工作，辦理建教合作，一直與企業界互動頻繁，並赴東海大學高級管理師班、中國生產力中心企業管理顧問師班進修，完成企管顧問課業後，至企業作「人力資源」教育訓練工作，並曾赴大陸台商工廠擔任顧問師，身邊資料多所累積，特編寫此書，供科技大學、技術學院、專科教學之用。

本書編寫要點：

1. 本書共分十一章全一冊，足供大專3～4學分教學之用。
2. 品質管制之手法演進，從早期品檢時代，歷經管制圖、統計、QC七大手法，新QC七大手法及ISO制度皆完整敘述於書內。
3. 舉凡例題、習題，儘量附上插圖，增加實際工廠生產之情境，以使同學易於領會工廠之實務。
4. 例題、習題之數據皆爲筆者從事工廠品管工作之實際資料或進修期間作業之資料，俾使理論與實際能夠配合。
5. 本書習題附有答案手冊(教師手冊)。

6. 編寫之文辭力求簡明，使同學易讀易懂。

7. 所用符號悉依照CNS規範，以求統一。

本書之編寫承蒙全華公司陳本源兄的一再鼓勵，在此致謝。距離本人上次所編寫「品質管制」一書已十餘載，期間國內外品質新手法及新觀念相當多，加上近年企業必須以ISO品質保證獲得認證爲國際化的踏腳石，希望本書能獲得大家喜愛，惟編者才疏學淺，若有疏漏之處，希望諸先進不吝指教，不勝感激。

編著者　王献彰　謹識

編輯部序

CONTENTS

「系統編輯」是我們的編輯方針，我們所提供給您的，絕不只是一本書，而是關於這門學問的所有知識，它們由淺入深，循序漸進。

作者從事品質管制已有多年工作經驗，這些寶貴經驗匯集的成果就是這本「品質管制」。書中以品質管制的認識、全面品質管制、品管小組、目標管理與例外管理、無缺點計劃運動等五個要點來灌輸品質管制觀念，再介紹統計技術、管制圖之製作、抽樣檢驗等方式讓讀者能實際運用，書末附有各種數據表格，方便查閱，非常適合做爲大專院校「品質管制」課程教材，對一般業者而言，也是本絕佳的工具書。

同時，爲了使您能有系統且循序漸進研習相關方面的叢書，我們列出各有關圖書明細，以減少您研習此門學問的摸索時間，並能對這門學問有完整的知識。若您在這方面有任何問題，歡迎來函連繫，我們將竭誠爲您服務。

相關叢書介紹

書號：0364102
書名：限制驅導式現場排程與管理技術(修訂二版)
編著：吳鴻輝.李榮貴
20K/440 頁/490 元

書號：0371572
書名：實用人因工程學(精裝本)(第三版)
編著：李開偉
20K/488 頁/580 元

書號：0321202
書名：品質管理(修訂二版)
編著：鄭春生
20K/664 頁/520 元

書號：0299402
書名：工作研究(修訂二版)
編著：簡德金
16K/352 頁/380 元

書號：0367701
書名：物料管理(第二版)
編著：梁添富
16K/520 頁/450 元

書號：0395501
書名：職業衛生
編著：黃鵲容
20K/432 頁/380 元

◎上列書價若有變動，請以最新定價為準。

目錄

CONTENTS

1 章　品質管制之認識

1-1　品質管制的定義 1-2
1-2　品質管制之發展 1-4
1-3　企業生產品質觀念的演進 1-5
1-4　台灣品質管制的演進 1-8
1-5　品質管制的重要性 1-9

2 章　品管組織

2-1　依據組織型式區分品管架構 2-1
2-2　依據品質管制演進的品管組織 2-4
2-3　全面品質保證各階層的品質管理 2-8

3 章　品質檢查

3-1　品質檢查之流程階段 3-1
3-2　品質管制有關的統計技術 3-12
3-3　檢驗與測試 3-44
3-4　查核表 3-45

4 章 抽樣檢驗

4-1 前　言 4-1
4-2 檢驗的定義 4-2
4-3 術語與代表符號 4-2
4-4 全數檢驗與抽樣檢驗 4-4
4-5 單次抽樣與雙次抽樣 4-5
4-6 OC 曲線 4-7
4-7 抽樣檢驗分類 4-8
4-8 缺點與不良品分級 4-9
4-9 正常、加嚴及減量檢驗 4-10
4-10 MIL-STD-105D 計數值抽驗表 4-12

5 章 品質管制

5-1 製程管制的定義 5-2
5-2 製程管制工作要點 5-3
5-3 QC 七大手法 5-4

6 章 管制圖的基礎

6-1 管制圖的由來 6-1
6-2 管制圖之術語 6-3
6-3 機遇原因與非機遇原因 6-3
6-4 管制界限與管制狀態 6-4
6-5 管制圖之兩種錯誤 6-5
6-6 管制圖之種類 6-7

7 章 計量值管制圖

7-1 平均值與全距管制圖 7-1
7-2 平均數-標準差管制圖 7-11
7-3 中位數-全距管制圖 7-21
7-4 個別值-移動全距管制圖 7-27
7-5 最大值與最小值管制圖 7-31
7-6 管制圖統計之研判 7-33

8 章 計數值管制圖

8-1 前　言 8-1
8-2 不良率管制圖 8-2
8-3 不良數管制圖 8-13
8-4 缺點數管制圖 8-16
8-5 單位缺點數管制圖 8-18

9 章 全面品質管制

9-1 品管小組(品管圈) 9-1
9-2 新 QC 七大手法 9-12
9-3 5S 推行與品管 9-39
9-4 提案改善制度 9-41
9-5 製程能力分析 9-44

10 章 管理與改善

10-1 方針管理 10-2
10-2 QC Story 10-4
10-3 標準化 10-5
10-4 改善就是進步 10-9

11 章 品質保證

11-1 ISO 9000 系列品質保證制度 11-1
11-2 企業建立 ISO 9000 國際標準實務 11-18
11-3 品質保證所運用的其他關鍵技術 11-22

附 錄

1 章

• QUALITY CONTROL •

品質管制之認識

隨著社會的繁榮，科學的進步，各種商品的競爭越來越劇烈，自從台灣加入 WTO(World Trade Organization)市場後，政府已無法以管制進口等措施再對國內企業作保護；國內市場一如外銷方面，完全需靠商品本身品質之優劣與價格之高低與人競爭。

尤其內銷方面，由於國民知識的普遍提高，對產品品質的要求也日日提高，隨著 WTO 市場開放的要求，政府陸續採取較大彈性的自由競爭，開放進口，來促進各企業的改善。在這種內外銷劇烈競爭的環境下，企業如想繼續謀生存與不斷的成長，其產品必須「物美而價廉」方能暢銷。但所謂的「物美而價廉」並非主觀與絕對的，而是根據顧客需要、購買力及競爭對手商品的品質與價格而定。故我們可將「物美價廉」解釋如下：

1. 物美

　　保證產品具有滿足顧客需要的性能，並能在預定時間內維持此種性能。

2. 價廉

　　在一定的品質水準下，盡可能減少損耗不良率，並提高效率，降低售價，以減低顧客的負擔，並增加公司的利潤。

爲了達到這兩個目的，我們可以購買更好更高速的機械設備來達成，但是這樣做有時會受市場的限制而引起生產過剩，致使企業產生危機，因此應先謀求目前設備情況下，各條件之最佳應用來達成上述兩個目的。

工業的發展有它的階段性，我國發展工業已近五十年，開始發展工業時，台灣人力充沛，勞工薪資低。這些優勢，經過四、五十年後，已漸漸失去競爭力，並且被後來者取而代之，如大陸、越南，當產業必須升級之際，我們發現，**追求品質是企業成功的關鍵**，也是唯一可行的策略。有好的品質，才能分擔台幣升值的損失，才能分散外銷市場，才能有高的產品附加價值，也才能迎戰國內市場的開放與國際化，所以，實施品質管理、追求品質是企業成長的不二法門。

1-1 品質管制的定義

一、品質(Quality)

品質一詞，往往被誤解，而把品質管制的品質，當爲生產最好的製品之意，實際上，這裡所指的品質，是指**「消費者所滿意的品質」**，換言之，爲滿足消費者要求，生產者在現有技術條件下所可生產的最好品質。因此品質有狹義及廣義的解釋：

1. 狹義的品質特性

   如外觀、強度、純度、尺寸、不良率等。

2. 廣義的品質內涵

   (1) 產品品質(Quality of Product)：

   ① 研發品質

   ② 製造品質

   (2) 製程品質(Quality of Process)：

   ① 工作品質

   ② 服務品質

   (3) 環境品質(Quality of Environment)：

   ① 心理環境品質

   ② 硬體環境品質

   (4) 管理品質(Quality of Management)：

   ① 人力品質

   ② 決策品質

二、管制

管制一詞，就品質管制的目的來講，可包含兩個意義：一個是確立標準，另一個是保持品質。標準之確立，固以市場的需要爲主，但仍須考慮生產技術能力，以及是否合於經濟原則，故確立標準是保持品質的前題，保持品質不僅是不良原因的探求，同時也是生產過程中適當的矯正措施。

品質管制一詞也有狹義和廣義之分：

1. 狹義的品質管制：是指對於產品本身品質的管制而設法使品質提高。
2. 廣義的品質管制：一種綜合性的有關品質之各種管制方法，包括設計、生產、銷售、服務及工作、環境、人力、文化等，**其目的**

是在最經濟與有效的條件之下製造出消費者花了合理代價所能得到的品質，事實上也就是一種經營管理方法。

總之，**品質管制**簡稱**Q.C.**(Quality Control)，是一種制度，包括經濟地製造產品的各種方法，並使製品品質能符合消費者之要求。

1-2 品質管制之發展

於十九世紀時，工業界繼十八世紀末葉大量生產之思想，欲用機械化方式生產合乎品質的產品，而現場製造者須負責產品的品質，是爲**作業者之品質管制**。

當泰勒(Taylor)所提倡的科學管理時期來臨後，將工作標準化，決定員工之工作量，從事同類工作的一批人由領班負責，所製造的品質亦由領班負責，此時稱爲**領班之品質管制**，而後工業製造系統愈來愈複雜，並將製造與檢查工作分開，設置專業化之檢查員，專門負責產品的檢查，稱爲**檢查員之品質管制**，此三階段之品質管制大多數爲全數檢查，且是事後檢查。西元1910年英國的費雪(R.A. Fisher)博士創造推測的統計學(Stochastics)，利用少數的試驗資料，來推測複雜的因果關係，後來漸次爲工業界所應用後傳入美國，而在美國正式把統計理論導入產品製造管制的是修華德(W.A. Shewhart)博士，他在西元1924年繪製第一張管制圖，並於西元1931年出版一本「產品品質的經濟管制」(Economic Control of Manufactured Products)，奠定了以後統計的品質管制在製造工業的廣泛應用的基礎。

統計的品質管制幫助企業帶來製造產品品質的歸類與不良率的控制，但隨著全球工業化的競爭，品質管制繼續發展爲品質保證、全面品質管制及全面品質保證，不僅帶動企業製造高品質產品的技術與觀念，並且爲人類帶來物質文明。

所以，依據品質發展的歷史過程，它是：

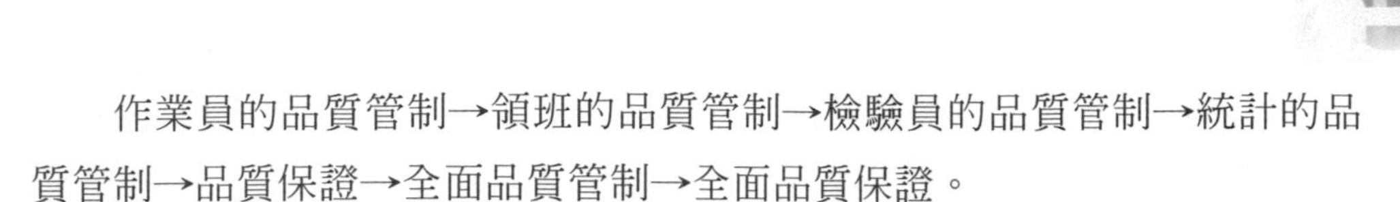
作業員的品質管制→領班的品質管制→檢驗員的品質管制→統計的品質管制→品質保證→全面品質管制→全面品質保證。

1-3 企業生產品質觀念的演進

1930 年代以前，企業生產產品的品質是檢查出來的，1930 年代以後，統計品管的發明，企業可在製程及產品作分類管制，而提供設計部門作設計改善的依據，讓企業對產品品質的控制能力大大提昇，並且足以對客戶作產品品質的保證。及至 1960 年代以後，工業化的國家與日俱增，品質必須靠全面管理及朝向無缺點的生產邁進，才能永遠具備競爭力，隨著生產者對品質觀念的演進，品質控制的制度及手法也配合進展，期能達到品質管制的最高成就。

一、品質是檢查出來的

在十八世紀的工業革命之前，人民對生產的觀念是製造好的產品，然後才有可能上街頭出售或交換。及至十八世紀工業革命，開始有了工廠，大量生產的型態隨之產生，初期作業員仍須負責產品的好壞，此時期，學者稱爲**「作業員的品質管制」**。

到了十九世紀末，科學管理學派興起，工廠追求產量、分工專業及降低成本的措施，此時生產線上的作業員爲追求產量往往忽略產品品質，所以領班挑起品質檢查的任務，此時期稱爲**「領班的品質管制」**。二十世紀以後，製造業由於機械化的成熟，設計素質的提昇，產品的種類愈形複雜，加以管理制度不斷演進，領班的工作無法專注於產品的品質檢查，工廠內乃有品質管理部門的設立，聘用專業檢驗員來管制產品品質，此時期稱爲**「檢驗員的品質管制」**。

以上三個時期，都只是藉著檢查來維持產品的品質，稱爲品質是檢查出來的，所以**「品質檢查」(Quality Inspection，QI)**的定義是以某些方法來

試驗品質，並將其結果與品質基準比較，以判定產品爲良品或不良品，或整批來計算它的良品率，來判定整批產品的合格與否。

二、品質是製造出來的

「統計的品質管制」在美國修華特(W.A. Shewhart)博士於西元 1924 年繪製第一張管制圖後廣泛被製造工業採用。

統計的品質管制強調必須將產品檢查後的結果反應給製造單位，然後進行改善，才能預防不良品的再發生。由於不良品及統計數字回饋給製造單位，作業員必須付出額外時間修改不良品，以及幹部有具體數字可以對作業員的製程成果作解說及要求，使得作業員對品質的認知也隨之改善。品管學者將這種在產品製造過程中，就必須採取回饋處理與預防措施的改變，稱爲**「品質是製造出來的」**，在製造過程必須將產品品質控制好，在生產管理上促進現場幹部及作業員必須兼顧產量與品質，此種品質制度一般通稱爲品質管制(Quality Control，Q.C.)，也就是經濟地製造出符合消費者所要求的品質之產品或服務的制度。

三、品質是設計出來的

二次大戰期間，美國的飛機在執行轟炸任務時，常常會發生故障，根據事後的檢討發現，原因發生在眞空管的失效，但是裝設在飛機上的眞空管都是在出廠時判定合格的產品，爲何在飛機使用時會無法發揮功能呢？

經過檢查及研究人員不斷的檢查與討論後，眞空管失去功能的原因發生在生產製造工廠出廠後，運送至裝配廠，或裝配廠運送到使用者的過程中，當然部份也發生在使用者操作習慣所造成，因此，品管學上發展出對顧客可靠度的觀念，如壽命、運輸及環境影響之試驗。

爲了保證產品是可靠的，所以必須在產品生產的企業設計階段就開始管制，也就是在設計時，必須將客戶對於產品使用環境、習慣及運算等因素考慮進去。

由**「產品是設計出來的」**觀念，品質制度更進一步須考慮到顧客多元需求、產品設計及客訴處理爲主的品質保證制度。

品質保證(Quality Assurance，QA)之定義是爲了充分保證滿足消費者對於產品本身、使用及售後服務，生產者在廠內所進行的系列品質管制活動。

四、品質是管理出來的

1961 年美國費根堡(Feigenbaum)提出了「全面品管」的觀念後，企業界逐漸發現，產品品質不只是線上製造單位或品管單位的責任，而是企業全體員工的工作，不論設計、文書、業務、倉管、製造、客服……等都應一同參與。企業逐漸有品管小組，即通稱爲品管圈(Quality Control Circle，Q.C.C)，運用品質手法來解決自己工作的問題，而品管委員會是公司最高品質指導單位，漸漸地進入了「全面品質管制」時代。品質靠各單位、各層面的討論、自主發現及解決辦法來改善，因此，**「品質是全公司管理出來的」**。**全面品質管制(Total Quality Control，TQC)**的定義是將企業內，各單位能夠進行品質開發、品質控制以及尋求品質改善的方法，不斷的改進，促進企業不論管理部門、製造部門、行銷部門以及售後服務能達到使客戶完全滿意以及達到企業最經濟的生產水準。

五、品質是習慣出來的

有這麼一句話：

觀念改變行爲 行爲改變習慣 習慣改變人格 人格改變命運

企業的人格就是企業文化，一個公司的品質文化如果能塑造成全體員工認同的價值觀，對於公司的發展相當重要，試想，不管公司哪一部門、哪一個員工，如果都能體認公司的經營命脈操在客戶的滿意，而客戶的滿意即是公司全面品質管制好的結果方能達成。公司品質文化塑造過程，從員工的態度觀念訓練起，待大家價值觀形成休戚與共、達成共識後，不論在哪個崗位，做哪一種工作，都會主動做好並合乎標準，甚至自我期許「無缺點生產」，這就是**「全面品質保證時期」**。

全面品質保證(Total Quality Assurance，TQA)定義是以顧客為導向，從企畫、執行、檢查到回饋，包含了公司所有的部門成員，能不斷的追求品質改善，並朝零缺點的生產理念，對客戶保證的一種工作習慣。

1-4 台灣品質管制的演進

早在民國 42 年，品質管制即開始導入台灣，經數十年的努力，已獲相當的成效。但與美國、日本相較仍有相當距離，尚待繼續努力。

品質管制在台灣發展的經過，大約可分三個時間：

1. 介紹時間：民國 41 至 44 年

   民國 42 年台灣肥料公司新竹廠開始試辦統計的品質管制，接著聯勤生產署某兵工廠，在兵器彈藥製造上，亦實施品質管制，此為台灣品質管制之開端。

2. 推廣時間：民國 45 至 50 年

   民國 44 年 11 月，有關機構籌組中國生產力中心，基於經濟發展之需要，決定以品質管制為主要工作項目，每年選擇合乎品質管制條件的工廠二、三家，協助推行，以作示範，並舉辦品質管制講習班、講演會來訓練品質管制人員，其間實施品管的工廠計有四十四家，品管班計有三十九班。

3. 發展時間：民國51年以後

政府基於品管之需要，於民國 51 年成立「經濟部工礦業產品品質管制審議委員會」，民國 52 年訂定「推動國內工業實施品質管制辦法」。爲配合推行起見，實施若干措施：

(1) 工廠分級及外銷產品分等試驗，將實施品管的情形，作爲評定等級的主要條件之一。

(2) 正記標誌產品如工廠品管審查合格後，即減少抽驗次數。

民國 55 年開始，工礦業產品品質管制審議委員會，依照推行國內工業實施品管辦法，每年由主管機關組織小組考核，經濟部公告必須實施品質管制產品之生產工廠。

民國 58 年起，政府爲統一品管行政職權，成立國貿局第七組，辦理品管之輔導工作，並頒布「國產商品實施品質管制使用正字標記及申請分等檢驗聯繫辦法」，正式將推行品管工作作爲政府的經濟措施。

4. 民國79年3月，我國將ISO 9000系列轉訂爲CNS 12680-12684並擬於兩年內以ISO 9000/CNS 12680取代原來的品管分等檢驗

經濟部商檢局並出版「國際標準品質保證制度認可登錄作業說明」，內容有詳細說明如何以ISO認證與世界其他國家之品質檢驗制度接軌或互容。

1-5 品質管制的重要性

自修華德博士出版了品質管制之巨著「工業製品品質之經濟管制」後，逐漸引起工業界的注意與重視，漸爲各工業界廣爲應用，其重要性如下：

1. 購入原料品質之改進。
2. 減少不良品，間接增加產量，節省人工及原料。

3. 製成品之品質大爲改善。
4. 員工重視品質，節省檢查費用。
5. 製造程序操作之改進。
6. 建立顧客信心，改進製造者與消費者之關係，增加銷路。

實施品質管制，可獲得下列顯著的目的：

1. 防患不良於未然。
2. 避免不良品交到顧客手上。
3. 減少修理，以免增加成本。
4. 使能如期交貨。
5. 使生產計劃得以順利進行。
6. 增加產品可靠性。
7. 標準化建立與標準化生產。
8. 使公司企業發展。
9. 其他。

總之，不論在品質上、產量上、經濟上均有顯著的成效，成爲現代工業不可或缺的一種重要工具，尤其經濟與工業不斷的進步與成長，品質工作，不僅只在注重產品品質的品保制度，而更進入到注重過程、注重環境以及注重管理的全面品質保證制度。相信追求成長的企業，不僅在生產上最終目標要放在「全面品質保證」之外，更應先按步追求品檢、品管、品保制度與執行的落實，然後能達到 TQC、TQA 的階段，爲企業塑造高價值的文化與形象，並能永續經營。

本章摘要

1. 自由競爭市場，產品必須具有「物美價廉」之優勢，才能暢銷。
2. 品質管制簡稱QC(Quality Control)是一種制度，包括經濟地製造產品的各種方法，並使製品品質能符合消費者之要求。
3. 品質發展的歷史過程：作業員的品質管制→檢驗員的品質管制→統計的品質管制→品質保證→全面品質管制→全面品質保證。
4. 品質檢查時期包括作業員、領班及檢驗員的品質管制。
5. 產品品質在製造過程必須控制好，此種制度通稱爲「品質管制」(Quality Control，QC)。
6. 保證產品是可靠的，必須在產品生產的企業設計階段就開始管制。
7. 產品品質不只是線上製造單位或品管單位的責任，而是企業全體員工的工作，不論設計、文書、業務、倉管、製造、客服……等都應一同參與。
8. 觀念改變行爲，行爲改變習慣，習慣改變人格，人格改變命運。
9. 企業的人格就是企業文化。
10. 全面品質保證生產是朝無缺點生產的一種理念。
11. 民國79年以後，台灣以ISO 9000系列轉訂爲CNS 12680/12684爲品管制度依據。
12. 追求成長的企業，應按步就班追求品檢、品管、品保制度與執行的落實，然後達到TQC、TQA的階段，爲企業塑造高價值的文化與形象，並能永續經營。

習題

1. 何謂品質？試就廣義與狹義說明其意義？
2. 產品標準的確立，應注意哪些事項？
3. 何謂品質管制？
4. 依據品質發展的歷史過程包括哪些？
5. 品質檢查的定義是什麼？
6. 「品質是製造出來的」其內容爲何？
7. 試述「品質保證」的定義？
8. 解釋「全面品質管制」的定義？
9. 「全面品質保證」的定義如何？
10. 民國 79 年以後，台灣的品管制度如何演進？
11. 試詳述品質管制之重要性。
12. 實施品質管制，可獲得企業哪些顯著的目的？
13. 企業如何以品管制度協助永續經營？

2 章

• QUALITY CONTROL •

品管組織

品質管制工作在企業內要能發揮功能，必須依據企業的規模、型態、產品類別、創立歷史、以及人員素質之培訓制度而作彈性與適度的設立，因此，品質組織亦有階段性或功能性訴求的不同。企業的設立，一方面加強製程的測試與研究，以提高生產量，一方面又必須技術改善以控制良率的比例，除了不斷研發外，員工的訓練亦同步實施，一段時間以後，衍生出企業的組織型態以及企業內涵，所以，品管組織不是一成不變的，它可以有階段性，因人、因產品、因規模而作調整。

2-1 依據組織型式區分品管架構

工廠管理制度有直線式、功能式以及幕僚式之組織型式，品管組織亦配合工廠其他部門之組織架構而有不同之型式。

一、直線式組織

直線式組織品管部編制較小，隸屬於製造部門，通常工廠規模較小時可以以這種制度來實施品質管制工作，品管課與製造部門、生產管制部門隸屬於生產部最高主管，協調連繫方便，但是生產部經理必須對公司之製程及現場流程相當了解，且對客戶群及產品成本深入了解，才能控制產量與品質的平衡。

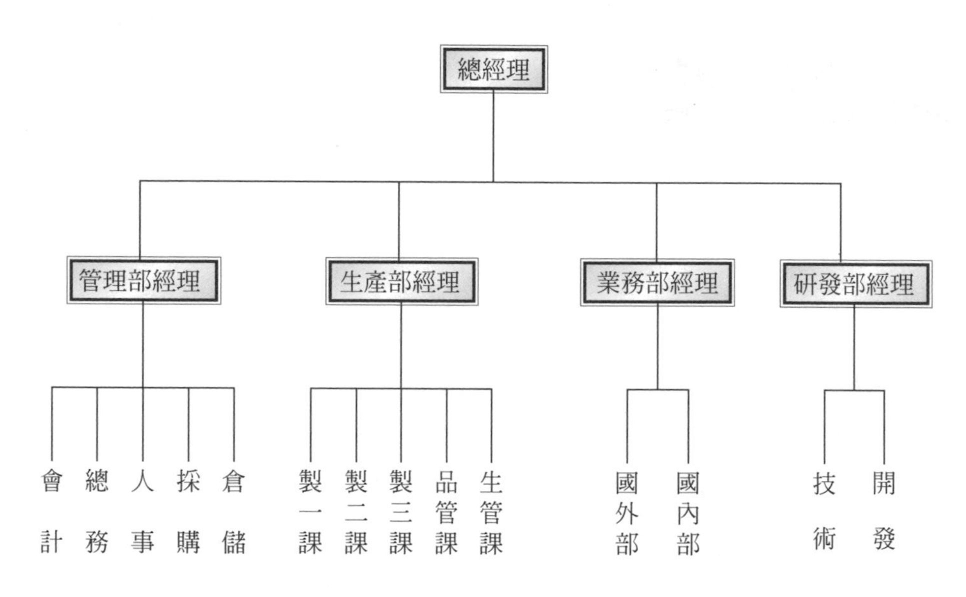

圖 2-1　直線式組織

二、功能式組織

工廠的產品類別與生產線相當，而且每一生產線的產品獨立，則公司的品管部門亦訓練各生產線的品管人員，通常品管部門派人長駐各生產線，配合各生產線的一貫化製程作品檢或管制工作，若有生產線上產生的異狀隨時告訴生產線的幹部即時改善，至於統計分析資料則回品保部門向主管報告，作進一步的處理，以提昇公司產品的品質。

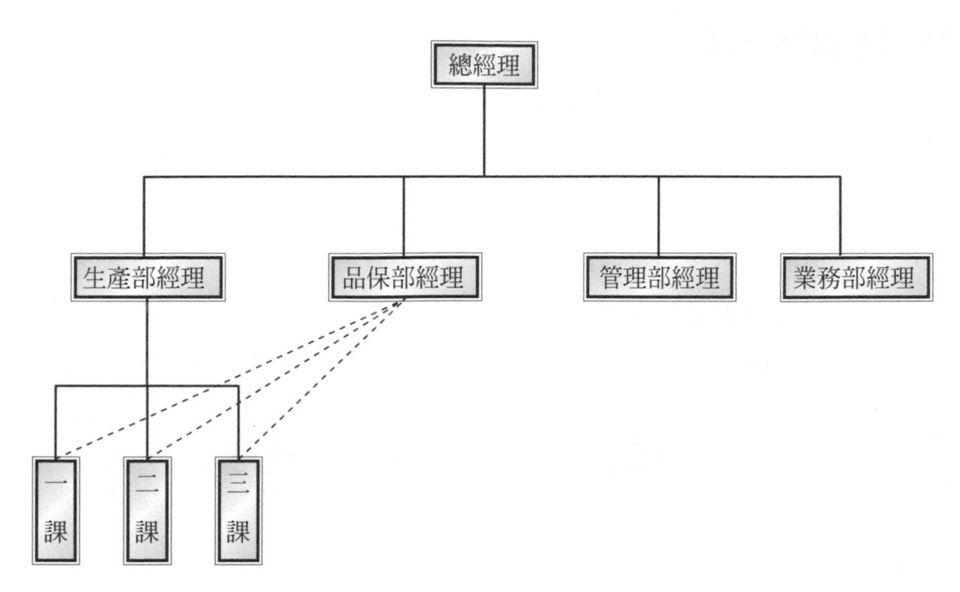

圖 2-2　功能式組織

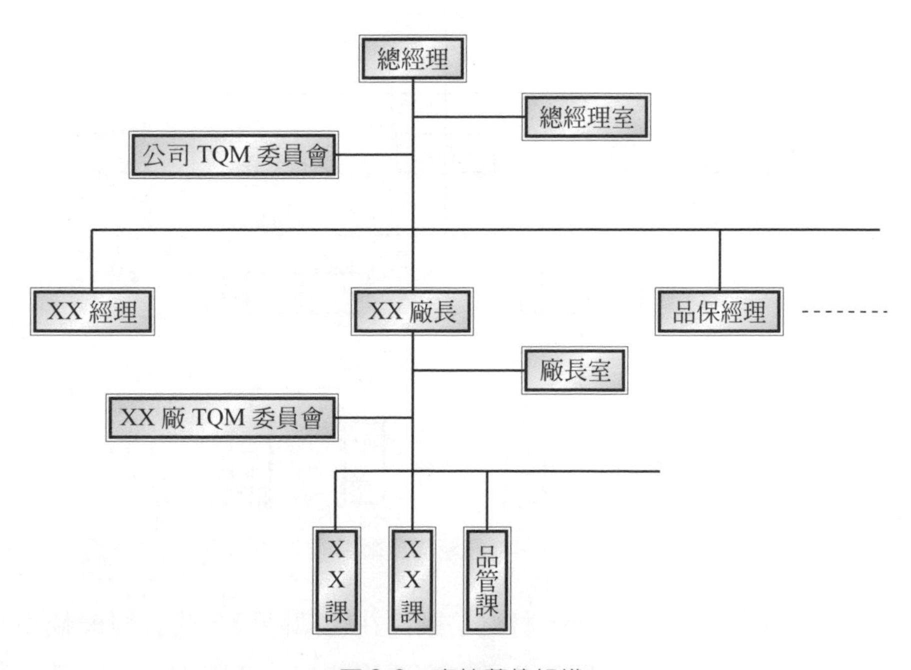

圖 2-3　直線幕僚組織

三、直線幕僚組織

公司的規模較大，且產品種類較多，或產品的製程複雜，前後製程又足以影響產品的品質以及產量的績效，則在直線組織外，公司設立品質檢討的組織，如品質管制委員會，藉召開品質會議時，大家針對品管單位提出來的品質記錄以及分析結果，集思廣益，作進一步的確認，關係到各部門的生產因素亦能努力克服、改善，如圖 2-3 即爲品質管制委員會的設立，公司各層級都可以設立品質管制委員會，以逐一層級保證公司的品質。

2-2 依據品質管制演進的品管組織

一、品檢階段

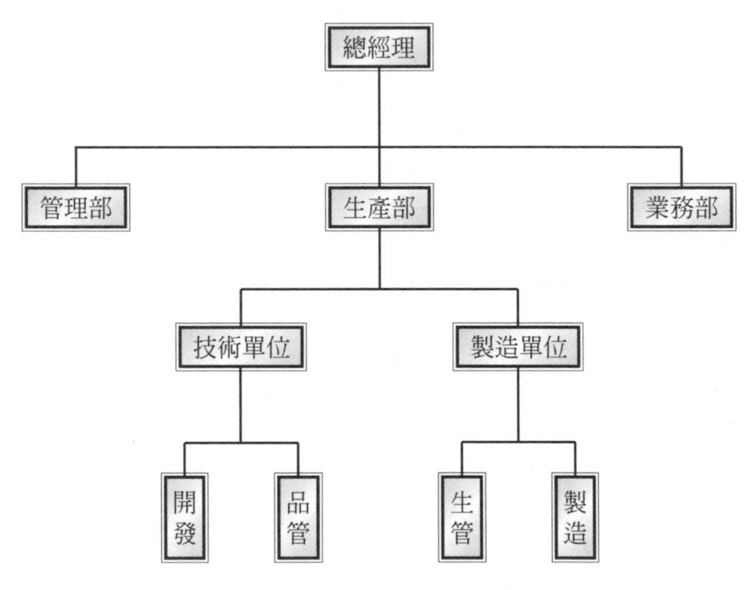

圖 2-4 直屬於技術部門

企業甫成立之初，由於人材之培訓尚在啓蒙階段，或者規模較小的中小企業，企業重在技術部門以及生產部門之開發，此時期，企業重在技術之開發，來穩定產品之品質，所以，將品管單位直屬於技術部門或生產部門。如圖 2-4 直屬於技術部門，圖 2-5 直屬於生產部門。

此時期，因公司規模小，人才有限，藉重技術或製造部門的專業人員，掌管品管，可以達到一方面控制好公司產品的品質，一方面培養品管人才。

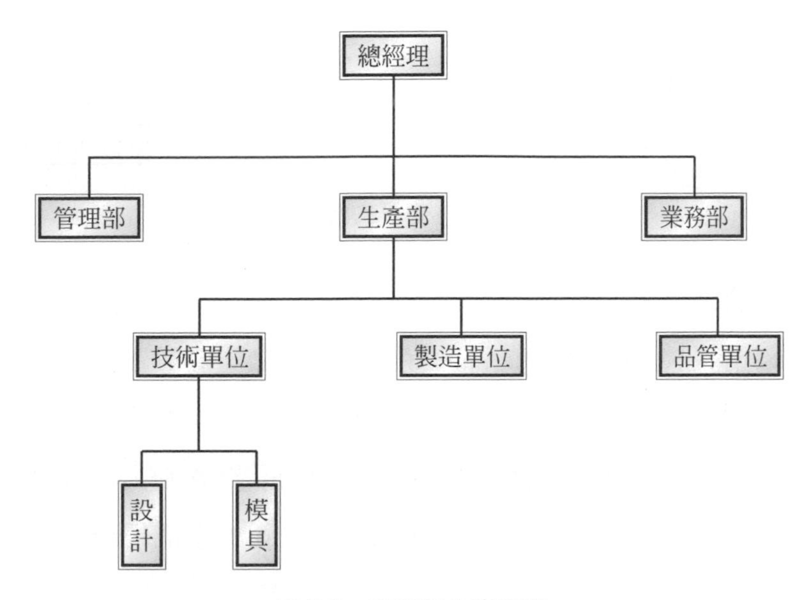

圖 2-5　直屬於生產部門

二、品管階段

一個管理制度上軌道的公司，不論企業的規模如何，必將逐漸發覺品管單位獨立且直屬總經理的重要性，因爲品管單位隸屬於技術單位，品質標準易受公司技術單位的水平而遷就，如果品管單位隸屬於生產製造部門，品質的把關控制易受生產數量績效以及出貨期的壓力，而產生矛盾，因此，品管單位的超然及獨立行使意志非常重要，重視產品品質的機關，必將品管單位直屬於總經理，提高位階，如圖 2-6。

品管單位視公司的規模，以及品管人員多寡，可爲組或課，主管層級不一定與管理、生產、業務相同。

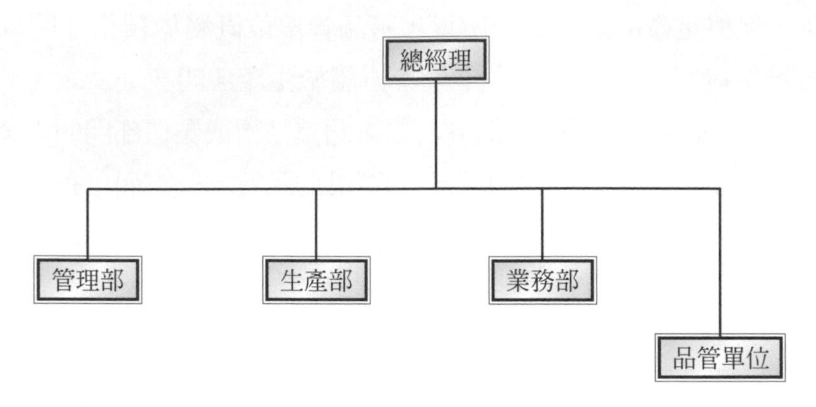

圖 2-6　直屬於總經理

三、品保階段

企業經營已進入對客戶的品質保證，所以公司的品質管制工作內容不只針對產品的檢查及製程的管制，而是提升到企業制度的設計市場的調查稽核注重售後服務及回饋處理，此階段現場的品質管制由生產部門自行負責，公司必須另設立品質保證部門，來提昇公司的產品信譽及保證，如圖 2-7。

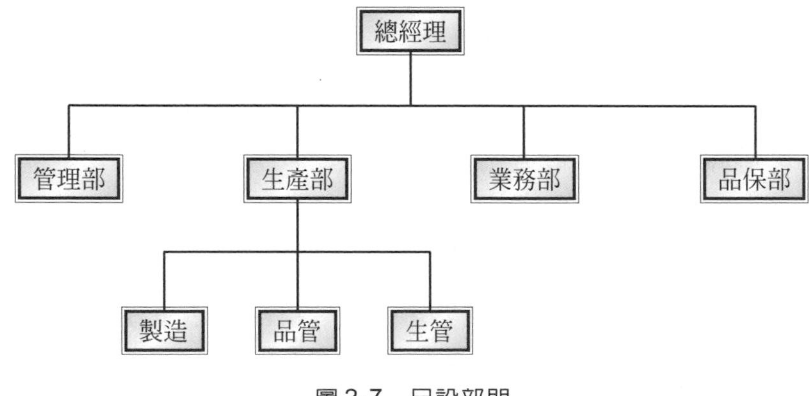

圖 2-7　另設部門

四、全面品管階段

企業爲求全公司認同每一部門皆應對公司的品管有責任，不論從事務所的行政工作，管理部的會計、總務、出納、人事，業務部的與客戶第一線接觸，哪一項工作，有足以影響員工士氣者，有確保製程順利者，有贏得客戶信賴者，公司上上下下都應對品管付出一份關懷與參與，並且利用定時聚會，提供意見，共同爲公司產品及服務的品質作改善與保證，如此，公司方能永續經營以及日益壯大，一般企業以品質管制委員會型態作全面品管的組織，將公司內各單位相關主管或人員納入委員會之成員，但企業內的製造部門仍有品管單位執行產品檢查、檢驗以及製程管制，圖 2-8 爲品管委員會之組織型態。

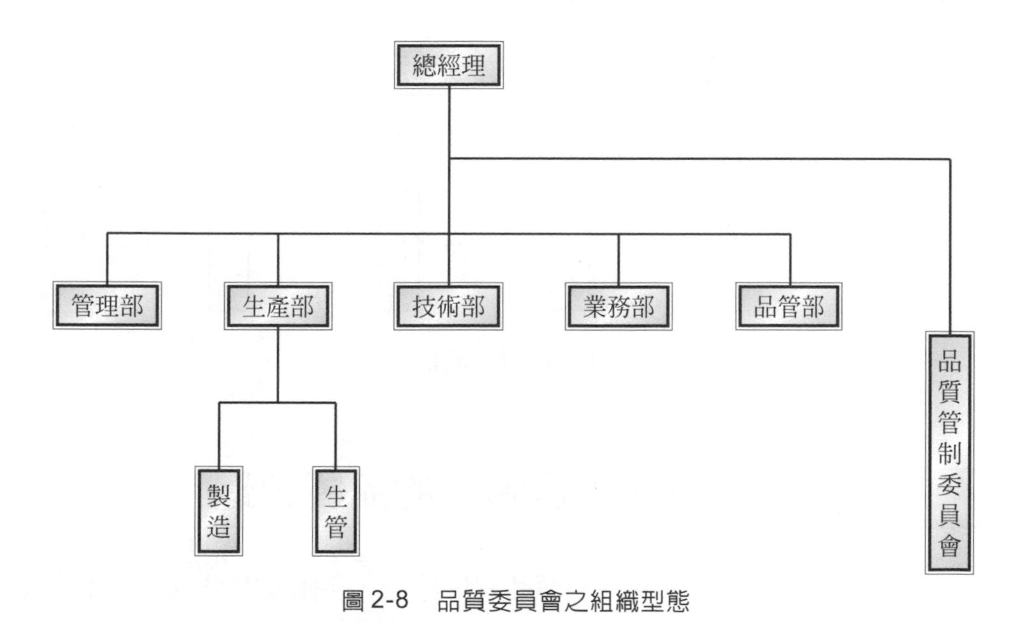

圖 2-8　品質委員會之組織型態

五、無缺點運動品管階段

企業經營品質的訴求應由員工自主性的自我要求爲最高境界，所以如果只依靠品管部門的檢查或管制，或者幹部的管理，公司品質保證的階段還是相當難以達成，必須由員工作好自我管理，並且尋求改進品質的方法，才是治本且最有效的方法，因此，品管制度成熟的企業，在企業內推行品管圈或提案制度，就是借重員工在第一線的工作心得，自發性的尋求工作盲點，然後在工作方法、模具、或工作流程上提出改進之道，來提昇產品品質或效率，是品質管制相當重要的制度，如圖 2-9。

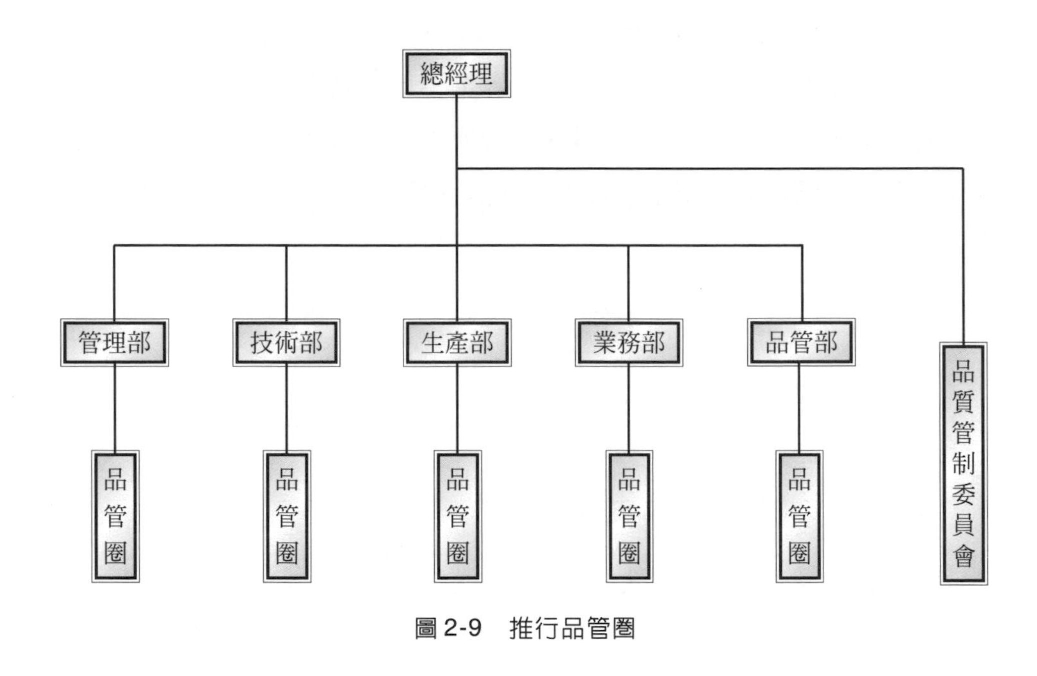

圖 2-9　推行品管圈

2-3　全面品質保證各階層的品質管理

企業實施全面品質管制及全面品質保證後，各階層及各部門在品質管理的工作，事實上已全部納入責任範圍，如圖 2-10，即說明品質管制部門是執行單位間溝通協調的功能，其他部門對企業的產品品質皆負有品質優劣的責任。

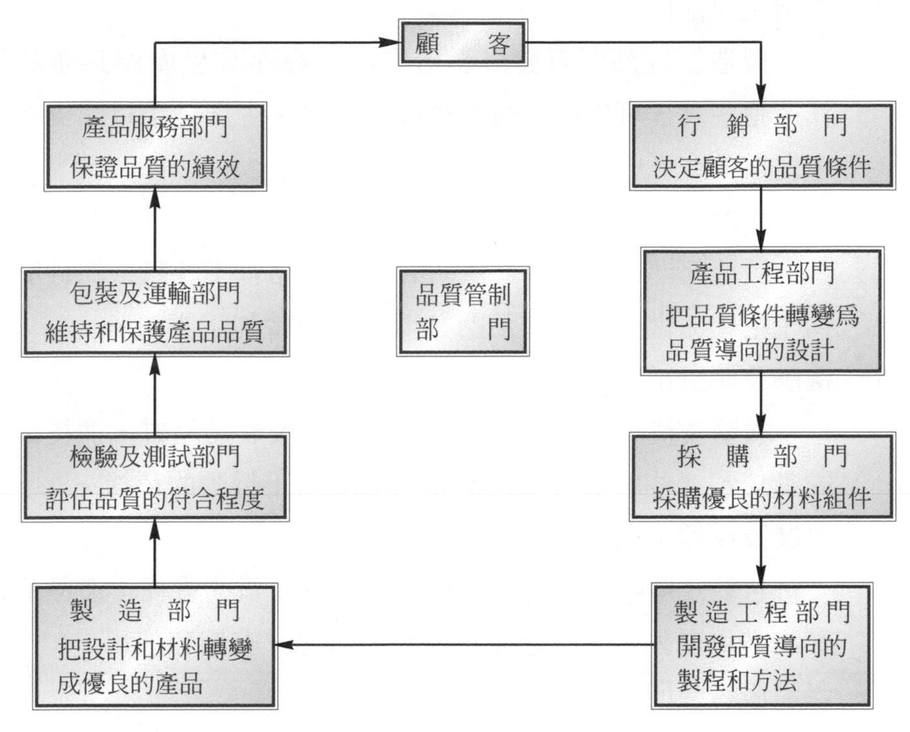

圖 2-10　全面品質保證

各部門的工作責任分述於後：

1. 行銷部門

　　行銷部門可以從顧客所需要的品質，以及所願意付出的價錢，來定出產品的品質水準。

2. 產品工程部門

　　產品工程部門是把顧客對新產品(或改進後的產品)的品質條件轉變成作業特性、正確的規格，和適當的公差。

3. 採購部門

　　依據產品工程部門所頒發的品質標準，採購部門有購買優良材料和組件的責任。

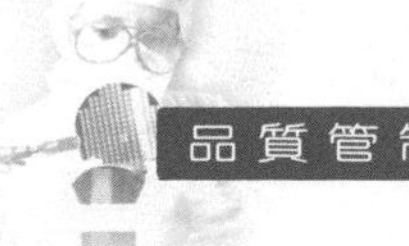

4. 製造工程部門

　　製造工程部門有發展製造方法和程序來生產優良產品的責任，這些責任可經由製程的選擇和發展、生產計畫以及支援活動來達成。

5. 製造部門

　　製造部門有生產優良產品的責任，品質不能只依靠檢驗，而爲了把產品做好，製造部門必須開發適當加工方法。

6. 檢驗及測試部門

　　檢驗及測試部門有評鑑購入物品及製成品品質，並提出報告的責任，這些報告可做其他部門採取矯正行動的依據。

7. 包裝及運輸部門

　　包裝及運輸部門有維持和保護產品品質的責任，產品品質的管制必須自製造部門延伸到產品的運送、安裝和使用。

8. 產品服務部門

　　產品服務部門有讓顧客充份瞭解產品在預定期限內所具功能的責任，這種責任包括安裝、保養、修理、以及零件替換的服務。

本章摘要

1. 品管組織不一定一成不變，它可以有階段性，因人、因產品、因規模而作調整。
2. 直線式品管組織適合工廠規模較小之狀態使用。
3. 功能式品管組織配合各生產線的一貫化製程作品檢或管制工作。
4. 企業規模龐大時，爲作品管溝通，以設立品質管制委員會爲原則。
5. 企業成立之初，品管單位以隸屬於技術或生產部門居多。
6. 品管單位的超然及獨立行使意志非常重要。
7. 品質保證之品管工作包括生產、市場調查、售後服務及回饋處理。
8. 全面品質管制階段以品質管制委員會之設立協助。
9. 無缺點生產是一種理想，以員工自發性品管爲訴求，藉推行品管圈及提案制度來達成。
10. 全面品質保證制度之實施，品質管制部門除了本身品管工作外，另一項功能是協調單位間品質之橋樑。

習題

1. 試述直線式品管組織有哪些優點？
2. 何時品質管制委員會有其必要性？
3. 企業在品檢階段之品管部門如何設置爲佳？爲什麼？
4. 爲何品管單位必須提高位階？
5. 就「品質保證」之品管制度，公司之品管應包含哪些內容？
6. 全面品管階段之品管組織爲何？
7. 無缺點運動之生產理念如何實施？
8. 全面品質保證制度，行銷部門之工作責任如何？
9. 試以圖形說明品質管理各部門之責任範圍？

3 章

• QUALITY CONTROL •

品質檢查

檢查是管制品質的最基本手段與工作，不論從物料、投入生產之加工以及裝配完成之成品，檢查不失爲對公司產品把關且對客戶負責的措施。

3-1 品質檢查之流程階段

公司生產，最重要的檢查階段爲進料檢查及出貨檢查，至於中間的加工製程，可依重要性設立檢查點，以免不良品流失至下一流程，造成公司龐大的損失。

一、進料管制

產品之優劣，決定之先乃材料之良劣否，有良好的材料，才能製造出優良的產品。

1. 定義

進料管制是在最經濟品質水準下接收那些品質與規格符合標準的物料。物料包括原料、材料、零件、組件、機械配件、包裝材料、消耗品等公司需要之各種用料。

2. 爲何要實施物料管制

公司產品影響信用至巨，雖然物料供應廠本身亦皆實施品質管制，但爲確保公司生產之順利及產品之品質標準，在物料入庫時，企業本身必須再實施管制，一方面確保產品使用良好的物料，一方面作爲供應商品質穩定度之稽核。

3. 進料管制之系統

進料管制之執行工作稱爲驗收，驗收的主要工作是檢查貨物與訂購單是否一致。除了品質外，數量亦要作好記錄，作爲現場開工用料之準備。但是，企業實施進料管制絕非僅作驗收工作，其工作要點爲

⑴ 管制成本：合理的價格取得及儲存物料。

⑵ 管制品質：訂定合理之材料規格並確保材料符合規格。

⑶ 管制交期：適時、適量且永續獲得供應。

圖 3-1 爲進料管制作業流程圖，由流程圖中，我們深悉物料管制包含技術、生管、採購、倉儲、品管人員之通力合作，才能確保物料品質，其與品質有關之工作如下：

⑴ 材料品質規格及驗收標準之建立。

⑵ 協力廠或材料供應商之調查、評估與選擇。

⑶ 規格及標準之提供與訂購後之跟催及抽驗。

⑷ 進料確實驗收。

⑸ 不合格材料之處理。

⑹ 進料驗收記錄之整理。

4. 進料驗收程序

材料由請購至入庫大略可分為下列步驟：

圖 3-1

表 3-1 ○○電機工廠股份有限公司

驗 收 單

倉庫主管			經辦			
品 名	規 格	單位	送驗數	實收數	單 價	金 額
1						
2						
3						
請購單位及請購單號碼				納品廠商		
付 運 單 或 憑 證 號 碼				到達日期		年 月 日
廠長		品課管長		檢查		
檢 查 情 形					判 定	
1						
2						
3						

檢查日期： 年 月 日

總經理	

表 3-2　抽樣檢驗記錄表

品名	交貨日期　年　月　日	
批量　個	交貨日期　年　月　日	
抽樣方式　個數	交貨廠商	
指示書 No.	檢查者	
不良率　%	判定合，否，特，選	

計數檢查	合格判定值	Ac ／ Re 微缺點／輕缺點／重缺點／致命缺點		
	檢查項目 n	0　5　10　15　20	不良數	不良率
				%
				%
				%
				%

檢查項目									
合格最大值									
合格最小值									
1									
2									
3									
4									
5									
6									
7									
8									
9									
10									
Σ									
$\overline{X}$									
R									
S									

表 3-3　XX 實業股份有限公司物料檢驗記錄表

檢驗號碼：　　　　驗收單號碼：　　　　　　年　　月　　日　　時檢驗

(一)檢驗對象

廠　　商	訂單號碼	品名	類別	料號	規格	進貨日期	進貨數量

(二)採抽樣檢驗□或採全數檢驗□　　　　使用抽樣表：

Po AOQL	P_1	抽驗表		全數檢驗
		樣本數	合格判定個數	

(三)檢驗項目：

1	2	3	4	5	6	7	8	9

(四)檢驗結果：　　　　不良分析

抽樣檢驗		全數檢驗		不良項目									合計
樣本數	不良數	全數	不良數										
				個數									

(五)合格或不合格判定：

判定		備註	

品管主管		品管組長		物料檢驗員	

表 3-4　進貨檢驗成績記錄單

日期	廠商	品名	規範	用途	單位	進貨數量	檢驗數量	合格數	不合格數	不良率	不合格主要原因

廠長	品管課長	檢驗員

表 3-5　材料品質矯正通知單

<table>
<tr><td>廠商</td><td colspan="3"></td><td colspan="2">進貨日期</td><td colspan="2"></td></tr>
<tr><td>品名</td><td colspan="3"></td><td colspan="2">檢貨日期</td><td colspan="2"></td></tr>
<tr><td>規格</td><td colspan="3"></td><td colspan="2">通知日期</td><td colspan="2"></td></tr>
<tr><td>數量</td><td colspan="3"></td><td colspan="2">通知次數</td><td colspan="2"></td></tr>
<tr><td>不良情形</td><td colspan="7"></td></tr>
<tr><td>擬請矯正意見</td><td colspan="7"></td></tr>
<tr><td>廠商改善措施</td><td colspan="7"></td></tr>
<tr><td>簡圖</td><td colspan="7"></td></tr>
<tr><td>回饋</td><td></td><td>廠長</td><td></td><td>課長</td><td></td><td>檢驗員</td><td></td></tr>
</table>

驗收的程序一般如下述：

⑴ 交貨廠商送物料及送貨單，管理員清點數量無誤後，簽收送貨單交回。

⑵ 收貨員填寫驗收單，請驗收單位派員驗收，如表3-1。

⑶ 開箱拆包，與裝箱單或其他文件詳細核對，名稱規範是否相符，所交貨品是否混淆，及有無破損之檢查。

⑷ 如需取樣時，依規定取樣本，如表3-2。

⑸ 送化驗部門或以量規、量尺檢驗，如表3-3。

⑹ 根據檢驗結果，決定允收或退回，如表3-4、表3-5。

⑺ 如檢驗合格，即開具檢驗合格報告單，由倉庫入帳，由會計單位付款。

上列程序結束，也就是該項或該批貨品採購工作完成。每一個過程都須經過檢驗員及品管主管之認可，這就是物料品檢。

圖3-2爲進料管制流程圖，採購之前，企業內各單位必須各司其責，作好圖樣規格、檢驗規範、檢驗計畫及供應商之選定。然後訂貨、入庫前有一定的檢驗程序。

圖3-2中，進料檢驗合格批入庫是常態的作業程序，不合格批除了全部拒收退貨外，可以要求供應商作企業「特殊採購」辦法處理，如降價或委請企業代工修改而折扣原供應價格等。作拒收、特殊採購之處理時，倉儲單位應知會相關單位如品管、生管、採購共同處理，以免影響後續之生產流程。

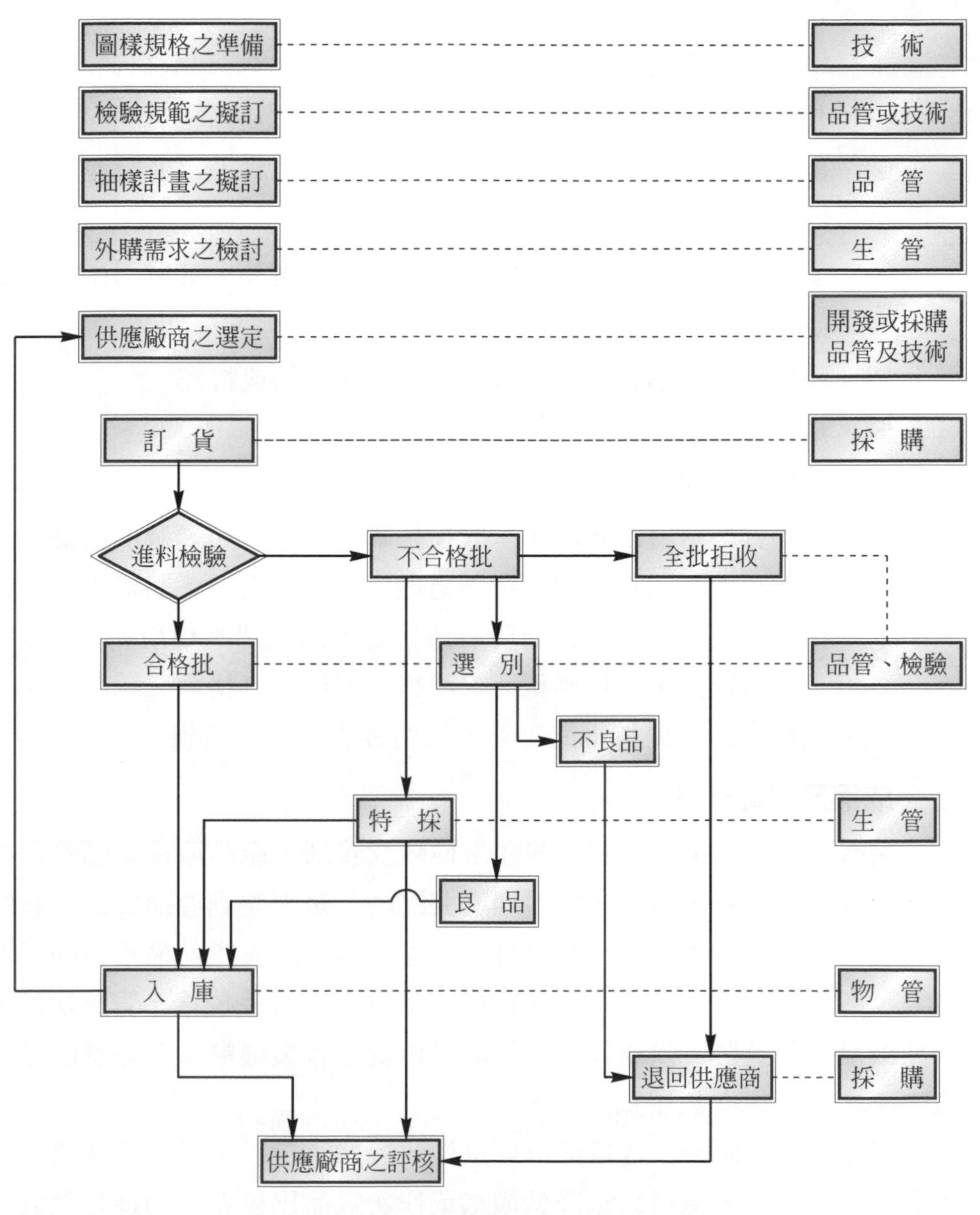
圖樣規格之準備
技　術
檢驗規範之擬訂
品管或技術
抽樣計畫之擬訂
品　管
外購需求之檢討
生　管
供應廠商之選定
開發或採購
品管及技術
訂　貨
採　購
進料檢驗
不合格批
全批拒收
合格批
選　別
品管、檢驗
不良品
特　採
生　管
良　品
入　庫
物　管
退回供應商
採　購
供應廠商之評核

圖 3-2　進料管制流程圖

5. 不合格材料之處理

對於不合格材料的處理，我們歸納出下列之處理方法：

(1) 整批拒收退回供應商。
(2) 全批進行檢查，依檢驗標準分爲良品和不良品，並將不良品退回供應商，檢驗費用由供應商負責。
(3) 全數檢驗後，不良品由購方廠商修理或處理，其費用由原供應商負擔。
(4) 特別處理，臨時放寬規格接收，又稱特採或特認。
(5) 減價接受做爲他用。
(6) 當廢品處理。

不合格材料之處理，一般在採購契約時，必須載明清楚，以免付款時產生糾紛，利用特別處理接收之材物料，品檢人員應標示清楚，使現場人員使用時有所警覺，以免錯誤使用。

採購廠方可作供應廠商之評核，對於不合格數之統計結果，通知供應商，促其研究改善，以免發生同樣的錯誤。

二、成品及出貨管制

生產流程中如果能做好各零件之檢驗及管制，產品原件之品質已經爲產品保證好品質，但是，零件經過裝配後，是否達到產品成品應有的穩定度、平衡度、平行度、垂直度……等，是成品入庫前最重要的把關時刻，所以應做好成品檢查。如圖3-3，在產品裝配完成後，實施檢驗，合格成品進行包裝，須要作包裝檢驗者再實施包裝檢驗，合格者直接入庫，不合格者作全數選別處理。

至於在成品檢驗不合格部份可以作「特採決定」，所謂特採決定是不影響產品使用，但可以以降低價格或作次級品出售者，仍進行包裝，繼續後面流程。不同意作爲特採決定產品者，則須重新修理，再依流程處理。

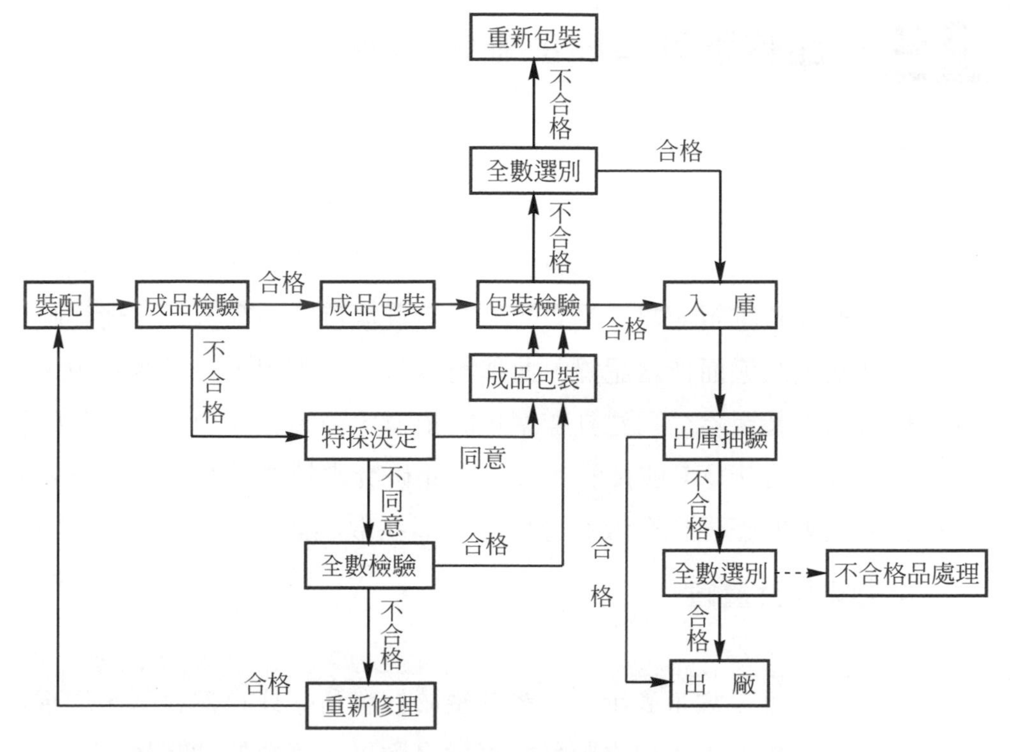

圖 3-3　成品檢驗流程

三、製程檢驗

製程檢驗是品質管制的基本工作，各企業的生產流程及產品不相同，以及各企業投資的設備精密度，員工技術水準亦不盡相同，所以，製程檢驗隨各企業的產品、流程、生產重點站(key point)、瓶頸……等，由品管單位設計製程檢驗點，採取全數檢驗或抽樣檢驗，都與上述因素及產品未來使用需求有關係。

生產線製程(Line)一般在最後皆派駐品管單位進行檢驗工作，而且以全數檢驗爲主，不管目視或儀器檢驗，以不影響整線之效率爲原則。至於單一製程生產，品管人員則以抽樣及定時抽驗居多，屬於製程管制之重點工作。

3-2 品質管制有關的統計技術

一、引言

由於工廠的性質迴異，而且每一間工廠內要收集的資料種類繁多，如生產量、銷售數量、原料之數量與品質、成品的重量、長度、成本，甚至機器的保養維護記錄、用以生產的液體濃度……等資料亦皆爲瞭解產品之性質與狀態而作之記錄，此種記錄可作管制用，分析改善用，亦可作檢查用，甚至給公司建立標準化的依據，前後生產建立一明確的統計數字，作爲實施Q.C前後的比較。因此研究數據的分類與整理，是對工廠各種資料的整理作有效的分析，進而採取應對措施的首要工作。

二、計數值與計量值

1. 數據之定義

   凡可以數量表示，不論其屬於社會科學或自然科學，均稱爲數據。例如：人口之數目、車輛之數目、燃料的消耗量、大氣中之含塵量、溫度、氣壓、工廠中各種產品所佔之比例、工廠之成本……等資料皆是數據。

2. 數據之種類

   ⑴ **計數值**(間接數據)：在同一變數下，任何二個不同變量間不能加以無窮細分之變量稱爲間斷數據(Discrete Data)或計數值(Numerical Data)。換言之，即以個數計算的數值或數值呈不連續性的，如檢查時，只要辨別產品之缺點、不良品數、模具的生產量、一個期間內工廠中發生意外之次數……等，因此，計數值永遠是個整數。

   ⑵ **計量值**(連續數據)：在同一變數下，任何二個不同變量間可加以無窮細分之變量，則爲連續數據(Continuous Data)，或稱爲

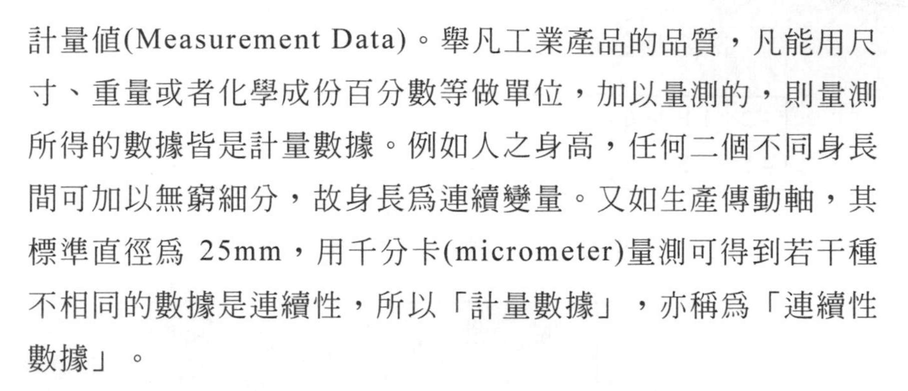

計量值(Measurement Data)。舉凡工業產品的品質，凡能用尺寸、重量或者化學成份百分數等做單位，加以量測的，則量測所得的數據皆是計量數據。例如人之身高，任何二個不同身長間可加以無窮細分，故身長爲連續變量。又如生產傳動軸，其標準直徑爲 25mm，用千分卡(micrometer)量測可得到若干種不相同的數據是連續性，所以「計量數據」，亦稱爲「連續性數據」。

三、次數分配

1. 次數分配的定義

工廠在相同的製造條件下，所生產出來的製品，理論上產品應該均勻一致，但並非產品完全相同，如用精確的儀器測量，就會發現產品與產品的差異，這種變異的存在，是無可避免的，因此，研究任何一種現象或性質，由測量與觀察所得的記錄，必須加以整理，才便於著手研究。最簡單之整理方法爲將數據分組，屬於同一組數據之個數稱爲次數，然後將各組次數按數據大小順序排列，即爲次數分配。

2. 基本術語

建立次數分配表之有關術語，有全距、組界、組中點、組距，現將其分述於下：

(1) **全距**：一群數據中，最大值與最小值之差稱爲全距。例如測量鋼板的厚度如下：

4.2mm，4.1mm，4.05mm，4.4mm，4.6mm，4.7mm，4.08mm，4.10mm，則這些數據中最大爲 4.7mm，最小爲 4.05mm，所以全距爲 4.7mm − 4.05mm = 0.65mm。

(2) **組界**：一群數據的整理，必須加以分組，一組以二個數值代表其區間的範圍，其上限值稱爲上組界，其下限值稱爲下組界。

例如測量某一鍛造品的重量獲得下列數據

4.2	4.1	4.6	4.3	4.9	4.05	4.8	4.7	4.0	5.0	4.1	4.0	3.9	5.1
4.5	4.2	4.3	4.7	4.8	4.7	4.9	5.2	4.2	4.6	4.1	4.2	4.4	4.1

如我們要整理上列數據，將其分成下列12組，

組　別	組　界
1	3.9～4.0
2	4.0～4.1
3	4.1～4.2
4	4.2～4.3
5	4.3～4.4
6	4.4～4.5
7	4.5～4.6
8	4.6～4.7
9	4.7～4.8
10	4.9～5.0
11	5.0～5.1
12	5.1～5.2

上列分組，第一組的下組界為3.9kg，上組界為4.0kg。一群數據分組後之每組組界應該相同。

(3) **組中點**：上組限與下組限之和除以2即為組中點，常用以代表該組的數值。例如上列表中之第一組組中點為$\frac{3.9+4.0}{2}=3.95$ (kg)。

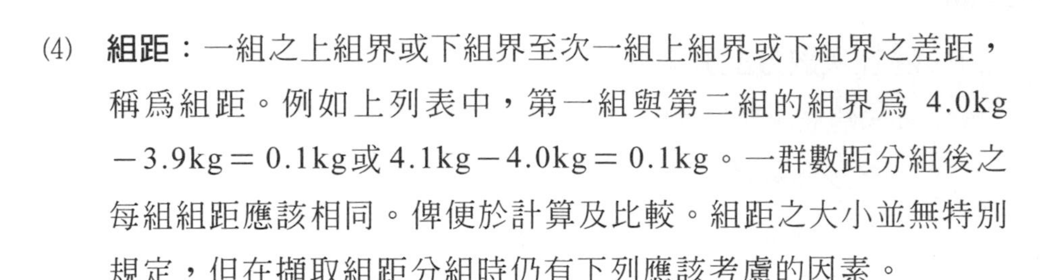

(4) **組距**：一組之上組界或下組界至次一組上組界或下組界之差距，稱為組距。例如上列表中，第一組與第二組的組界為 4.0kg－3.9kg＝0.1kg或4.1kg－4.0kg＝0.1kg。一群數距分組後之每組組距應該相同。俾便於計算及比較。組距之大小並無特別規定，但在擷取組距分組時仍有下列應該考慮的因素。

① 間斷數據資料的組距：必需用整數表示之間斷數據資料，通常皆用 1 為組距。此為一種最基本最自然之分組方法，可將獲取的原始資料之正確詳細情形全部保持。惟因若全距甚大，亦採用 2 以上之整數為組距。

② 連續數據資料的組距：連續數據之數值容易呈現出無窮數量，分組時應考慮下列原則：

❶ 就正確性而言，須使分組次數表能代表原始資料，因吾人計算已分組資料之各種統計量時，均假設各組之數值等於各組之組中點，故為了符合該原則，組距不宜太大，因組距太大，則相差頗大之數值亦同列一組，則組中點無法作為正確的代表。

❷ 須能表現次數分配的主要趨勢。明瞭一群數據的主要分佈趨勢為我們研討次數分配之主要目的，在分組時，如果組距太小，則次數分配較不規則，主要分佈趨勢亦不顯著，因此，為了達到此目的，組距不宜太小。

❸ 須使分組次數表便於計算及運用，因此，宜使組中點變成整數或較簡單的數值，以便於簡化計算工作。

為了符合上列原則，分組的組數以在10至25之間為最適當，如原始資料之全距太大，或資料次數出現太多，則可以少分幾組，但最好勿少於十組以下或多於三十組以上。

四、建立次數分配表之步驟

通常建立次數分配表之步驟有

1. 求該群數據的全距。
2. 求取適當的組距，使組數約為10至30。
3. 決定各組之區間範圍，即上、下組限。
4. 求各組的組中點。
5. 將該群數據依序畫記歸於各組。
6. 清點各組內之記號數，並記下其次數。
7. 將各組次數相加獲得之總次數如與原群體數據個數相同，即為正確。

現舉例說明次數分配表之求法：

例題 3.1 某國小六年級學生200名，其身高如表3-6，試作次數分配。

表 3-6　　單位：公分

132	162	165	137	145	153	158	127	155	136	144	157	150	136	126	132	127	147	144	152
137	150	133	162	147	150	157	145	156	152	150	167	152	142	147	147	137	148	143	152
145	136	134	160	142	149	167	146	157	163	139	160	153	147	156	140	152	150	142	153
142	152	144	158	143	148	152	147	153	164	126	159	154	148	142	141	170	151	141	150
137	151	147	152	144	147	142	142	150	150	127	162	160	147	143	143	126	152	147	149
139	146	146	151	125	143	140	141	151	148	128	138	127	140	145	151	134	157	148	150
126	144	142	153	130	144	135	156	147	142	132	142	132	142	128	155	141	148	149	151
145	138	143	154	131	156	129	157	146	143	145	143	134	144	162	157	146	146	150	152
138	142	125	146	132	154	130	154	138	145	146	144	135	140	168	160	145	145	151	142
162	124	127	130	126	143	152	150	157	149	126	140	142	141	152	150	153	150	142	146

解 ⑴表 3-6 之數據中最大為 170 公分，最小為 124 公分。所以全距＝170 公分－124 公分＝ 46 公分。

⑵如欲分為十二組，則組距為 46/12 公分≒4 公分。

⑶決定各組之上下組限

$$最小組之上下組限＝最小值-\frac{測定值之最小位數}{2}= 124-0.5 = 123.5(公分)。$$

$$最小組之上組限＝(123.5+4)公分＝ 127.55(公分)。$$

以此類推，計算至最大之一組組限。

⑷計算各組的組中點。

$$例：最小組組中點＝\frac{123.5 + 127.5}{2}= 125.5(公分)。$$

⑸將表 3-6 之數據依序畫記在各組，並計算其次數，即得表 3-7 之次數分配。

表 3-7

組號	組　界	組中點	畫　記	次數
1	123.5～127.5	125.5	卌 卌 ∣∣∣∣	14
2	127.5～131.5	129.5	卌 ∣∣	7
3	131.5～135.5	133.5	卌 卌 ∣	11
4	135.5～139.5	137.5	卌 卌 ∣∣∣	13
5	139.5～143.5	141.5	卌 卌 卌 卌 卌 卌 ∣∣∣∣	34
6	143.5～147.5	145.5	卌 卌 卌 卌 卌 卌 卌 ∣∣	37
7	147.5～151.5	149.5	卌 卌 卌 卌 卌 卌 ∣∣	32
8	151.5～155.5	153.5	卌 卌 卌 卌 ∣∣∣	23
9	155.5～159.5	157.5	卌 卌 ∣∣∣	13
10	159.5～163.5	161.5	卌 卌	10
11	163.5～167.5	165.5	∣∣∣∣	4
12	167.5～171.5	169.5	∣∣	2
合　計				200

類題練習

某機器製造廠生產鬆緊螺母傳動軸之零件如圖 3-4，其中軸徑尺寸爲 $\phi 20^{-0.020}_{-0.040}$ 是一重要部位，今經一個月來生產總數爲 1000 支，每日抽樣數支，總計抽樣 100 支，其尺寸數據如表 3-8，試作其次數分配表。

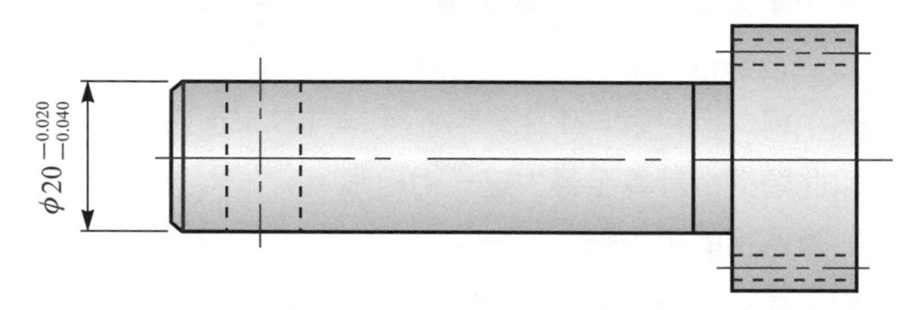

圖 3-4

表 3-8

19.98	19.74	19.99	19.97	19.95	19.95	19.98	19.86	19.86	19.96
19.96	19.74	19.98	19.98	19.99	19.97	19.97	19.82	19.95	19.97
19.97	19.82	19.98	19.98	19.98	19.82	19.96	19.96	19.98	19.96
19.97	19.96	19.97	19.98	19.97	19.84	19.98	19.97	19.96	19.98
19.98	19.97	19.97	19.98	19.96	19.86	19.98	19.98	19.97	19.96
19.96	19.96	19.97	19.98	19.97	19.88	19.98	19.99	19.98	19.86
19.98	19.94	19.97	19.98	19.96	19.90	19.99	19.98	19.98	19.98
19.97	19.97	19.97	19.98	19.97	19.96	20.02	19.99	19.98	19.97
19.97	19.98	19.98	19.97	19.96	19.92	20.01	19.98	19.98	19.96
19.98	19.98	19.97	19.97	19.94	19.94	20.00	19.99	19.97	19.84

五、次數分配圖

1. 定義

將欲管制的產品或機件編成次數分配表後，其尺寸之概略分佈情形已可看出。但是，爲了更易於一目了然與分析比較，亦常常將次數分配表以圖表示，稱爲次數分配圖。

2. 次數分配圖的種類

⑴ 次數多邊圖：次數多邊圖的作圖步驟如下：

① 作圖時以橫軸表示管制的量值變化，縱軸表示次數。

② 在橫軸、縱軸取適當的單位長，必須參照資料大小及紙張面積外，主要是不使圖形過於扁平(縱軸單位長太短、橫軸單位長太長)或過於狹長(縱軸單位長太長、橫軸單位長太短)。

③ 以各組的組中點爲橫座標，各組的次數爲縱座標。在圖上指出各組次數的對應點位置，然後每相鄰兩點間各以直線連接之，**即為次數多邊圖**。如圖 3-5 爲表 3-7 的次數多邊圖。

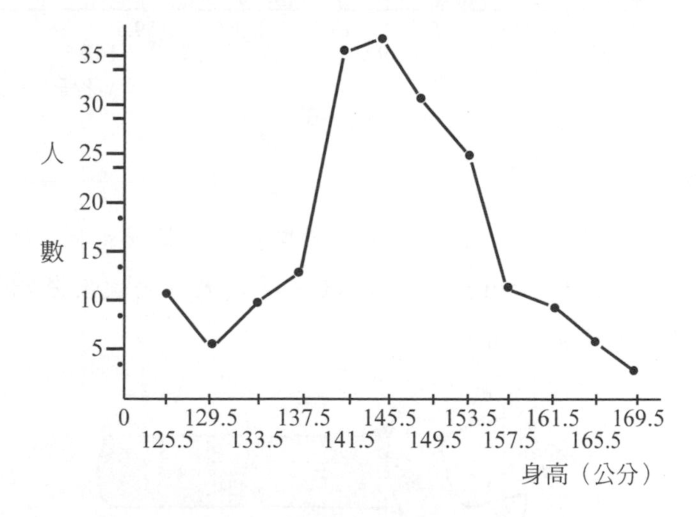

圖 3-5

3. 直方圖

(1) 次數多邊圖，係以點的高度表示次數之多寡。在直方圖中，則以各組組距上矩形面積之大小表示各組次數之多寡。

(2) 如分組次數表示組距取相等，即可用各組次數爲高度，各組組距爲底邊，在每一組上畫一矩形，次數直方圖即告完成。如圖 3-6 爲表 3-7 的直方圖。

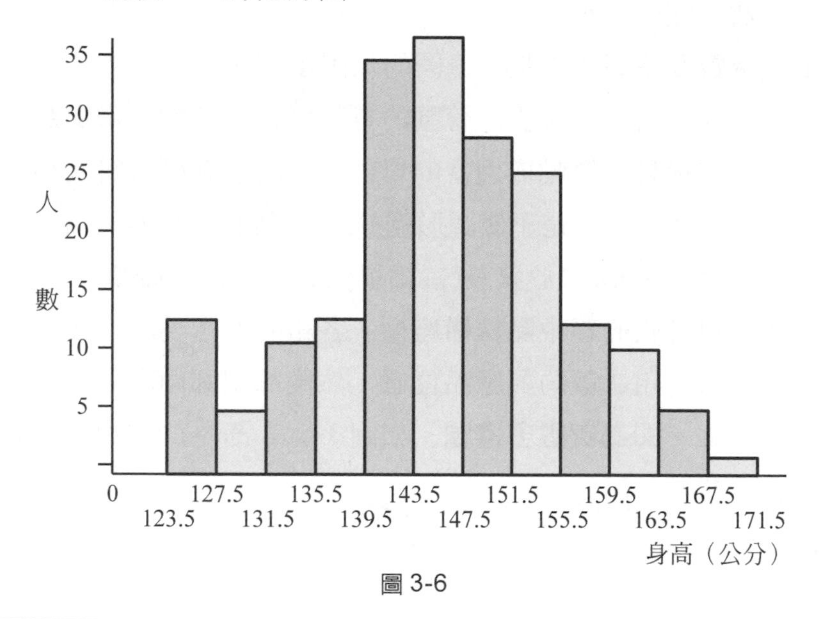

圖 3-6

類題練習

某扳手工具製造廠，生產 20mm 開口扳手一批，如圖 3-7，S開口之極限範圍爲 20.06～20.36mm，茲檢驗 200 支，其尺寸之次數分配如表 3-9，試繪其次數多邊圖及直方圖。

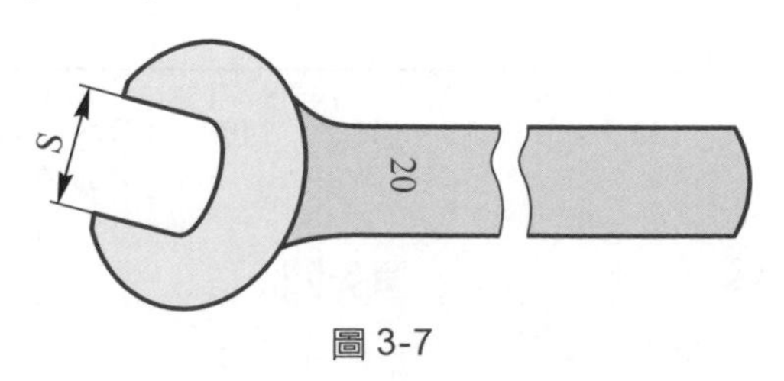

圖 3-7

表 3-9

組號	組界	組中點	次數
1	20.0～20.04	20.02	12
2	20.04～20.08	20.06	8
3	20.08～20.12	20.10	18
4	20.12～20.16	20.14	16
5	20.16～20.20	20.18	34
6	20.20～20.24	20.22	46
7	20.24～20.28	20.26	28
8	20.28～20.32	20.30	19
9	20.32～20.36	20.34	11
10	20.36～20.40	20.38	8

六、次數分配的目的與功用

次數分配的功用概有下列五點：

1. 瞭解一群體的分配型態。
2. 研究製程能力(與規格比較，研究是否能力夠)。
3. 作爲工程解析與管制之比較。
4. 求分配之平均值與標準差。
5. 分配形態的統計分析計算用。

七、集中趨勢

各種數據經過整理，作成次數分配表、次數分配圖或直方圖，原爲零亂的數據已經變爲一目了然、簡單整齊的形式，群體的性質及狀況，已能知其大概。但僅此一表一圖，尚無法知群體數值真正代表的大小，因此，尚需對群體的集中趨勢與離中趨勢付諸數據上的計算。

1. 集中趨勢的表示法

集中趨勢亦即群體分佈的中心概況一般用算術平均數、中位數、眾數來表示。

(1) 算術平均數($\overline{X}$)：求取算術平均數時，有兩種計算法

① 數據未分組時：將數據之總和，除以數據總數所得之商數，即爲算術平均數。

公式一 $$\overline{X}=\frac{X_1+X_2+X_3+\cdots+X_N}{N}$$

$$=\frac{\sum_{i=1}^{N} X_i}{N}$$

$\overline{X}$表示算術平均數

$X_1, X_2, X_3, \cdots, X_N$ 表示N個數據之數值。

例題 3.2 試求 4.8, 4.1, 4.0, 4.2, 3.8, 4.6 之平均值。

解 $$\overline{X}=\frac{4.8+4.1+4.0+4.2+3.8+4.6}{6}=\frac{25.5}{6}=4.25$$

② 數據分組時：若抽樣群體數據很多，事實上無法如①之計算法求平均數，其整理方法及公式如下：

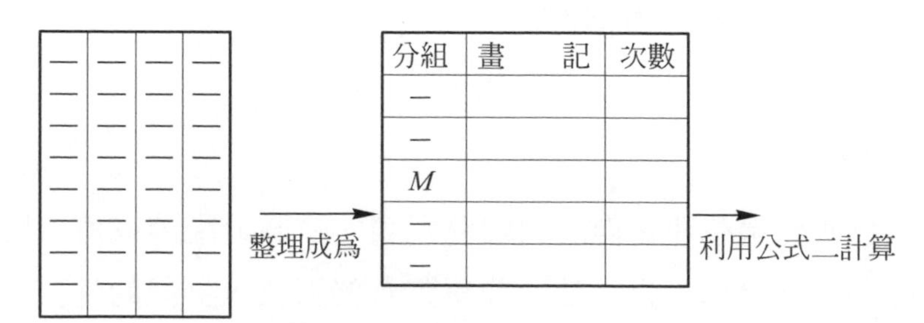

所收集的各種數據

公式二 $\bar{X}=A+\dfrac{\sum_{i=1}^{K} f_i\, d_i}{N}\times h$

$\bar{X}$＝算術平均數

K＝組數

A＝假定平均數

N＝各組次數和，亦即總次數，故

f_i＝第i組之次數

$N=f_1+f_2+\cdots f_N=\sum_{i=1}^{N} f_i$

$d_i=\dfrac{(x_i-A)}{h}$

為第i組之組中點與假定平均數之差，而除以組距(亦即第i組與假定平均數所在組之相差之組數)

X_i＝第i組之組中點

h＝組距

例題 3.3 某工具鍛造廠鍛造一批鐵鎚(Hammer)，如圖 3-8，其標準重量為 16 ounce±0.4 經抽驗 200 個，其次數分配如表 3-10，試計算其算術平均值。(表 3-10 中之重量會有標準 16 ounce 以下乃因鍛品缺肉，以上乃因模具磨損變大之故)。

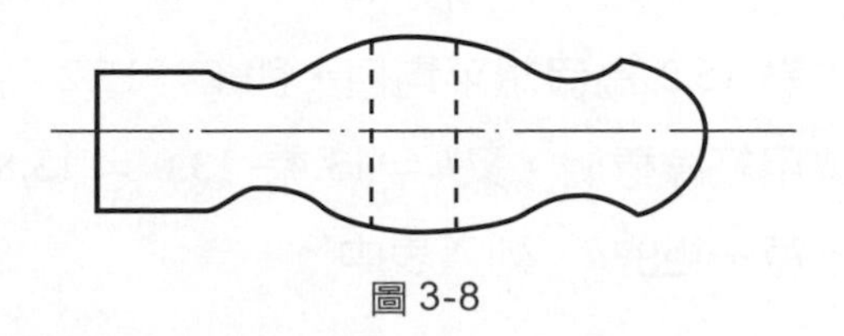

圖 3-8

表 3-10

組別	組界	次數	組中點	d	$f\times d$
1	13.0～13.4	2	13.2	−5	−10
2	13.4～13.8	4	13.6	−4	−16
3	13.8～14.2	13	14.0	−3	−39
4	14.2～14.6	19	14.4	−2	−38
5	14.6～15.0	32	14.8	−1	−32
6	15.0～15.4	54	15.2	0	0
7	15.4～15.8	21	15.6	1	21
8	15.8～16.2	21	16.0	2	42
9	16.2～16.6	18	16.4	3	54
10	16.6～17.0	7	16.8	4	28
11	17.0～17.4	5	17.2	5	25
12	17.4～17.8	4	17.6	6	24
	共　　計	200			59

解 ⑴次數分配表之建立同前。

⑵計算各組之組中點。$\frac{\text{上組界}+\text{下組界}}{2}=$組中點。

⑶計算各組d。利用$d_i=\frac{(X_i-A)}{h}$。因為第六組出現次數最多，所以取其組中點 15.2 為假想平均值，即$A=15.2$。為了識別在該組劃二粗線或用紅線標明。又$h=13.4-13.0=13.8-13.4=\cdots=0.4$ $\therefore$可算出每一組的d，列入表中。

⑷再求每組的$f \times d$，亦列入表中。

則由數據可求$\overline{X}$如下：

$$\overline{X} = A + \frac{\sum_{i=1}^{K} f_i d_i}{N} \times h$$

$$= 15.2 + \frac{59}{200} \times 0.4$$

$$= 15.2 + 0.295 \times 0.4$$

$$= 15.2 + 0.118 = 15.318 \text{ (答)}$$

類題練習

某工具製造廠鍛造 Sledge Hammer(大平錘)，標準尺寸爲 16 lb±0.5 lb，茲檢驗 100 只獲得數據如表 3-11，試計算其算術平均值。

表 3-11

16.4	15.8	16.2	15.9	16.4	16.3	16.4	17.2	16.4	16.2
16.2	15.2	16.6	16.7	16.8	16.4	16.5	17.1	16.5	14.8
17.2	18.4	16.5	16.2	16.9	15.8	16.8	16.8	16.4	14.6
15.4	17.2	16.5	16.4	17.0	16.1	17.2	15.8	16.5	14.5
16.6	16.9	16.4	16.6	17.2	15.4	17.0	15.7	16.6	16.2
16.0	16.4	16.2	16.5	17.4	14.2	16.8	15.6	16.7	15.4
16.4	16.6	16.0	16.8	17.2	14.8	16.5	15.8	16.8	14.8
16.8	16.8	15.8	16.5	17.8	15.8	16.6	15.9	15.6	14.2
16.5	16.7	15.4	16.4	16.4	16.2	16.8	15.8	15.8	14.4
15.7	16.8	15.2	16.2	16.5	16.1	16.5	16.2	15.4	14.7

上述數據尺寸會在 16 lb 以下原因乃鍛品成型後缺肉，以上乃因模具使用一段時間後，磨損以致鍛品變大。

(2) 中位數(M_e)：

① 定義：將一組數由小至大依次排列，位居中央之數據稱爲中位數。

② 中位數的計算方法：

❶ **未分組數據資料時之計算方法**：今有一群原始採取而尚未分組的數據，若將其由小至大依次排列，假如這一群數值之個數n爲奇數，則其當中的一個即第$(n+1)/2$項爲中位數，假如這一群數值爲偶數，將當中的兩個數值相加除以2，即求取平均值，也就是這一群數據的中位數。換句話說，第$n/2$與$n+2/2$兩項之算術平均值爲中位數。

例題 3.4 試求 14.2，14.6，13.3，13.6，13.8，15.7，15.2 之中位數。

解 將數值小至大排列得 13.3，13.6，13.8，[14.2]，14.6，15.2，15.7，所以$M_e = 14.2$

例題 3.5 試求 12，8，21，16，18，14的中位數。

解 由小至大排列：8，12，[14，16]，18，21

$$M_e = \frac{14+16}{2} = \frac{30}{2} = 15$$

類題練習

求下列二組數的中位數

(1) 4，8，2.5，3.6，2.8，4.0

(2) 12.1，14.2，14.8，12.8，13.4，13.8

❷ **已分組數據資料時之計算方法**：一群數據已分組，但求其中位數公式的原理，應與未分組之公式相同，即比中位數

爲大及爲小之次數應各佔一半，今假設符號代表如下之意義：

M_e ＝中位數

n ＝總次數＝$\sum_{i=1}^{K} f_i$

L_{me} ＝中位數所在組之下限

U_{me} ＝中位數所在組之上限

f_{me} ＝中位數所在組之次數

h_{me} ＝中位數所在組之組距

n_1 ＝中位數所在組下限以下之各組次數和

n_2 ＝中位數所在組上限以上之各組次數和

則計算已分組數據資料之中位數公式

公式三 $$M_e = L_{me} + \frac{\frac{n}{2} - n_1}{f_{me}}(h_{me})$$

公式四 $$M_e = U_{me} - \frac{\frac{n}{2} - n_2}{f_{me}}(h_{me})$$

按理論，較中位數爲大及爲小之次數應各佔一半即$n/2$，所以在L_{me}與中位數M_e間之次數應爲$\left(\frac{n}{2} - n_1\right)$，在$U_{me}$與中位數$M_e$間之次數應爲$\frac{n}{2} - n_2$。

例題 3.6 某產品之特性值之次數分配如表 3-12，求其中位數。

解 ⑴求累積次數列入表中。

⑵求各組的次數和。

$$n = \sum_{i=1}^{K} f_i = 5 + 13 + 20 + 36 + 43 + 46 + 23 + 9 + 4 + 1$$
$$= 200$$

⑶求$\frac{n}{2}$，以確定中位數是第幾項的數值。

$$\frac{n}{2}=\frac{200}{2}=100$$

⑷在累積次數欄中，找出較 100 較大及較小的數值，由表 3-12 中累積次數欄知為 74 及 117，由此得知中位數所在組的次數為 43 其上組限為 0.27 及$n_2 = 83 = (200 - 117)$

表 3-12

組　　別	次 數 (f)	累積次數
0.22～0.23	5	5
0.23～0.24	13	18
0.24～0.25	20	38
0.25～0.26	36	74
0.26～0.27	43	117
0.27～0.28	46	163
0.28～0.29	23	186
0.29～0.30	9	195
0.30～0.31	4	199
0.31～0.32	1	200
合　　計	200	

⑸$$M_e = U_{me} - \frac{\frac{n}{2} - n_2}{f_{me}} \times h_{me}$$

$$= 0.27 - \frac{100 - 83}{43} \times 0.01 = 0.27 - \frac{17}{43} \times 0.01$$

$$= 0.27 - 0.00395$$

$$= 0.26605 \text{ (答)}$$

類題練習

某產品之特性值之次數分配如表 3-13，試計算其中位數。

表 3-13

組 別	組　　界	次數 (f)
1	12.02～12.04	3
2	12.04～12.06	10
3	12.06～12.08	18
4	12.08～12.10	38
5	12.10～12.12	45
6	12.12～12.14	44
7	12.14～12.16	21
8	12.16～12.18	11
9	12.18～12.20	9
10	12.20～12.22	1

(3) 眾數(M_o)：一組數據中，出現次數最多的一數，稱爲眾數。

例題 3.7 試求下列次數分配中之眾數。

表 3-14

不良個數	0	1	2	3	4	5	6
次數	12	10	16	18	46	31	26

解 上表中次數最多的是 46，所以此組的不良品數為 4，即$M_o = 4$

2. 平均數、中位數、眾數的優劣

一組數據之平均值，以數學之分配方法求得是最正確無疑了，但是在繁複的工廠產品數據中，計算頗爲麻煩與費時。

一組數據，如果差距甚微，則其平均值接近中位數，因此以中位數表示群體的集中趨勢，簡單明瞭，計算容易，受抽樣變動之影響甚微，且不受極端值的影響，但其尙有兩項缺點即數據如分佈紛歧、大小不均時則不適用，另一缺點是不適合代數之運算。

一組數據，依分配常態考慮，出現最多的概可代表群體集中的趨勢，因此眾數有下列優點：

(1) 簡單明瞭。

(2) 不受兩極端的影響。

(3) 近似眾數之獲得甚爲簡明。

但其缺點爲：

(1) 僅代表群體之概略狀況。

(2) 不適合代數之計算。

(3) 如群體有異狀時，容易判斷錯誤。

八、離中趨勢

第七節所述爲就工業產品傾向均衡中心的集中趨勢，但判斷產品之正常與否，亦可以從其反面觀察，即表示群體中各個體的差異情形，代表各個體的變異性，稱爲離中趨勢。

1. 離中趨勢的表示法

一般以全距、平方和、變異數與標準差表示。茲分述如下：

(1) 全距(R)：一群數據中最大值與最小值之差，稱爲全距。全距是測定變異數最基本最簡單的方法，在管制圖上應用頗多。

全距(R)＝最大值－最小值。

例題 3.8 求4.2，2.6，3.8，4.0，2.9，3.4之全距。

解 最大值為4.2，最小值為2.6

則$R = 4.2 - 2.6 = 1.6$

⑵ 平方和(S)：各數值與平均值之差稱爲離均差，各數值之平方總和稱爲平方和(即離均差的平方和)

公式五 $$S = (X_1 - \overline{X})^2 + (X_2 - \overline{X})^2 + \cdots + (X_n - \overline{X})^2$$

$$= \Sigma X^2 - \frac{(\Sigma X)^2}{n}$$

$X_1, X_2 \cdots\cdots X_n$ 爲各個數值

$\overline{X}$：平均值

⑶ 變異數(V)：平方和以群體數n除之，即得變異數。

公式六 $$V = \frac{S}{n}$$

$$= \frac{\Sigma (X - \overline{X})^2}{n} = \frac{\Sigma X^2}{n} - \left(\frac{\Sigma X}{n}\right)^2$$

$$= \overline{X^2} - (\overline{X})^2$$

例題 3.9 試求下列數據的變異數與平方和。

25，30，40，45，60，65

X	X^2
25	625
30	900
40	1600
45	2025
60	3600
65	4225
265	12975

解 $S=\Sigma(X-\overline{X})^2=\Sigma X^2-\frac{(\Sigma X)^2}{n}$

$=12975-\frac{(265)^2}{6}=12975-11704$

$=1271$ (答)

$V=\frac{\Sigma(X-\overline{X})^2}{n}=\frac{1271}{6}=211.8$ (答)

(4) 標準差(σ)：變異數之開平方，即爲標準差。

公式七 $\sigma=\sqrt{V}=\sqrt{\frac{\Sigma(X-\overline{X})^2}{N}}=\sqrt{\overline{X^2}-\overline{X}^2}$

標準差爲衡量品質特性變異之範圍，亦即某種品質之特性變化，若以平均值爲中心，表示其上、下限散開之範圍。所以標準差愈大，表示差異亦大，即品質愈不安定。

標準差之計算：

① 未分組資料標準差之計算法：

公式八 $\sigma=\sqrt{\frac{\Sigma(X-\overline{X})^2}{N}}=\sqrt{\frac{1}{N}\sum_{i=1}^{N}(X_i-A)^2-(\overline{X}-A)^2}$

N：群體總數量

X_i：個別值

A：假想平均值

例題 3.10 套筒板手實施高週波熱處理，硬度需求爲$H_{RC}=55\pm3°$，某日從熱處理成品抽驗五支，用硬度試驗計測得其硬度爲$H_{RC}=49°$、$H_{RC}=54°$、$H_{RC}=50°$、$H_{RC}=55°$、$H_{RC}=58°$，試求其平均值與標準差。

表 3-15

硬度	$X-A\ (A=54)$	$(X-A)^2$
49	−5	14
50	−4	16
54	0	0
55	1	1
58	4	16
266	0	58

解 平均值$\overline{X}=\dfrac{\Sigma X}{N}=\dfrac{49+50+54+55+58}{5}=\dfrac{266}{5}=53.2$ (答)

$$\sigma=\sqrt{\frac{1}{N}\sum_{i=1}^{N}(X_i-A)^2-(\overline{X}-A)^2}$$

設　$A=54$

$$\sigma=\sqrt{\frac{1}{5}\times 58-(53.2-54)^2}=\sqrt{11.6-0.64}$$

$$=\sqrt{10.96}=3.31\ \text{(答)}$$

② 分組資料標準差的計算法：

公式九　$\sigma=\sqrt{\dfrac{1}{N}\Sigma f_i\, d_i^2-\left(\dfrac{1}{N}\Sigma f_i\, d_i\right)^2}\times h$

N：群體總個數，各組次數和

f_i：第i組的次數

d_i：$\dfrac{X_i-A}{h}$爲第i組之組中點與假定平均數之差而除以組距

A：假想平均數

h：組距

例題 3.11 表 3-10 之數據，求其標準差，如表 3-16。

表 3-16

組別	組界	次數	組中點	d	$f \times d$	$f \times d^2$
1	13.0～13.4	2	13.2	−5	−10	50
2	13.4～13.8	4	13.6	−4	−16	64
3	13.8～14.2	13	14.0	−3	−39	117
4	14.2～14.6	19	14.4	−2	−38	76
5	14.6～15.0	32	14.8	−1	−32	32
6	15.0～15.4	54	15.2	0	0	0
7	15.4～15.8	21	15.6	1	21	21
8	15.8～16.2	21	16.0	2	42	84
9	16.2～16.6	18	16.4	3	54	162
10	16.6～17.0	7	16.8	4	28	112
11	17.0～17.4	5	17.2	5	25	125
12	17.4～17.8	4	17.6	6	24	144
合計		200			59	987

解

$$\sigma = \sqrt{\frac{1}{200} \times 987 - \left(\frac{1}{200} \times 59\right)^2} \times 0.4$$

$$= \sqrt{4.935 - 0.087} \times 0.4 = 0.88 \text{ (答)}$$

類題練習

試將表 3-11 之數據求其標準差。

2. 全距、平方和、變異數、標準差之優劣點

群體數據不多，一般在樣本數 10 以下時，全距很有用，因爲只要找出最大值與最小值，即可求出全距，而且立即可看出一群數據的分佈情形。但採用全距仍有下列三種缺點：

(1) 在樣本數大於 10 時，其全距的代表性差，因爲大樣本的數據中，比較起來，容易混進一兩個較大或較小的數值之故。

(2) 全距之大小隨樣本之大小而變，樣本大時則全距大，樣本小時，則全距小。因此，當有一組全距數值，而各個全距係來自大小不同的樣本時，則此一組全距，無任何比較意義。

(3) 計算集中趨勢是要了解群體中所有的「個別值」與群體平均數間的關係，現在「全距」僅爲一群數值中最大值與最小值的差，而對其定值，此全距則毫無貢獻。

標準差之數值嚴密確定，且和代數之運算，統計上佔有頗重要的地位，用途很廣。其缺點爲計算繁複。

平方和、變異數計算上只爲計算標準差之步驟，應用在離中趨勢比較上機會較少。

九、常態分配曲線

收集數據整理出來的次數資料，係用次數分配表、次數多邊圖、直方圖表示其實際的分配，現舉一例。

例：

第二次月考，某國中一年一班數學科成績如表3-17。

表 3-17

分　　數	人　　數
0～10	0
10～20	2
20～30	3
30～40	4
40～50	7
50～60	9
60～70	20
70～80	8
80～90	5
90～100	2
合計	60

將上表之直方圖及次數多邊圖繪如圖 3-9。

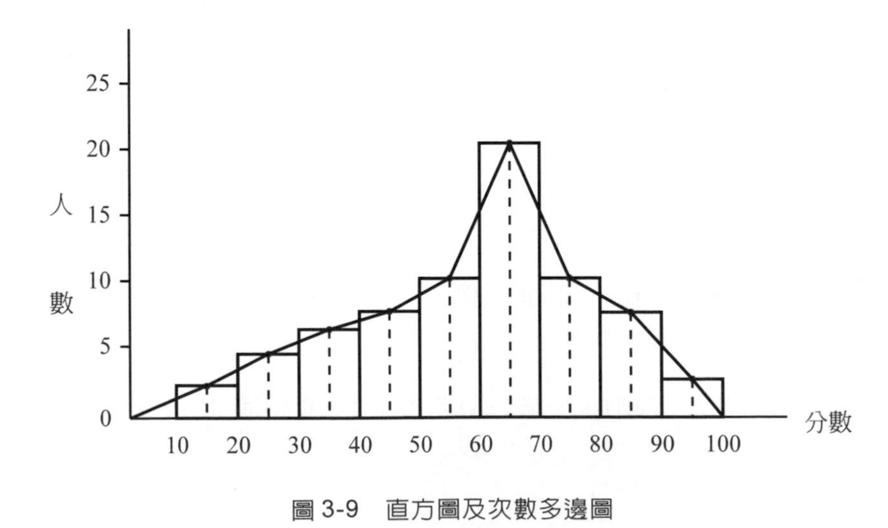

圖 3-9　直方圖及次數多邊圖

由表3-17及圖3-9中可看出很多次數集中在分配中心，然後向分配中心的兩旁逐漸減少，假如我們將其他班同學的成績加以統計，將組距分成更小，或可得到一平滑曲線的次數多邊形，此曲線稱爲常態分配曲線，如圖3-10。

常態分配曲線的形狀，猶如鐘形，因此又稱爲鐘形曲線。

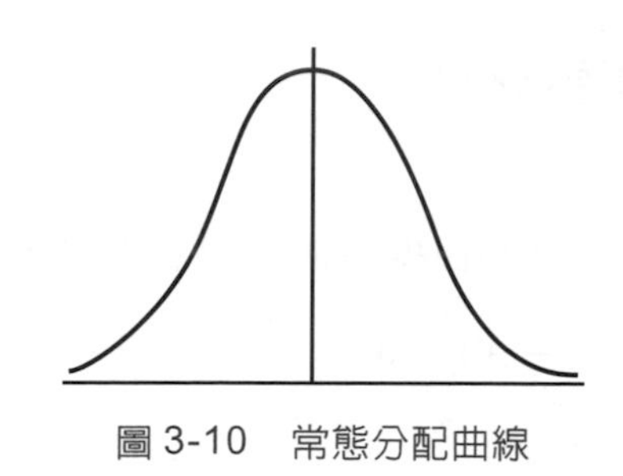

圖3-10　常態分配曲線

十、平均數、中位數及衆數的關係

1. 在常態分配曲線，即單峰對稱分配中，算術平均數、中位數與眾數三者合而爲一即$\overline{X}=M_e=M_o$。
2. 在單峰的微偏分配中，如次數分配的高峰偏左，則$\overline{X}>M_e>M_o$。

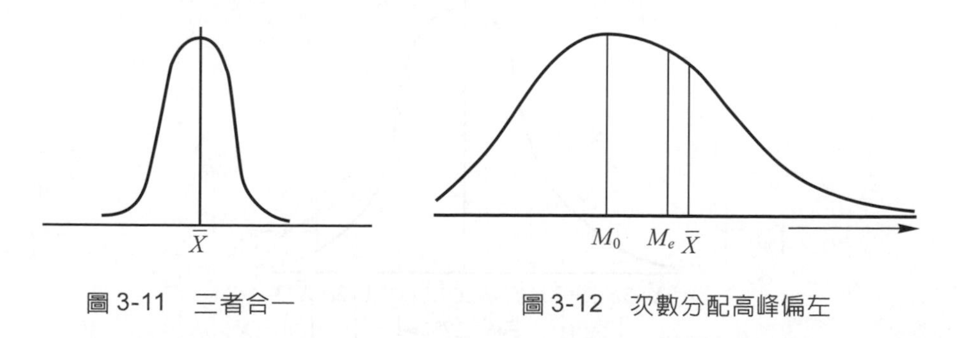

圖3-11　三者合一　　圖3-12　次數分配高峰偏左

3. 在單峰的微偏分配中，如次數分配的高峰偏右，則$M_o>M_e>\overline{X}$。

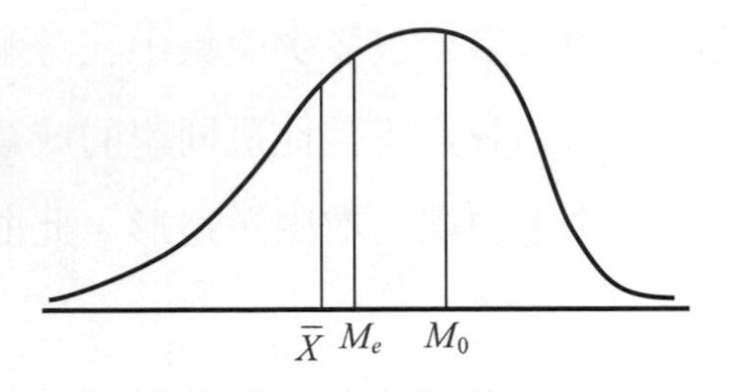

圖 3-13　次數分配高峰偏右

十一、平均數與標準差之特性

1. 算術平均數

任何一數列中，各項數值與其算術平均數之差的代數和為0。

$$\sum_{i=1}^{N}(X_i-\overline{X})=0$$

2. 標準差

在對稱或微偏之單峰分配中，以算術平均數為中心6個標準差之範圍內，約包括數值總個數的99.73%。

介於$\overline{X}\pm\sigma$兩數間之數值個數，佔總個數的68.27%。

介於$\overline{X}\pm2\sigma$兩數間之數值個數，佔總個數的95.45%。

介於$\overline{X}\pm3\sigma$兩數間之數值個數，佔總個數的99.73%。

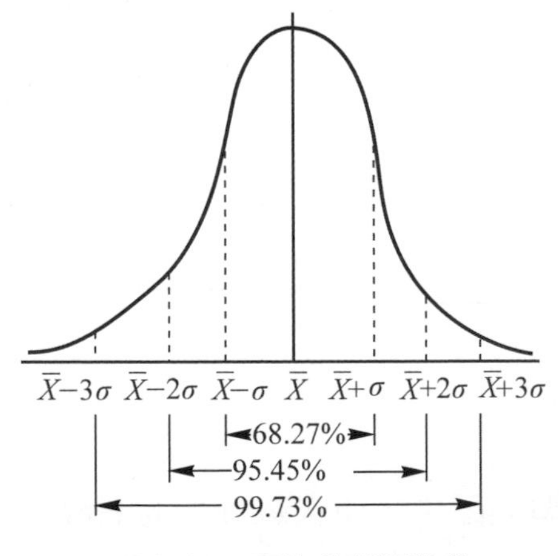

圖 3-14　平均數與標準差

十二、次數分配之看法與用法

次數分配爲最簡單、用途最廣、最易發揮效果之統計方法。次數分配及直方圖上如記入標準值、規格值或加註$\overline{X}\pm3\sigma$等則更易了解。下列爲次數分配(直方圖)之各種型態，代表什麼樣的意義，應十分理解才可以。

1. 合乎規格的次數分配

(1) 如圖 3-15(a)，PL完全在SL內，工程之平均數恰好在中間，如SL在由直方圖所求標準差之四倍處，則非常理想。管制圖如表示管制狀態則不必檢查。

(2) 如圖 3-15(b)，PL雖在SL內，但工程之平均數與規格之上限過於接近，工程稍微有所變化則有出現超出規格外之可能，有降低平均數之需要。

(3) 如圖 3-15(c)，PL與SL恰好一致，太無餘地，故操作時不能放心，須加以注意，隨時有超出界限的可能，最好改善工作能力或放寬SL。

(4) 如圖 3-15(d)，對PL而言SL過寬，因餘地過寬，如縮小SL或放寬PL而能使工程之投資或設備更經濟，應變更工程。

(5) 如圖 3-15(e)，SL在某值以下或以上之情形，但技術超過SL頗多，應提高SL，提高產品售價，或減低設備投資。

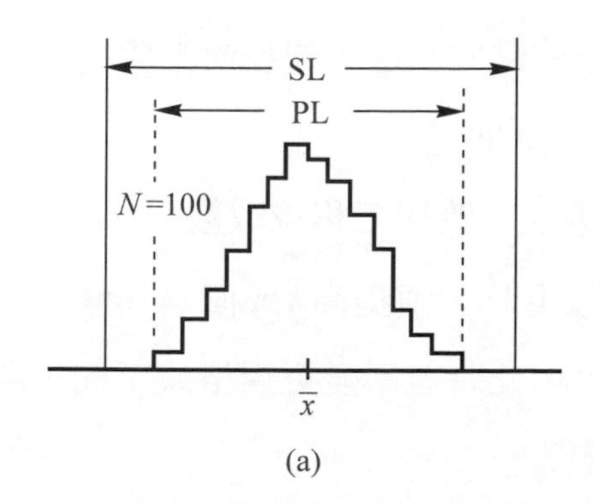

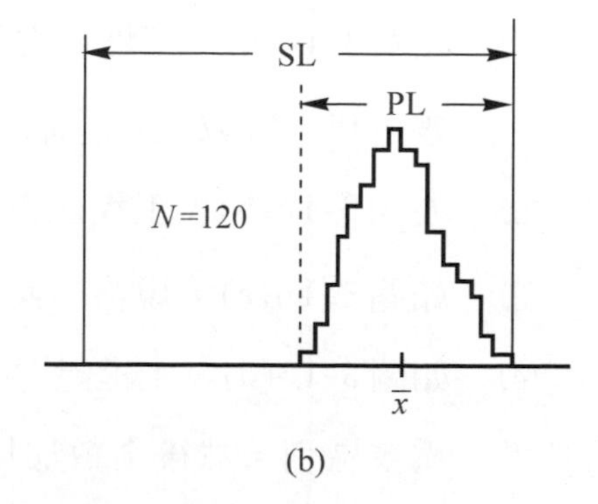

圖 3-15　次數分配圖

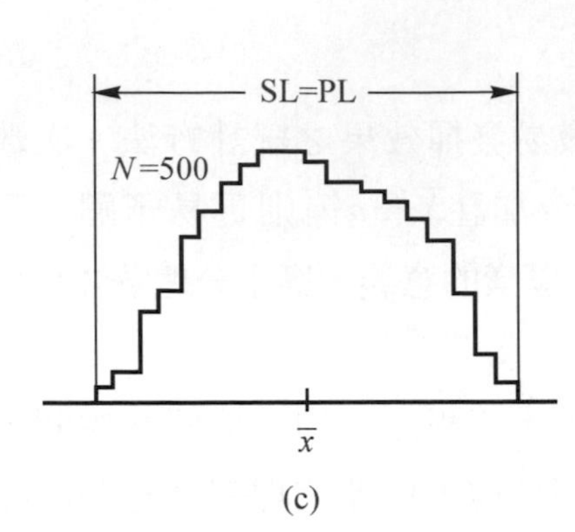

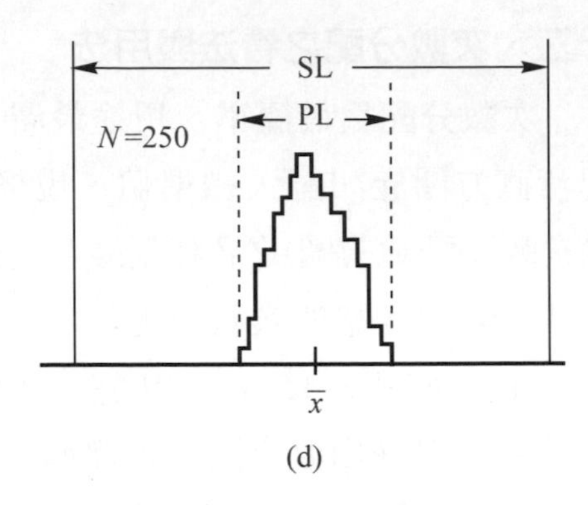

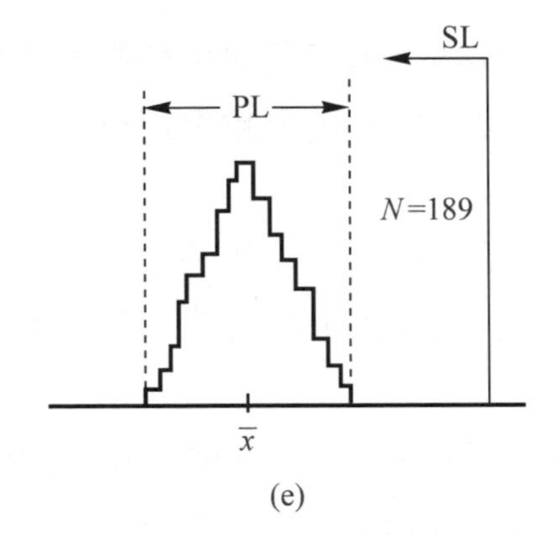

SL =規格界限

PL =製品界限

圖 3-15　次數分配圖(續)

2. 不滿足規格時的次數分配

⑴ 如圖 3-16(a)，工程平均數過於偏向左邊，如技術上能使平均數變更時，取SL之中心值爲新的$\overline{X}$即可。

⑵ 如圖 3-16(b)，工程之差異過大，改變工程或改變SL。

⑶ 如圖 3-16(c)，規格在某值以上時，須提高$\overline{X}$或使差異變小。

⑷ 如圖 3-16(d)，工程能力太差，此時若不變更規格或工程，則分爲幾區別，然後全數加以選擇。

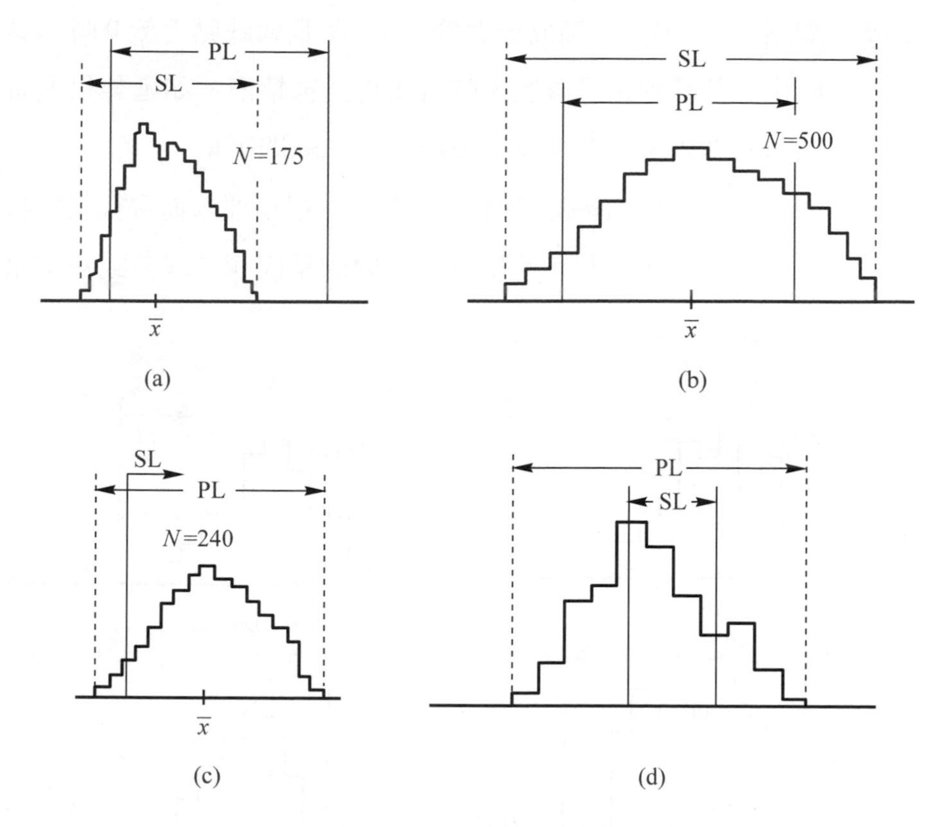

圖 3-16　不滿足規格之次數分配圖

3. 次數分配的各種型態

(1) 如圖 3-17(a)，測定法或換算法有偏誤或次數分配分組不妥當等所形成。

(2) 如圖 3-17(b)，有離島型發生時，工程一定有某種異常原因發生，有找出異常原因的必要。只要去除這種原因，就可製造充分合乎規格的製品。

(3) 如圖 3-17(c)，理論值、規格值在上限受限制時，常常發生。成分達到 100%附近或純度達 100%附近，常發生這種現象，此時只要消除長尾，則其成分純度將更佳。

⑷ 如圖 3-17(d)，不純成分近於 0%，不良或缺點近於 0 時，其下限由於某種理由受限制，時常出現這種情形。如延伸很遠時應檢討其理由是否在技術上被接受或了解即可。

⑸ 如圖 3-17(e)，工程能力不足，但由於規格要求而實行全數檢查時常見之型態，左邊稍超出 *SL* 界限的是因測定誤差或檢查錯誤而發生的。

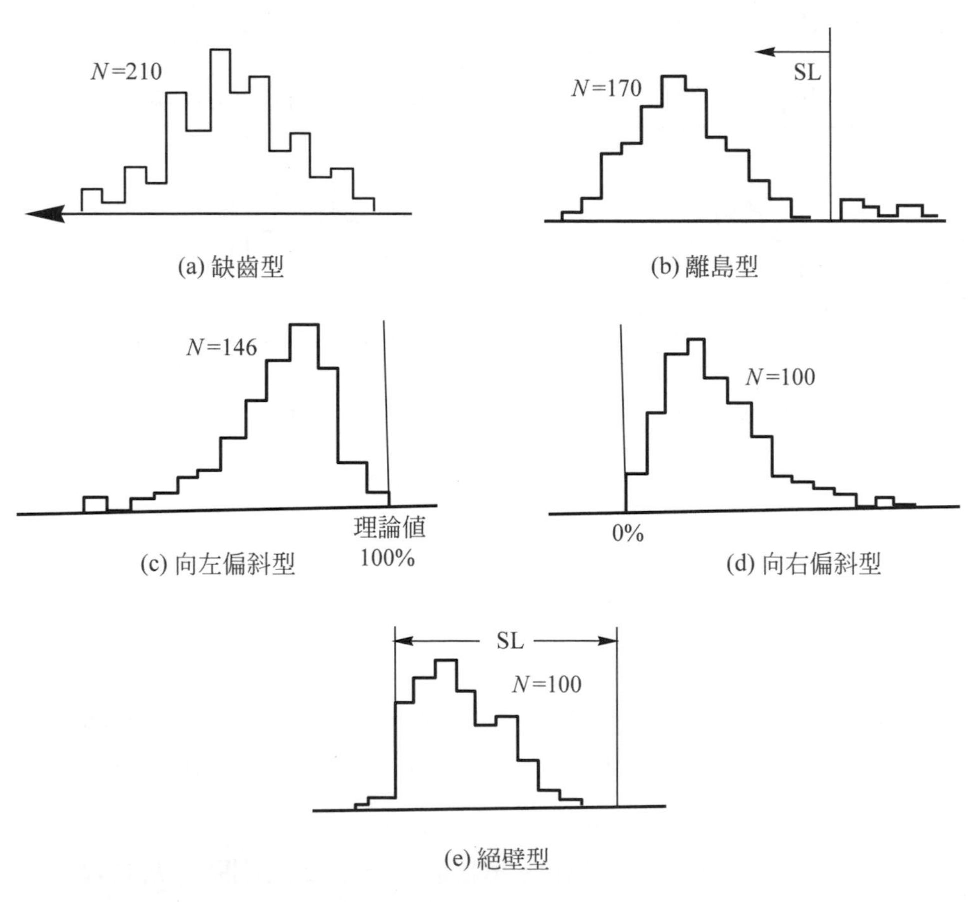

圖 3-17　各種型態之次數分配圖

4. 分層的直方圖

(1) 如圖 3-18(a)，由二部機器所生產的產品的品質資料所給的直方圖，似乎是理想的常態分配，但不合產品相當多。

(2) 如圖 3-18(b)，將 a 之資料依機器別所繪之直方圖結果，1 號機符合規格，但 2 號機精度不足。

(3) 如圖 3-18(c)，將二檢驗人員所試驗之標準樣本綜合的直方圖，似乎有些低平。

(4) 如圖 3-18(d)，如把c的數據以各測定員分別整理，就可知道兩個測定員，雖其變異相近，但其平均值有偏差。

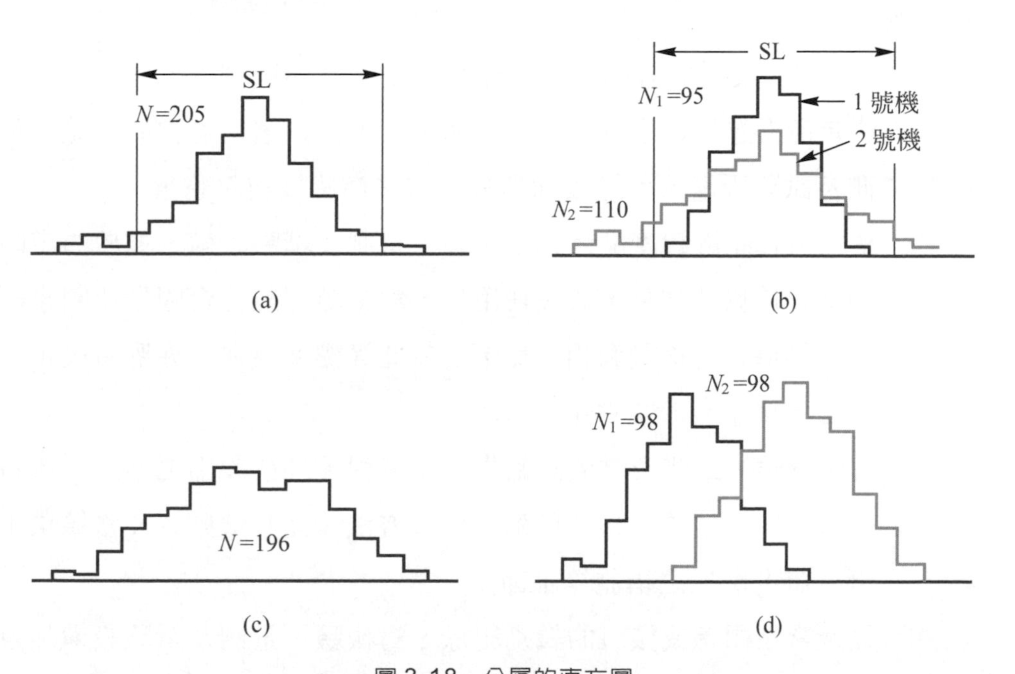

圖 3-18 分層的直方圖

次數分配之功能已在第六節談過，但使用上，它仍有下列三項缺點：

1. 無法表示時間之變化，因資料依一批或一個月綜合編成次數分配，故無法表示一批中或一個月內之變動原因。

2. 組內變動或組間變動無法看出。
3. 要統計其分配型態，至少需 50 個甚至 100 個以上之大資料方能作業。

3-3 檢驗與測試

檢查也許只是目測，或量具之測量，有些產品必須作測試及檢驗之工作，以了解表面無法獲知的性能及特質，例如扭力、強度、硬度、鑄砂之水份比例，壓縮強度、通氣度、壓縮比……等都必須經過測試的品質管制工作。

檢驗、量測及試驗設備之管制程序，企業必須做到：

1. 決定所需進行之量測與所需之準確度，據以選用適當的檢驗、量測及試驗設備，此等設備具有必需之準確度與精密度。
2. 鑑定所有能影響產品品質之檢驗、量測及試驗設備，並於規定時間加以校驗及調整，或在使用前，與業經認證符合國際或國家認可的標準之合格設備相對比，若無此等標準存在，亦應將校正所用之基準記載於文件中。
3. 訂定檢驗、量測及試驗設備之校正過程，包括設備之型式、獨特標式、所在位置、檢核頻率、檢核方法、允收準則以及當結果不滿意時，應採之措施等細節。
4. 以適當之標示或核可的識別記錄，對檢驗、量測及試驗設備加以鑑別，以顯示其校正狀況。
5. 當發現檢驗、量測及試驗設備校正失效時，應對先前所作檢驗與試驗結果的正確性加以評估，並作書面記載。
6. 確保環境條件適合校正、檢驗、量測之實施。

7. 確保檢驗、量測及試驗設備之搬運、防護及儲藏，均能維持其適用性及準確度。
8. 保護檢驗、量測及試驗設施，包括硬體與軟體兩者，免於不當之調整而使其校正設定失效。

在作完檢驗與測試之流程後，物料或半製品、產品之檢驗與測試狀況應以適當方法標識，以顯示產品之檢驗及測試後是否符合要求。應照品質計畫與書面程序所規定之檢驗與測試狀況之標識，於生產、安裝及服務全部過程中予以維持，以確保唯有通過所需檢驗與測試「或經特准放行者」的產品才能發放、使用或安裝。

3-4 查核表

企業推行全面品質管制制度(T.Q.C)及全面品質保證(TQA)，各階層對品質皆負有相當之責任，如第二章圖 2-10 所述，而爲了了解各部門對品質之認識、執行成效，往往以查核表來評核，計算各階層之評點，判斷各階層執行品管政策之績效。表 3-18～20 爲階層查核表，表 3-21～23 爲職能查核表，階層查核偏重於各階層職務應該盡責的地方，職能是部門角色能否做好份內的工作，有無能力去勝任，表 3-24～25 爲公司運用各種管理的手法，員工們能否靈活運用。表 3-26 是協力廠商之查核表，促使協力廠商之穩定供應物料或零件。

查核表是品質診斷之基礎，如果查核表連續出了狀況，下一步應進行企業診斷，找出問題點，然後尋求改善對策。

表 3-18

階層查核表　　　　年　月　　職稱：　　姓名：

經營者(總經理、高級主管)			評點(適當數字以○劃之)					備考
區分	記號	查核項目	E 完全不實施	D 差不多實施	C 有時實施	B 大體實施	A 完全實施	
※	a	公司是否明文表示品質管理與標準化方針及綱要？	2	4	6	8	10	
※	b	是否裁決品質管理與公司標準化之目標與實施計畫？	2	4	6	8	10	
	c	有無實施品質管理與標準化之診斷與監查？	1	2	3	4	5	
※	d	是否在各部門、各委員會、各職位明示品質保證和公司標準化的責任和權限？	2	4	6	8	10	
	e	是否確認品質保證業務營運適當？	1	2	3	4	5	
	f	是否有確認重要抱怨的處理對策及對抱怨處理之全盤實施狀況？	1	2	3	4	5	
	g	經營者是否有潛在抱怨對策及製品責任對策？	1	2	3	4	5	
	h	是否確認製品規格(品質水準決定)？	1	2	3	4	5	
	i	有無確認出貨製品的品質水準報表？	1	2	3	4	5	
	j	經營者是否積極收集品質情報？	1	2	3	4	5	
※	k	對於從業員之教育和後繼者養成教育是否積極進行？	2	4	6	8	10	
※	l	在幹部會議常提品質管理爲議題？	2	4	6	8	10	
	m	對於協力公司的養成或地域社會的協調是否努力？	1	2	3	4	5	
	n	有無出席品質管理與公司標準化研習或者閱讀專門書籍？	1	2	3	4	5	
	o	是否確認品質管理的報告(在 JIS 工廠提交年度報告書)內容？	1	2	3	4	5	
合計點數判定準則 39 以下 ……劣 40～ 59 ……差 60～ 79 ……可 80～ 89 ……佳 90～100 ……優良		小計						
		合計點數						
		判定						

表 3-19

階層查核表　　　　　年　　月　　　職稱：　　　　姓名：

管理、監督者(經理、課長、組長)			評點(適當數字以○劃之)					備考
區分	記號	查核項目	E	D	C	B	A	
			完全不實施	差不多實施	有時實施	大體實施	完全實施	
	a	對自己的職務、責任、權限是否充分了解？	1	2	3	4	5	
※	b	有無具體指示部下、職場的品質管理(QC)之推進目標計畫？	2	4	6	8	10	
※	c	有無把握自己職場的重要品質管理，以及是否建立解決方案？	2	4	6	8	10	
	d	有無將職場的管理項目與任務明確規定管理？	1	2	3	4	5	
	e	對上級、他部門、部下報告、連絡是否適時適切呢？	1	2	3	4	5	
	f	部下的配置、工作分配是否適當？	1	2	3	4	5	
※	g	是否按照公司內標準業務行動，並徹底了解執行？	2	4	6	8	10	
	h	是否按照公司內標準嚴格實施？並採取必要矯正行動？	1	2	3	4	5	
※	i	有無努力提高部下在教育訓練與本身的水準？	2	4	6	8	10	
	j	是否基於事實判斷、做計畫，並徹底實行？	1	2	3	4	5	
	k	在公司內 QC 關係會議有無積極的發言？	1	2	3	4	5	
※	l	在自己職場實施 QC 計畫？稽核後是否採取必要行動？	2	4	6	8	10	
	m	對不良與異常的處理及再發防止對策，是否適當？	1	2	3	4	5	
	n	不良與異常、抱怨或成本等，是否按照目標減少？	1	2	3	4	5	
	o	計測誤差及報表，是否精確？確認是否有被採取？	1	2	3	4	5	
合計點數判定準則 39 以下 ……劣 40～ 59 ……差 60～ 79 ……可 80～ 89 ……佳 90～100 ……優良		小計						
		合計點數						
		判定						

表 3-20

階層查核表　　　　　　　　年　　月　　　　職稱：　　　　姓名：

一般從業員			評點(適當數字以○劃之)					備考
區分	記號	查核項目	E	D	C	B	A	
			完全不實施	差不多實施	有時實施	大體實施	完全實施	
	a	是否相當了解自己的作業目的？	1	2	3	4	5	
	b	是否了解自己作業爲循序漸進圓滿進行？	1	2	3	4	5	
※	c	對作業標準、作業指示書、製造命令書的內容是否充分了解？	2	4	6	8	10	
※	d	要充分了解自己作業能順利，哪兒是最要緊的，應如何處理？	2	4	6	8	10	
	e	作業要緊地方，是否不依賴經驗？	1	2	3	4	5	
	f	是否知道你自己職場最多的不良與異常是什麼？	1	2	3	4	5	
※	g	是否了解作業中發生異常時應如何處理？	2	4	6	8	10	
	h	良品與不良品的區別是否明確？	1	2	3	4	5	
	i	是否知道自己職場的不良率及不良低減目標數值？						
※	j	對職場會議或品管圈是否積極努力參加？	2	4	6	8	10	
	k	有無工作改善的提案？	1	2	3	4	5	
	l	記錄是否按照原計畫正確記入？	1	2	3	4	5	
	m	測定器、模夾具與按照樣板等精度，是否確實應用？	1	2	3	4	5	
	n	是否按照作業前的準備與指示檢驗？	1	2	3	4	5	
	o	有無做作業後的整理、整頓與清掃？	1	2	3	4	5	
合計點數判定準則 39 以下 ……劣 40～ 59……差 60～ 79……可 80～ 89……佳 90～100……優良		小　計						
		合計點數						
		判　定						

表 3-21

階層查核表　　　　　　年　　月　　　職稱：　　　　姓名：

營業部門			評點(適當數字以○劃之)					備考
區分	記號	查核項目	E 完全不實施	D 差不多實施	C 有時實施	B 大體實施	A 完全實施	
※	a	是否收集顧客期望的品質情報，並迅速地送到(傳達)開發設計製造部門？	2	4	6	8	10	
	b	是否有競爭者的品質比較與評價，並能對開發設計、製造部門發生積極的作用？	1	2	3	4	5	
	c	交貨時應予顧客洽談並決定品質項目，是否按照原計畫實行？	1	2	3	4	5	
	d	推銷的品質教育、技術教育是否確實實行？	1	2	3	4	5	
※	e	是否備有交貨手冊、販賣手冊？	2	4	6	8	10	
	f	是否適當活用使用說明書、商品目錄等？	1	2	3	4	5	
	g	製品保管應使品質無法惡化而且無損傷？	1	2	3	4	5	
	h	有無對製品的品質、特色、使用方法等廣告宣傳？	1	2	3	4	5	
※	i	有無積極努力出售標準品？	2	4	6	8	10	
	j	對顧客有無徹底說明使用方法與注意事項？	1	2	3	4	5	
※	k	抱怨處理是否按規定迅速處理？是否和設計或工程改善連結？	2	4	6	8	10	
	l	有無將潛伏的抱怨之調查結果，反映給公司內各部門？	1	2	3	4	5	
	m	售後服務，服務零件的供給是否適當？	1	2	3	4	5	
	n	在營業業務方面，有無活用統計方法而有成效之事例？	1	2	3	4	5	
	o	在營業業務有無實行Plan-Do-Check-Action的方式？	1	2	3	4	5	
合計點數判定準則 39 以下 ……劣 40～ 59……差 60～ 79……可 80～ 89……佳 90～100……優良		小計						
		合計點數						
		判定						

表 3-22

職能查核表　　　　年　月　　職稱：　　姓名：

開發設計部門			評點(適當數字以○劃之)					備考
區分	記號	查核項目	E 完全不實施	D 差不多實施	C 有時實施	B 大體實施	A 完全實施	
※	a	有無將顧客的期望或公司外觀規格(CNS)等內容反映給設計部門？	2	4	6	8	10	
	b	是否將公司內的工程能力以資料掌握反映於設計？	1	2	3	4	5	
	c	有無積極推進原料或零件的單純化、標準化？	1	2	3	4	5	
	d	爲提高信賴性，是否特別對設計考慮？	1	2	3	4	5	
	e	有無採用標準？	1					
※	f	抱怨及其他品質情報，是否積極反映給設計部門？	2	4	6	8	10	
※	g	在製品規格，是否以具體而客觀的規定種類、等級、互換性尺寸、品質、試驗、方法、包裝表示等？	2	4	6	8	10	
	h	是否以具體的方法來縮短設計期間？	1	2	3	4	5	
	i	有無規定開發試作階段應該遵守的要求？	1	2	3	4	5	
	j	有無規定以設計的基本要求做設計標準？						
	k	是否遵守設計標準？	1	2	3	4	5	
	l	設計標準內容是否適時改正以提高水準？	1	2	3	4	5	
	m	因設計變化造成之問題或不良是否減少？	1	2	3	4	5	
	n	因提高設計能力，是否實行計畫教育？	1	2	3	4	5	
	o	在開發設計業務上有無實行 Plan-Do-Check-Action	1	2	3	4	5	

合計點數判定準則							
合計點數判定準則 39 以下 ……劣 40～ 59……差 60～ 79……可 80～ 89……佳 90～100……優良	小　計						
	合計點數						
	判　定						

表 3-23

職能查核表　　　　　　　　　　年　　月　　　　職稱：　　　　姓名：

檢查部門			評點(適當數字以○劃之)					備考
區分	記號	查核項目	E 完全不實施	D 差不多實施	C 有時實施	B 大體實施	A 完全實施	
	a	檢查計畫是否參考品質保證、TQC推進見解，並經充分檢討後才能製成？	1	2	3	4	5	
	b	檢查方式是否在“經濟的、人的、設備的限制”等方面充分檢討而成？	1	2	3	4	5	
	c	交貨檢查、製品檢查業務是否由與製造業務獨立之單位從事？	1	2	3	4	5	
	d	是否依試驗機與測定器的種類，性能選適合的檢查項目？	1	2	3	4	5	
※	e	測定、試驗是否在有精度管理的機器與嚴格管制的環境下進行？	2	4	6	8	10	
	f	是否因檢查而產生物流的停滯？	1	2	3	4	5	
※	g	檢查結果是否正確記錄、整理，並能爲關係部門活用？	2	4	6	8	10	
	h	決定檢查記錄的保存期間，是否考慮品質保證抱怨處理情形？	1	2	3	4	5	
※	i	抽樣檢查方式(批、檢查單位、檢查項目、樣本之大小、抽樣方法、判定基準、不合格批處理)有無客觀規定？	2	4	6	8	10	
※	j	試驗方法(設備、試驗體、測定條件、程序、測定方法、記錄方法等)有無客觀規定？	2	4	6	8	10	
	k	檢查業務是否完整而規定化？	1	2	3	4	5	
	l	檢查業務是否按規定嚴格執行？	1	2	3	4	5	
	m	檢查關係規定是否基於實績而更改？	1	2	3	4	5	
	n	檢查員的教育訓練是否持續不斷？	1	2	3	4	5	
	o	在檢查業務是否實行Plan-Do-Check-Action？	1	2	3	4	5	
合計點數判定準則 39 以下 ……劣 40～ 59……差 60～ 79……可 80～ 89……佳 90～100……優良		小計						
		合計點數						
		判定						

表 3-24

手法查核表　　　　年　　月　　　職稱：　　　　姓名：

區分	記號	手法的知識：查核項目	評點(適當數字以○劃之) E 完全不實施	D 差不多實施	C 有時實施	B 大體實施	A 完全實施	備考
※	a	是否能具體說明層別法？	2	4	6	8	10	
	b	能否具體的說明特性要因圖之作法？	1	2	3	4	5	
	c	有做柏拉圖之分析？	1	2	3	4	5	
	d	能算工程能力指數嗎？	1	2	3	4	5	
※	e	會計算$\overline{X}$與σ_{n-1}？(不使用計算機)	2	4	6	8	10	
	f	會做$\overline{X}-R$，x-R_s管制圖嗎？	1	2	3	4	5	
※	g	會說明全數檢查與抽驗檢查的優缺點、利害得失之比較嗎？	2	4	6	8	10	
	h	能說明規準型、選別型、調整型的抽驗檢查特徵並比較嗎？	1	2	3	4	5	
	i	能說明關於抽驗檢查與核對檢查之差異？	1	2	3	4	5	
※	j	有辦法用推計紙(二項機率紙)嗎？	2	4	6	8	10	
	k	能說明相關與迴歸之區別嗎？	1	2	3	4	5	
	l	能具體說明可靠度及可靠度試驗嗎？	1	2	3	4	5	
	m	會做檢定的計算嗎(不使用計算機)？	1	2	3	4	5	
	n	會變異數分析嗎(不使用計算機)？	1	2	3	4	5	
	o	能不能依據直交配列表計劃實驗？	1	2	3	4	5	
合計點數判定準則 39 以下 ……劣 40～ 59 ……差 60～ 79 ……可 80～ 89 ……佳 90～100 ……優良		小　計						
		合計點數						
		判　定						

表 3-25

手法查核表　　　　年　　月　　職稱：　　　姓名：

手法的活用			評點(適當數字以○劃之)					備考
區分	記號	查核項目	E	D	C	B	A	
			完全不實施	差不多實施	有時實施	大體實施	完全實施	
	a	取資料時，應檢討採用計量值或計數值？	1	2	3	4	5	
※	b	為採取矯正措施所取資料之母體是否明確？	2	4	6	8	10	
	c	取資料時，是否活用查核表？	1	2	3	4	5	
	d	取資料時，是否活用散佈圖？	1	2	3	4	5	
※	e	綜合資料時，是否活用直方圖？	2	4	6	8	10	
	f	整理資料時，是否活用柏拉圖？	1	2	3	4	5	
※	g	對工程解析是否活用特性要因圖？	2	4	6	8	10	
	h	工程解析用是否活用管制圖？	1	2	3	4	5	
	i	工程管理用有無活用管制圖？	1	2	3	4	5	
	j	是否活用工程能力指數表示工程能力？	1	2	3	4	5	
※	k	決定檢查方式有無檢討 OC 曲線？	2	4	6	8	10	
	l	是否活用計量抽驗檢查方式？	1	2	3	4	5	
	m	是否活用推計紙(二項機率紙)？	1	2	3	4	5	
	n	是否活用關於母平均的推測方法？	1	2	3	4	5	
	o	是否活用根據直交配列表的實驗計畫之技巧？	1	2	3	4	5	
合計點數判定準則 39 以下 ……劣 40～ 59……差 60～ 79……可 80～ 89……佳 90～100……優良		小　計						
		合計點數						
		判　定						

表3-26　供應商評核

項　　目	考核分數	內　　容	比例分數	提供資料單位	評審週期
⑴品質	20	⑴批數合格率	10	各製造部	每三個月一次
		⑵個數合格率	10		
⑵交貨期限	15	⑴如期交貨	15	各製造部	
		⑵遲延五日以內	10		
		⑶遲延十日以內	5		
		⑷遲延十日以上	0		
⑶價格	15	⑴低於 5%	15	購料課	
		⑵相同	12		
		⑶高於 5%以內	8		
		⑷高於 10%以內	4		
		⑸高於 10%以上	0		
⑷服務	15	⑴協力率	7	購料課	每年一次
		⑵外包率	3		
		⑶反應措施	5		
⑸技術水準	15	⑴機械設備	5	各製造部	
		⑵檢驗設備	5		
		⑶工作技術	5		
⑹經營	10	⑴營業狀況	4	購料課	
		⑵財務結構	4		
		⑶員工人數	2		

表 3-26 供應商評核(續)

<table>
<tr><th>項　　目</th><th>考核分數</th><th>內　　容</th><th>比例分數</th><th>提供資料單位</th><th>評審週期</th></tr>
<tr><td rowspan="7">⑺管理</td><td rowspan="7">10</td><td>⑴生產管理</td><td>2</td><td rowspan="7">購料課</td><td rowspan="7">每年一次</td></tr>
<tr><td>⑵品質管理</td><td>2</td></tr>
<tr><td>⑶地理條件</td><td>2</td></tr>
<tr><td>⑷人事管理</td><td>1</td></tr>
<tr><td>⑸物料管理</td><td>1</td></tr>
<tr><td>⑹工場佈置</td><td>1</td></tr>
<tr><td>⑺安全衛生</td><td>1</td></tr>
<tr><td colspan="6">⑻新協力廠之考核，以技術水準、經營、管理及服務項內之反應措施爲限，以 40 分爲滿分。</td></tr>
<tr><td colspan="6">⑼評審結果應正式通知協力廠商。</td></tr>
<tr><td colspan="6">⑽物料價格之評審應根據本公司之標準價格，如無標準價格，暫時以滿分 15 分之 1/2 計算之，並應註明之。</td></tr>
</table>

本章摘要

1. 檢查是管制品質的最基本手段與工作。
2. 公司生產最重要的檢查階段爲進料檢查及出貨檢查。
3. 進料管制之執行工作稱爲驗收。
4. 材料由請購至入庫大略步驟 [請購] → [採購] → [收貨] → [驗收] → [入庫登帳] → [付帳] 。
5. 一般檢驗分爲三階段：進料檢驗、製程檢驗、成品檢驗。
6. 生產線製程以全數檢驗爲主，單一製程生產，以抽樣及定時抽驗居多。
7. 研究數據的分類與整理，是對工廠各種資料的整理作有效的分析，進而採取應對措施的首要工作。
8. 數據分爲計數值與計量值。
9. 建立次數分配表之有關術語有全距、組界、組中點、組距。
10. 建立次數分配表時，分組的組數以在10～25之間最恰當，且不可少於10組或多於30組。
11. 次數分配表製成後，可進一步繪次數分配圖，將更易於閱讀。
12. 集中趨勢亦即群體分佈的中心概況，一般用算術平均數、中位數、眾數來表示。
13. 離中趨勢即表示群體中各個體的差異情形，代表各個體的變異性，一般以全距、平方和、變異數與標準差表示。
14. 常態分配曲線的形狀，猶如鐘形，因此，又稱爲鐘形曲線。
15. 常態分配曲線時，算術平均數、中位數與眾數三者合而爲一，即 $\overline{X}=M_e=M_o$ 。
16. 在對稱或微偏之單峰分配中，以算術平均數爲中心3個標準差之範圍內，約包括數值總個數的99.73%。

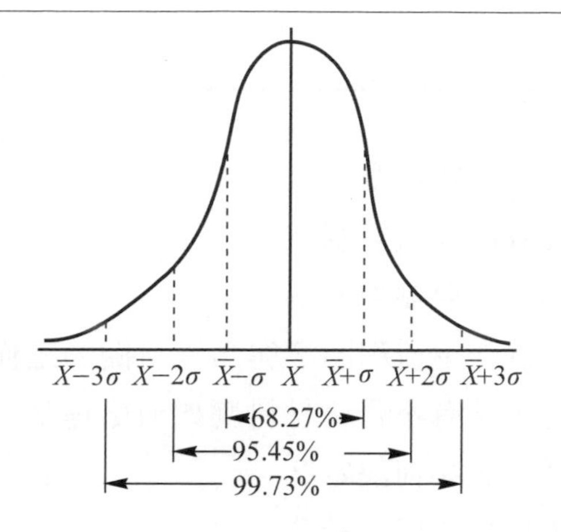

17. 扭力、強度、硬度、鑄砂之水份比例、壓縮強度、通氣度、壓縮比……將都必須經過測試的品質管制工作。
18. 查核表之設計類別有階層查核表、職能查核表、運用手法查核表及協力廠商查核表。

習題

1. 公司的物料涵蓋哪些？
2. 公司爲何要實施物料管制？
3. 進料管制的工作要點如何？
4. 試述進料管制作業流程圖？與品質有關的工作有哪些？
5. 進料管制時，若有不合格材料應如何處理？
6. 何謂「特採」，如何決定？
7. 企業之製程檢驗如何設計？
8. 試說明計數值與計量值？
9. 試指出下列數據之性質，屬於計數值或計量值？
   (1) 臺灣省每月車禍次數。
   (2) 鋼料之拉剪強度(單位 kg/m^2)。
   (3) 每天經過 A 平交道的車輛數。
   (4) 每一學生的身高。
   (5) 每天學生曠課人數百分率。
   (6) 雞舍內每隻雞的重量。
10. 何謂次數分配？
11. 解釋下列名詞：
   (1) 全距。
   (2) 組界。
   (3) 眾數。
   (4) 中位數。
   (5) 平方和。
   (6) 變異數。
   (7) 標準差。

12. 建立次數分配表的步驟爲何？

13. 下列數據爲某機械生產工廠，對組合銷尺寸之抽樣數據，該組合銷標準外徑爲25.4±0.1mm，經量測100個後得如表3-27，試整理成次數分配表，並繪次數多邊圖、直方圖。

表3-27

25.45	25.44	25.42	25.29	25.40	25.28	25.44	25.56	25.40	25.32	25.34	25.52	25.34	25.27	25.34
25.6	25.42	25.30	25.40	25.44	25.31	25.54	25.36	25.44	25.32	25.58	25.35	25.35	25.26	25.39
25.48	25.39	25.44	25.28	25.42	25.36	25.55	25.38	25.44	25.54	25.5	25.34	25.42	25.36	25.42
25.52	25.42	25.40	25.33	25.32	25.42	25.57	25.2	25.48	25.50	25.51	25.62	25.46	25.3	25.40
25.54	25.40	25.37	25.48	25.43	25.42	25.46	25.50	25.48	25.45	25.44	25.52	25.45	25.40	25.44
25.40	25.44	25.38	25.42	25.40	25.44	25.39	25.46	25.40	25.40	25.43	25.51	25.52	25.37	25.41
25	25.45	25.46	25.44											

14. 試求下列數值的中位數、全距、標準差與平均值？
8.6, 7.4, 8.9, 10.1, 9.2

15. 某工具製造廠生產鐵鎚，鎚面經過熱處理後，抽樣95個，得其硬度分佈情形如表3-28，其標準範圍爲H_{RC}50±5°，試計算其算術平均值及標準差及中位數。

表3-28

組界H_{RC}	次　數
40～42	2
42～44	2
44～46	3
46～48	8
48～40	15
40～52	35
52～54	12
54～56	8
56～58	6
58～60	4

16. 簡述平均數、中位數、眾數之優劣？
17. 平均數、中位數、眾數之關係爲何？
18. 何謂常態分配？
19. 表示集中趨勢與離中趨勢之方法有哪些？
20. 全距表示離中趨勢之缺點爲何？
21. 在常態分配曲線中$\overline{X}\pm\sigma$、$\overline{X}\pm2\sigma$、$\overline{X}\pm3\sigma$各應佔全體的百分比爲多少？
22. 階層與職能查核表之功能如何？
23. 查核表之基本功用爲何？

4 章

• QUALITY CONTROL •

抽樣檢驗

4-1 前 言

爲了滿足顧客對產品的要求，工廠除了在技術方面必需不斷的創新與改進，設備的投資必需不斷增加外，在實際的生產過程中，還要嚴格管制原料、製品與成品的品質，因此，在原料購入工廠或者過程完工移交到下一過程之間及成品出貨前，均需檢驗是否符合「預定的規格」。

檢驗產品是否符合「預定的規格」是查驗產品是合格或不合格，若不合格即表示製造過程不正常。因此檢驗是以保證品質爲目的，將檢驗的數據與檢驗規格比較，合格則驗收，不合格則拒收。合格品之檢驗爲數眾多，要全數檢驗恐怕要相當高的人事經費，但是，由於近代統計學

的發展，許多專家學者利用機率原理，對抽樣的信賴度進行研究，導出很多抽樣可行的理論，並繪製各種表格以供使用，因此遂有「抽樣檢驗」的誕生。

4-2 檢驗的定義

一、檢驗(Inspection)之意義

檢驗是根據既定的檢查標準(一般與工作標準相同)用各種適當的方法測定製品要求的品質，然後將測定的結果與原定標準互相比較；判定該產品爲合格或不合格，以持取適當的處置措施。

二、抽樣檢驗(Sampling Inspection)之意義

由一批產品中，隨機抽取一定比率的樣本，檢驗其要求的品質，並將結果與標準比較，判定樣本是否合格，再以統計的方法，判定全批爲合格或不合格，稱爲抽樣檢驗。但抽樣的技術，數量要符合經濟的要求，與足夠信賴的比率。

4-3 術語與代表符號

1. 檢驗單位

   對產品品質測定所用的單位量或單位數。如長度、面積、個數等。

2. 生產批

   使用相同之原料，在相同之條件下生產之產品，稱爲生產批。

3. 送驗批

   被抽樣檢驗的生產批，稱爲送驗批。

4. 樣本數

　　從送驗批中每次抽取檢驗的個數，以n表示。

5. 批量

　　抽取樣本數的總和，以N表示。

6. 合格判定值

　　判定批爲合格之品質特性值。

7. 不合格判定值

　　判定批爲不合格之品質特性值。

8. 合格判定個數

　　判定批爲合格時，樣本內容所含有之最高不良品個數或最大缺點數以C表示。

9. 不合格判定個數

　　判定批爲不合格時，樣本內所含之最少不良品個數，以R_e表示。

10. 允收水準(Acceptable Quality Level, AQL)

　　指一種不良率，此不良率買方尚認爲滿意的品質水準。生產者的產品，其平均品質合乎此種水準，即判定合格而驗收。因此AQL是作爲判定合格送驗批的最高不良率。

11. 拒收水準(Lot Tolerence Percent Defective, LTPD)

　　LTPD 恰與 AQL 相反，亦是一種不良率，買方認爲產品惡劣，拒絕接受，所以爲不合格送驗批的最低不良率。

12. 生產者冒險率(Producer's Risk, PR)

　　工廠生產者的品質，大多數爲良品，已達到允收水準，應判爲合格而被允收，但是因抽樣關係，抽到不良品之個數超過允收個數而被誤判爲不合格，以致遭到消費者拒收，這種狀況發生的

機率，稱爲生產者冒險率，以α表示，亦即第一種錯誤，通常可能發生之$\alpha = 0.05$，即5%。

13. 消費者冒險率(Consumer's Risk, CR)

    若生產者的產品品質，大部份爲不良品，已達到拒收水準(LTPD)，消費者應判爲不合格而拒收，但是因抽樣關係抽到良品而誤判該產品爲合格而允收，發生這種狀況的機率，稱爲消費者冒險率，以β表示，亦即第二種錯誤，通常可能發生之$\beta = 0.1$，即10%。

4-4 全數檢驗與抽樣檢驗

一、引言

全數檢驗是將產品按檢驗標準，一個個逐予檢驗，將不良品挑出。抽樣檢驗已於前述，即是在產品中抽取一定比率的樣本加以檢驗。不論全數或抽樣檢驗，各有其用途，必須看情形而定。如果產品必須個個檢查才能保證品質時，則需全數檢驗。如果產品全數檢驗不經濟或不需要對產品之特性或使用目的一一加以保證時，則使用抽樣檢驗。

二、適用全數檢驗之場合

1. 批量很少，抽樣檢驗失去意義時。
2. 容易檢驗，而且效果顯著者，例如燈泡之檢驗。
3. 不允許有不良品存在，若有不良品容易引起人命或重大傷害者，如瓦斯筒之密封、汽車之傳動機構與刹車系統。
4. 對生產技術沒有信心又無法對顧客作品質保證時。
5. 製程中之在製品容易引起加工之困難，甚至造成不良品的主要因素。

三、適用抽樣檢驗之場合

1. 產量大，連續性生產無法做全數檢驗時。
2. 希望減少檢驗時間和經費者。
3. 產量多，允許有某種程度之不良品存在者。
4. 欲刺激生產者提高品質時。
5. 破壞性試驗時。

4-5 單次抽樣與雙次抽樣

一、單次抽樣

依據一次樣本檢查結果，來決定合格或不合格之形式，如表 4-1。

表 4-1　單次抽樣法

樣本數 (n)	合格判定個數	不合格判定個數
100	3	5

單次抽樣法的檢驗步驟如下：

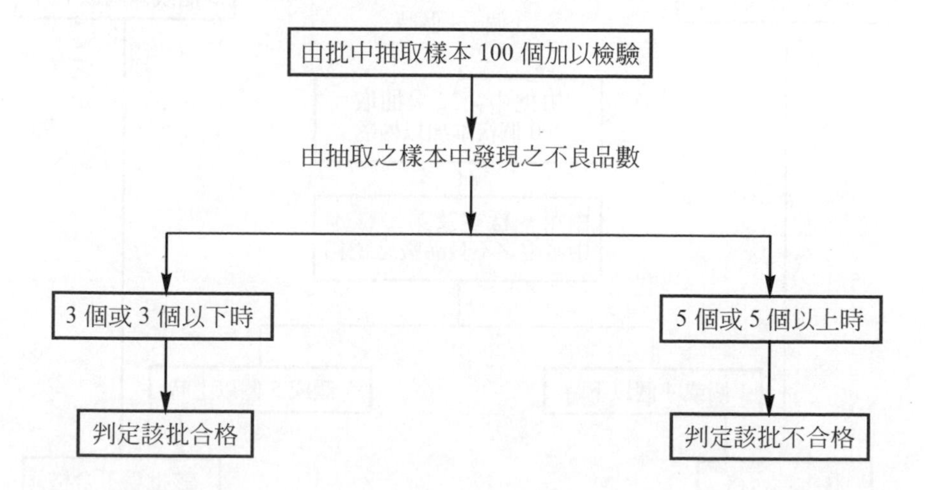

二、雙次抽樣

第一次抽樣結果，無法判定爲合格或不合格時，則再第二次抽樣。如表 4-2，由批量 10000 個中抽取 100 個第一樣本，發現之不良品爲 2 個以下時，判定該批爲合格，如不良品有 3 或 4 個時再抽取第二樣本 200 個，合計 300 個樣本加以檢查，結果不良品個數的累計數在 4 個或 4 個以下時，判定該批爲合格，5 個或 5 個以上時爲不合格。

表 4-2　二次抽樣形式

	樣本數(n)	累計樣本數	合格判定個數	不合格判定個數
第一次樣本	100	100	2	5
第二次樣本	200	300	4	5

二次抽樣法之步驟如下：

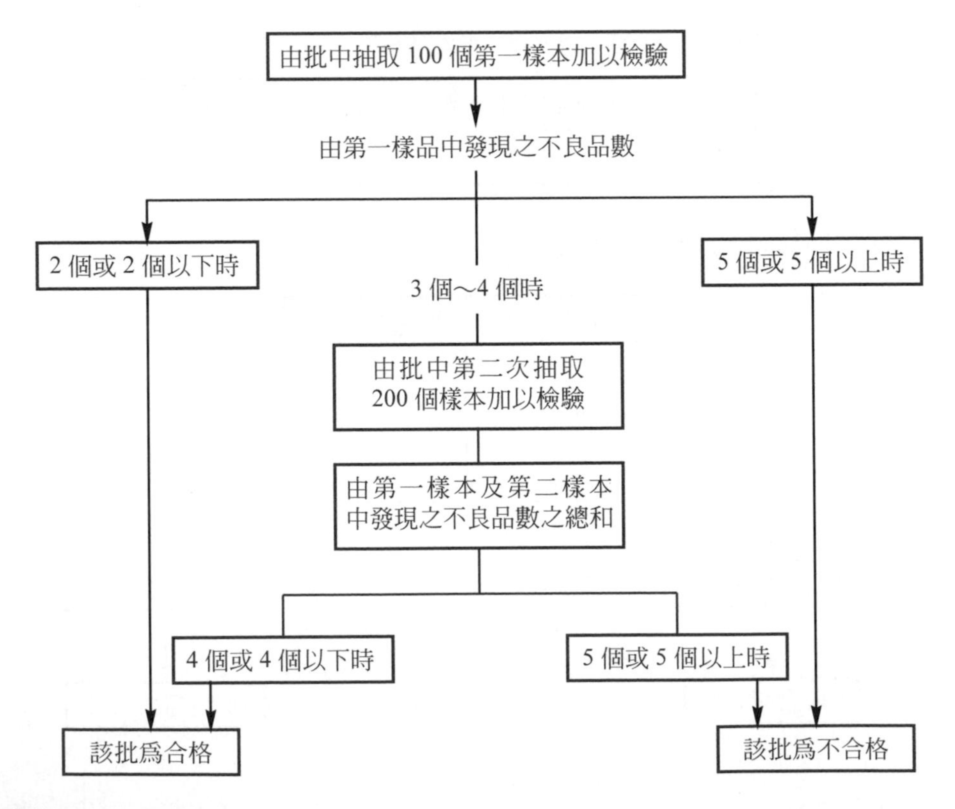

4-6 OC 曲線

一、定義

各種不同品質之產品與其允收機率之關係曲線稱爲作業特性曲線(Operation Characteristic Curve)簡稱 OC 曲線。該曲線通常以產品之不良率P'爲其橫座標，其範圍爲產品全部均爲良品至產品全部均爲不良品，即$P' = 0\% \sim 100\%$。以允收機率P_a爲其縱座標，其範圍自百分之百拒收至百分之百允收，即$P_a = 0\% \sim 100\%$。

二、全數檢驗之 OC 曲線

理想的 OC 曲線爲當送驗批定爲合格品時，即不良率爲零時，允收率爲百分之百，但當送驗批之不良率稍增時，允收率仍爲百分之百，直至送驗批之不良率，稍微超出買賣雙方所協調之品質水準(P')時，允收率才突然降爲百分之零，此一絕對峻峭的 OC 曲線，即如圖 4-1，代表全數檢驗時之 OC 曲線。

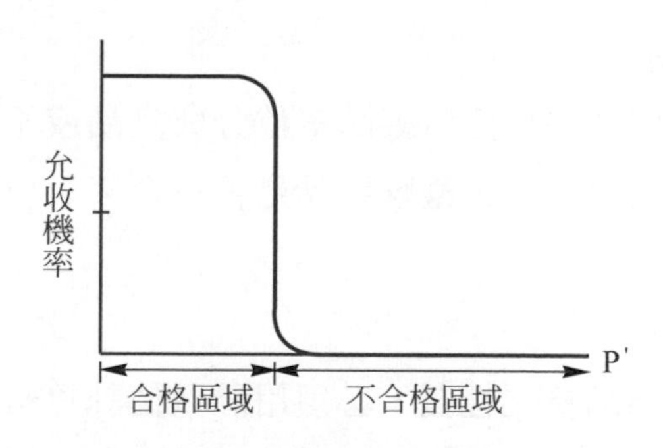

圖 4-1 全數檢驗之 OC 曲線

產品若採用抽樣檢驗，由於良品與不良品被抽出的機會並不相等，含有機遇性的成分，因此，送驗批之品質雖然優於P'(產品之不良率)，但其允收率並不為百分之百。反之，當送驗批的品質劣於P'，其允收率亦不為零，其機會大小可自OC曲線求出，如圖4-2。

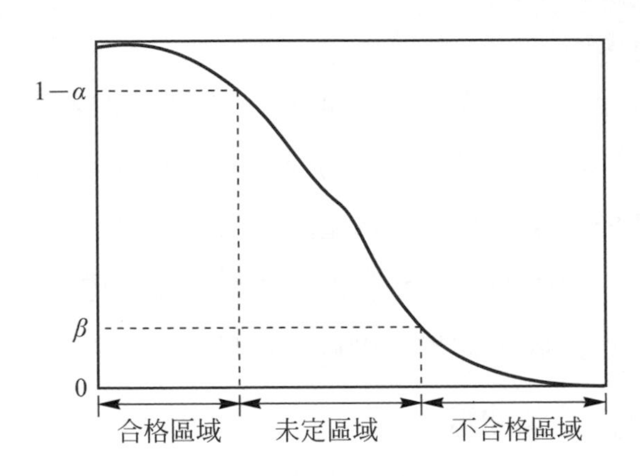

圖4-2　抽驗檢驗之OC曲線

4-7　抽樣檢驗分類

一、檢驗的數據

1. 計數值檢驗

   計數值檢驗是僅將製品單位分成良品或不良品，或數出製品單位上的缺點數，來檢驗製品是否符合某一要求或多種要求的一種檢驗方法。

2. 計量值檢驗

   當產品品質之性質，必須用計量值計算時，如長度、重量、濃度、溫度、強度、成份、電阻、體積……等，而且生產狀態已知為常態分配，則可根據樣本平均數及群體變異數或樣本標準差、全距，另行實施一種抽驗法，稱為計量值抽驗法(Sampling plan by variables or measurements)。

二、檢驗形式

抽驗檢驗的形式有

1. 單次抽驗：如4-5節所述。
2. 雙次抽驗。
3. 多次抽驗。

三、檢驗型態

抽樣檢驗之型態分為

1. 規準型

    規準型抽驗檢驗是為了滿足生產者(賣方)與消費者(買方)兩方面的利益為原則。

2. 選別型

    選別型抽驗檢驗是指經抽樣檢驗後判定為不合格的產品，並不給予退回，而進行全數檢驗，將產品批內所含之所有不良品全部剔除，換以良品，以得到較好的品質。

3. 調整型

    依過去的檢驗結果，決定採取減量或嚴格檢驗，在長期交易中，利用鬆緊的調整方式，以確保品質。

4. 連續生產型

    連續生產而產品不斷流動時。

4-8 缺點與不良品分級

一、缺點分級法

缺點之分級是根據製品單位上所可能發生的缺點，按其輕重程度而加以點數。所謂缺點是指製品單位上任何不合乎規定的要求而言。

缺點一般分為下列等級：

1. 嚴重缺點(Critical Defect)

　　嚴重缺點係指根據判斷或經驗，認為對使用、保養、或依賴該製品的人，有發生危險或不安全之結果的缺點，或者由判斷或經驗指出主要的最終品。

2. 主要缺點(Major Defect)

　　主要缺點係指嚴重缺點外，或許不能達成製品單位所期望的被使用性能，或造成減低其用途的缺點。

3. 次要缺點(Minor Defect)

　　次要缺點係指製品單位的使用性能，對於期望目的也許不致降低，或者雖與規格有所相差，但在使用上並無多大影響的缺點。

二、不良品的分級法

1. 嚴重不良品

　　含有一個以上的嚴重缺點，或同時含有若干個主要缺點與次要缺點的不良品。

2. 主要不良品

　　含有一個以上之主要缺點，同時亦可含有次要缺點，但並無嚴重缺點的不良品。

3. 次要不良品

　　含有一個以上的次要缺點，但並無嚴重缺點或主要缺點的不良品。

4-9 正常、加嚴及減量檢驗

1. 正常檢驗

　　指依據抽樣計畫規定的檢驗。

2. 加嚴檢驗

當施行正常檢驗時，如原始檢驗(即在此程序內不包括覆驗批)的連續5批中，有2批拒收，則須改用加嚴檢驗。

3. 減量檢驗

當施行正常檢驗時，如能適合下列各項條件，則可改用減量檢驗。

(1) 在以前10批的正常檢驗中，其原始檢驗無一批被拒收者。

(2) 在以前10批的樣本中，其不良品(或缺點)之總數，等於或小於減量檢驗的界限值。如係使用雙次或多次抽樣，則所有已經檢驗過的樣本，均應包括在內，並非僅指第一次樣本。

(3) 生產率穩定者。

(4) 負責單位認為減量檢驗適當者。

4. 如已施行減量檢驗，但在下列情況必須回復正常檢驗。

(1) 有一批被拒收。

(2) 生產情況是不規則或延遲者。

(3) 在其他情形下，認為著手正常檢驗為適當者。

5. 當施行加嚴檢驗時，如原始檢驗的連續5批均可允收時，則改用正常檢驗。

由上述可得檢驗的結論為：

減量檢驗⇄正常檢驗⇄加嚴檢驗。

6. 檢驗之中止

假若連續10批均按照加嚴檢驗進行，則本抽樣法所規定之條款，即不能適用，應中止檢驗，以待送驗批品質之改善。

4-10 *MIL-STD-105D* 計數值抽驗表

MIL-STD-105D計數值抽樣計畫，是根據買賣雙方所協定之允收品質水準AQL及生產冒險率(一般爲5%)所製定的抽驗法。

一、性質

1. 適合於買賣雙方連續的製品交易之驗收。
2. 當n不變，而AQL增加時，允收機率常較高。
3. 當AQL不變，而N增加時，允收機率亦較高。
4. 缺點與不良品之分級法，均分嚴重、主要、次要等三種。
5. AQL在10以下，可用不良率或百件缺點數表示，超過10以上，則僅能用百件缺點數表示。

二、正常、嚴格與減量檢驗

在4-9節已述及正常、嚴格與減量檢驗的轉換。一般有一定的標準來選取用何種檢驗。如品質好的廠商可採用減量檢驗以鼓勵生產者繼續控制其品質。如品質不好，則採用嚴格檢驗，以刺激生產者改善品質。

三、檢驗水準

檢驗水準是用以決定批量與樣本大小之間的關係，所用的檢驗水準，如有特殊的要求條件，應由負責當局指定。

檢驗水準共分兩類七級。

1. 一般檢驗水準

   共分Ⅰ、Ⅱ、Ⅲ級，一般採用Ⅱ級檢驗水準，無需太高判別力時，採用Ⅰ級檢驗水準，需要較高判別力時，採用Ⅲ級檢驗水準。

2. 特殊檢驗水準

共分 S-1、S-2、S-3、S-4 等四級，適用於較小的樣本，而容許有較大的抽樣冒險率時使用。

四、不良率及百件缺點數

1. 不良率

任何已知數量的製品不良率，爲製品中所含有的不良個數，除以製品的總數，再乘100%即得：

$$\text{不良率}(\%)=\frac{\text{不良品個數}}{\text{檢驗之製品數}}\times 100\%$$

2. 百件缺點數

任何已知數的製品，其每百件中缺點數，爲製品中所含缺點的總數，除以製品單位的總數再乘以100%即得：

$$\text{百件缺點數}=\frac{\text{缺點之總數}}{\text{檢驗之製品單位數}}\times 100\%$$

五、MIL-STD-105D 抽驗表的使用步驟

1. 決定良品或不良品的判定基準。
2. 指定抽樣方式：單次、雙次或多次。
3. 決定AQL值。
4. 決定檢查水準。
5. 由表I中查出適當的樣本代字。
6. 根據下列抽驗表，選擇最適當者。

(1) 單次抽驗表：

① 表II-A正常抽驗。

② 表II-B嚴格抽驗。

③ 表II-C減量抽驗。

⑵ 雙次抽驗表：

① 表III-A 正常抽驗。

② 表III-B 嚴格抽驗。

③ 表III-C 減量抽驗。

⑶ 多次抽驗表：

① 表IV-A 正常抽驗。

② 表IV-B 嚴格抽驗。

③ 表IV-C 減量抽驗。

7. 由樣本代字行查出樣本數n。

8. 查AQL之行與樣本代字之列相交欄，得A_c與R_e。

A_c＝允收不良數

R_e＝拒收不良數

9. 抽取樣本，並加以檢驗，判定為合格或不合格。

例題 4.1 設送驗批之批量$N=2000$，採用第II級檢驗水準，單次取樣法，若 AQL ＝0.4%，試求正常、嚴格、減量檢驗法如何？

解 ⑴由批量$N=2000$，在表I中之第II級檢驗水準交叉欄得樣本數代字為K。

⑵由樣本代字K及 AQL ＝ 0.4%

自II-A 表中查得正常檢驗法

$n=125$　　$A_c=1$　　$R_e=2$

自II-B 表中查得嚴格檢驗法

$n=125$　　$A_c=1$　　$R_e=2$

自II-C 表中查得減量檢驗法

$n=50$　　$A_c=0$　　$R_e=2$

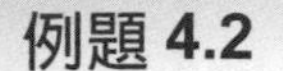

設送驗批之$N=150000$，若 AQL $=1\%$，採用第II級檢驗水準，試求正常單次抽樣法、加嚴雙次抽樣法、正常多次抽樣法應如何？

解 (1)由$N=150000$，第II級檢驗水準，從表 I 中查得樣本代字為N。

(2)由樣本代字N及 AQL $=1\%$

查II-A 表得正常單次抽驗法

$n=500$ $A_c=10$ $R_e=11$

查III-B 表得加嚴雙次抽驗法

$n_1=315$ $A_c=3$ $R_e=7$

$n_2=315$ $A_c=11$ $R_e=12$

查IV-A 表得正常多次抽驗法

$n_1=125$ $A_c=0$ $R_e=5$

$n_2=125$ $A_c=3$ $R_e=8$

$n_3=125$ $A_c=6$ $R_e=10$

$n_4=125$ $A_c=8$ $R_e=13$

$n_5=125$ $A_c=11$ $R_e=15$

$n_6=125$ $A_c=14$ $R_e=17$

$n_7=125$ $A_c=18$ $R_e=19$

類題練習

設送驗批之$N=900$，若 AQL $=0.25\%$，採用第II級檢驗水準，試求正常、加嚴、減量單次抽驗法應如何？

類題練習

設送驗批之$N=30000$，若 AQL $=1.5\%$，採用第II級檢驗水準，試求減量單次抽樣法、正常雙次抽樣法、加嚴多次抽樣法？

本章摘要

1. 工廠生產量多，抽樣檢驗是常用的檢驗方法，但抽樣的技術、數量要符合經濟的要求，與足夠信賴的比率。
2. 抽樣檢驗的術語應該熟讀，如檢驗單位、生產批、送驗批、樣本數、批量、合格判定值、不合格判定值、合格判定個數、不合格判定個數、允收水準、拒收水準、生產者冒險率、消費者冒險率。
3. 單次抽樣即依第一次樣本檢查結果判定合格與不合格，雙次抽樣即依第一次、第二次抽出樣本檢查判定合格與不合格。
4. OC曲線是各種不同品質之產品與其允收機率之關係曲線，稱爲作業特性曲線。
5. 抽樣檢驗的數據有計數值與計量值。
6. 抽樣檢驗之形式有單次、雙次及多次抽驗。
7. 抽樣檢驗之型態有規準型、選別型、調整型及連續生產型。
8. 抽樣檢驗後之缺點一般分爲嚴重缺點、主要缺點及次要缺點。
9. 在檢驗計畫之實現中，又分爲正常、加嚴及減量檢驗。

習題

1. 試解釋下列名詞

    (1) 檢驗。

    (2) 抽驗檢驗。

    (3) 合格判定個數。

    (4) 允收水準。

    (5) 拒收水準。

2. 何謂生產者冒險率？與管制上第一種錯誤有何關係？
3. 何謂消費者冒險率？與管制上第二種錯誤有何關係？
4. 適用全數檢驗的場合有哪些？
5. 適用抽樣檢驗的場合有哪些？
6. 何謂單次與雙次抽樣？試各舉一例，說明其不同？
7. 解釋 OC 曲線之定義？並說明全數檢驗與抽樣檢驗時 OC 曲線有何不同？
8. 缺點與不良品如何分級？
9. 何謂正常、加嚴、減量檢驗？
10. 何種情況下，加嚴檢驗轉換爲正常檢驗？
11. 何種情況下，正常檢驗轉換爲減量檢驗？
12. 試述 MIL-STD-105D 計數值抽驗表之性質？
13. 解釋檢驗水準？在 MIL-STD-105D 表中如何分類分級？
14. 解釋百件缺點數？如何計算？
15. 設送驗批之 $N = 2500$，若 AQL = 6.5%，採用第 II 級檢驗水準，試求加嚴單次抽樣法、減量雙次抽樣法、正常多次抽樣法應如何？

5 章

• QUALITY CONTROL •

品質管制

品質管制是爲了控制好公司產品的制度，它必須包含進料、製程及最終成品的一貫管制，除了建立在檢查與抽驗的先前基礎外，整個品質管制系統的設計必須包括規格釐定、驗收標準、檢驗辦法、表單設計與運用以及異狀回饋作業辦法，然後在系統的運作中，不斷的檢討，尋求改進辦法，讓企業的不良率降低，產品品質提高，間接的提高生產效能，創造營運績效與利潤。表 5-1 是生產系統進料、製程、成品三製程的管制措施，企業可以就三製程的要素：**標準、辦法及表格**，配合各企業的生產要素(人員、資金、材料、技術、機械等)加以設計，以達到生產出市場需要的產品品質。

表 5-1　品質管制系統需求

製程	標準	辦法	表格
進料管制	1.原物料規格 2.原物料、零件及組件驗收標準	1.進料管制辦法 2.協力廠商管理及評等辦法 3.材料特別採購辦法 4.不良品回饋辦法	1.驗收單 2.物料檢驗表 3.供應商品質查核表 4.原物料品質查核表 5.廠內領料表 6.不良品處理表
製程管制	1.標準作業程序 2.製程檢查標準 3.機器操作說明 4.機器設備儀器檢驗校正標準	1.製程管制辦法 2.製程管制運用手法 3.分析、改進辦法 4.不良回饋作業 5.檢驗及管制點之設立	1.巡迴檢查記錄 2.製程檢驗日報 3.圖表之製作 4.製程品質不良回饋表 5.不良品標示、置放表單
成品管制	1.成品規格 2.成品檢驗標準 3.成品包裝標準	1.成品管制辦法 2.成品品質抽驗 3.成品儲存辦法 4.客戶抱怨處理辦法	1.成品檢查日報表 2.客戶抱怨處理單 3.成品檢查不良品月報 4.成品檢查報表回溯流程表

5-1　製程管制的定義

工廠之生產，原物料屬外購行爲，品管制度如果健全，倉儲人員執行嚴格，獲取標準物料是一項不難達成的任務，當然物料管理辦法亦相當重要，如倉儲置放是否得宜，**出料是否先進先出**，不良或次級品之區隔是否清楚……等，對後續流程之品質影響頗大，一家有制度、上軌道、重視品質之企業，倉儲人員素質之要求與培訓自然不敢掉以輕心。

接著下來的製程，稱爲產品的製造過程，由材料零件上生產線，至製成、包裝這一系列過程，是屬於廠內各級人員的責任，能做好管理，包括有計畫、有順序、有執行、能改正，稱爲管制，是企業降低成本、提高生產效率、創造營運績效最重要的過程。

製程管制的定義就是在製造過程中，利用工程知識與統計方法，將製造條件包括材料、機械、人員、方法充分標準化，並控制其變動在管制狀態下，使產品品質符合規格要求，如果製程有異常現象時，必須找出異常原因，並加以消除預防其再度發生的連續工作，確保公司產品日日穩定，日日進步，創造品質保證的口碑。

5-2 製程管制工作要點

製程管制是一項繁雜且容易疏忽的工作，而且是**企業全面品管的最重要戰場**。分屬不同單位管制責任，但又必須同心協力整合，共同意識合作，才能做好製程管制。機器檢查、製程檢查標準可由設計單位設計，檢查辦法由品管單位釐定，但執行單位又必須由現場製造單位配合執行，責任與成果分享制度的設計，牽涉到公司整體管理制度，必須有良好職務分工、稽核辦法以及獎勵制度。製程管制重點工作如下：

1. **機械設定情況**

⑴ 機械是否維持堪用狀態，保養由固定人員做定期檢查維護，操作人員做日常維護保養。

⑵ 刀具、模具、冶具按其樣式規格加以分類，由技術人員負責管制。

2. **試模、刀具首件檢查**

每次更換刀具、模具、機件，第一次上工後，所製造出的工件必須確實檢查。

按檢驗標準，由技術人員或作業人員調整機器後第一件產品自行檢視後，交由品管人員確認，合乎標準方可繼續生產。

3. **製程中自主檢查**

按各機件之生產製程作隨機檢驗，即抽樣檢查，所以作業員應告知產品標準及如何檢驗。

4. **製程巡迴檢驗**

由品管員按檢驗標準來檢驗數量，如發現異狀時，稱取全數檢驗往前推進，至檢查到合乎標準之機件爲止。

5. **試驗室檢驗**

關鍵品質部位，或必須以試驗，不論破壞性或非破壞性，必須做試驗性檢驗方知品質狀況即應實施試驗室檢驗。

6. **稽核**

各製程由高階主管不定期進行抽檢及複檢工作。

7. **異常原因追查及改善行動**

產品發生異常時，由品管人員先行知會現場製程主管是否可以藉矯正來改善，如不行應即停止生產，由品管人員塡寫品質異常聯絡單，說明異常原因、地點、時間、機械及產品異常情況，循主管層級往上報告，屬於現場人爲疏忽部份矯正後可繼續生產，並由現場人員及品管人員加強檢查頻率，屬於設計及模具問題，由專業人員擬訂改善方法，並簽發相關單位作改善，最後由品管人員統整改善措施後之產品品質是否增加品質穩定度再回報主管。

這種異常原因追求流程必須不斷反覆追蹤，品管人員必須鍥而不捨，直至異常狀態不再出現才算改善工程完成。

5-3 *QC* 七大手法

一、查檢表

查檢表必須建立產品數據，數據的定義及種類在第 **3-2 節**已敘述過，數據根據測量所得到的數值和資料，它是根據產品的事實現狀而得，數據又分爲計數值與計量值，在運用及整理產品數據時應注意的重點爲：

1. 蒐集正確的數據

　　測量之技術以及產品批量之選擇要正確，如果蒐集不正確的數據，將導致無法顯現眞正的問題。

2. 要把握事實的眞相，避免品管人員主觀的判斷

　　爲了避免錯誤的判斷，應把握產品事實的眞相，一定以產品事實測量而得數據，切莫僅以品管人員主觀的意識作判斷。

3. 數據蒐集未完整前，不要下對策

　　數據取得時機及數量必須符合代表性，否則下對策易呈粗糙。

4. 數據使用的目的是什麼要清楚，以免使用錯誤。

5. 數據蒐集完成後，要馬上使用，一段時間後必須重新蒐集新數據。

數據是品管手法查檢表及其他手法的首要資料，所以要對產品品質改善與管制，蒐集正確的數據最重要。**有關查檢表品管手法分述於後**。

1. **定義**

　　查檢表是以簡單的數據用容易了解的方式，作成圖形或表格，只要記上檢查記號，並加以統計整理，作爲進一步分析或核對檢查用。

2. **查檢表的種類**

　　查檢表以工作的種類或目的可分爲記錄用查檢表和點檢用查檢表。

(1) **記錄用查檢表**又稱爲改善用查檢表，例如用於不良主因和不良項目的記錄用查檢表，如表 5-2。

(2) **點檢用查檢表**的主要功能是確認作業實施和機械整備的情形，例如表 5-3，即是汽車定期保養點檢用。

表 5-2 查檢表

作業者	機械	日期 不良種類	月 日	月 日	月 日	月 日	月 日	月 日	月 日
A組	1	尺寸							
		缺點							
		材料							
		其他							
	2	尺寸							
		缺點							
		材料							
		其他							
B組	1	尺寸							
		缺點							
		材料							
		其他							
	2	尺寸							
		缺點							
		材料							
		其他							

表 5-3 汽車定期保養點檢表

10000KM 時定期保養

顧 客 名 ： 　　　　日　　期 ：
車牌號碼 ： 　　　　費　　用 ：
車　　種 ： 　　　　行駛公里 ：
　　　　　　　　　　作 業 者 ：

☑ 電瓶液量	☑ 空氣濾清器
☑ 水箱	☒ 機油
☑ 胎壓	☑ 分電盤蓋
☑ 火星塞	◎ 化油器
☑ 風扇皮帶	

註 √ 檢查　○ 調整　× 更換

3. 查檢表的製作方法

查檢表的製作方法有以下四個步驟：

(1) 決定所要蒐集的數據及希望把握的項目：在決定所要蒐集的數據和希望的項目時，應該由相關人員以過去的經驗和知識來決定，以免遺漏某些項目。

(2) 決定查檢表的格式：查檢表的格式要依據所要作層別分析的程度去設計一種記錄和整理都很容易而且適合自己使用的格式，橫列列入決定的分類項目，縱欄紀錄期間或作業者。如表 5-4 爲電視畫面查檢表。表 5-5 用打√方式亦很簡單。

表 5-4　電視故障查檢表

查檢項目＼期間＼數目		2月	3月	4月	合計
畫面	沒有畫面	卌 卌 卌 ||	卌 卌 卌	卌 ||	39
	沒有彩色	|||	||	||||	9
電波	天線老舊	卌 卌 |||	卌 ||	卌 ||||	29
	天線方向	卌 卌 卌 卌 卌 |||	卌 卌 卌 卌 卌	卌 卌 卌 卌 卌	78
沒有聲音		卌	||||	卌 |	15
其　他		卌 |	卌 |	卌 |||	20
合　計		72	59	59	200

表 5-5　某影印機性能查檢表

不良項目＼次數	記錄													
	1	2	3	4	5	6	7	8	9	10	11	12	13	14
模糊不清	√													
咬紙			√		√		√	√	√	√				
自動送紙不良														
明暗不佳	√						√							
不同紙效果不同				√							√			
手動送紙不良		√					√							

(3) 決定記錄型式：記錄型式可分為品質管理時常用棒形記號「卌」，一般用的「正」字記號，以及圖形記號「○、×、△、√」等。

(4) 決定蒐集數據的方法：決定蒐集的方法首先決定由何人蒐集、期間多久，檢查方法也應先確定，運用之量具及儀器都應事先決定。

4. 查檢表的使用

數據蒐集完成應馬上應用，首先觀察整體數據是否代表某些事實，數據是否集中在某些項目或各項目之間有否差異？是否因時間的經過而產生了變化？另外也要注意週期性變化的特殊情況。

查檢表統計完成後，可用 QC 七手法中的柏拉圖加以整理，以掌握問題重心。

二、柏拉圖

1. 定義

所謂柏拉圖是根據所蒐集的數據，以不良原因、不良狀況、不良發生位置或客戶抱怨的數據、安全事故等不同區分標準，找出比率最大的項目或原因並且以所構成的項目依照大小順序排列，再加上累積值的圖形。由構成比率很容易了解問題的重點和影響的程度，以比例佔最多的項目著手進行改善，較爲容易獲得改善成果。

2. 柏拉圖製作的步驟

(1) 可先從結果分類著手，以找出問題所在，然後進行原因別分類。分類項目不要超過6項，分類項目過多將不容易掌握問題重心。

(2) 決定數據蒐集期間，並且按照分類項目蒐集數據

數據蒐集期間以一天、一週、一個月、一季或一年爲期間，從中擇恰當的期間來蒐集數據。

(3) 按分類項目別統計數據。

(4) 紀錄圖表並且依據數據大小排列畫出柱形。

以圖 5-1 家庭支出作爲例子，先分類蒐集數據統計如表 5-6，在各項統計時，應先求出各項累計金額，由第一項的伙食費加上第二項的零用錢，其餘各項也是如此。

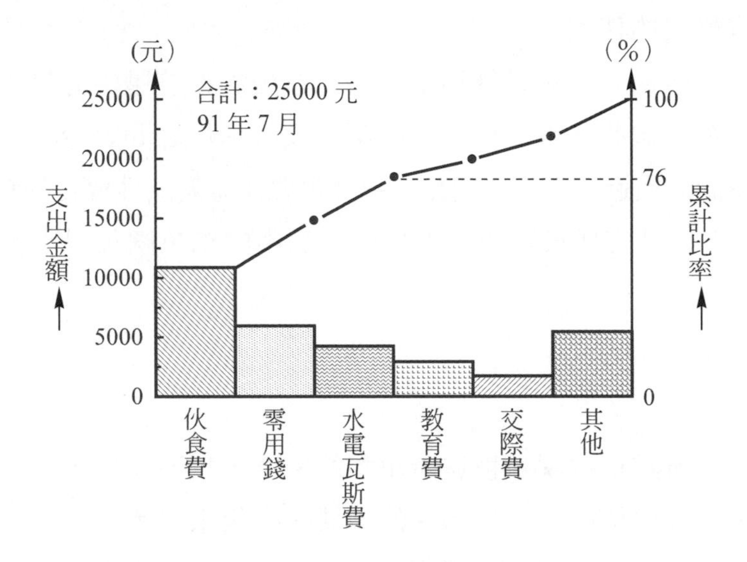

圖 5-1 六月份家庭支出柏拉圖

表 5-6

支出項目	出支金額	累計金額	累計比率
伙食費	10250	10250	41%
零用錢	5000	15250	61%
水電瓦斯費	3750	19000	76%
教育費	2000	21000	84%
交際費	1000	22000	88%
其他	3000	25000	100%
合計	25000	25000	

計算累計比率公式：

$$累計比例=\frac{各項統計數}{總數}\times 100\%$$

數據統計完成之後，先畫出縱軸直線來代表金額，橫軸直線代表決定項目如圖 5-2，然後將 6 種項目按照比例大小，由左側依次畫柱形，如圖 5-3。

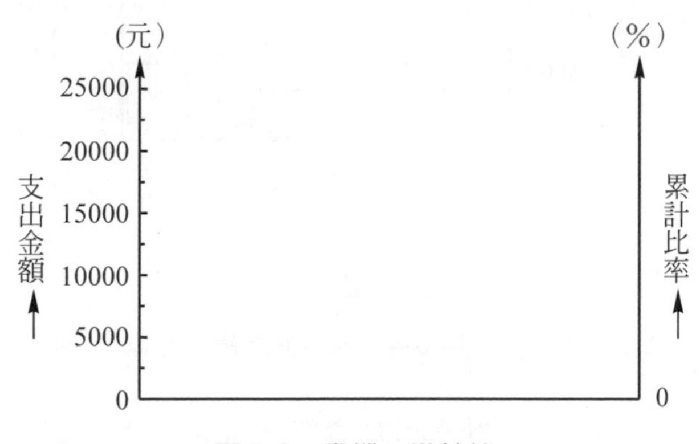

圖 5-2　畫縱、橫軸線

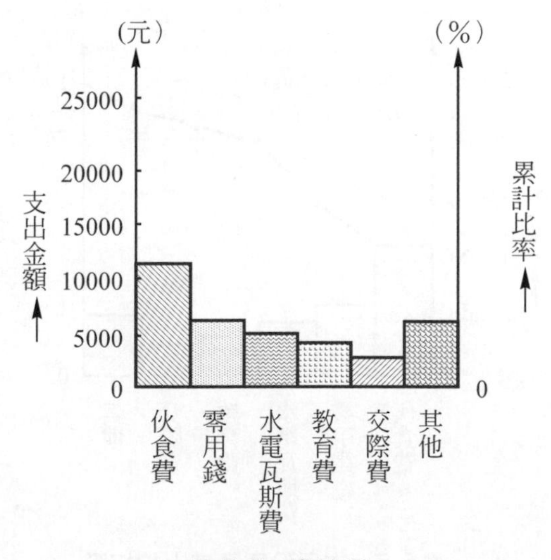

圖 5-3　畫柱形

⑸ 點上累計值並用線連結，如圖 5-4。

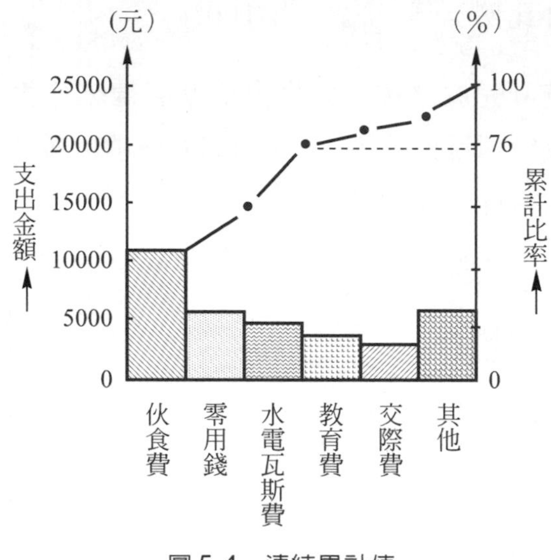

圖 5-4　連結累計值

⑹ 記入柏拉圖的主題及相關資料，如圖 5-5。

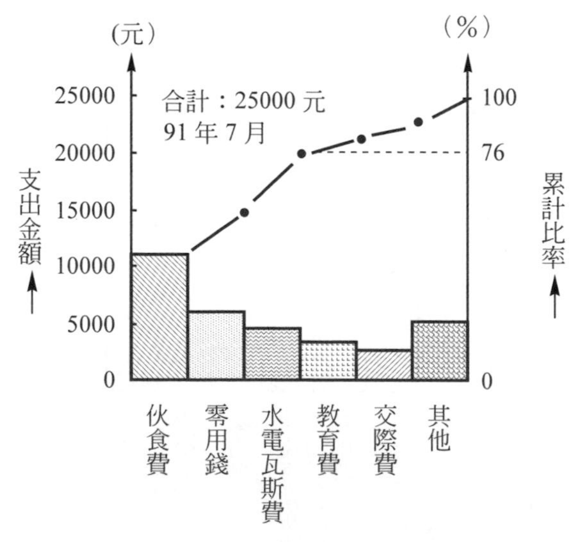

圖 5-5　六月份家庭支出柏拉圖

3. 柏拉圖使用的好處

⑴ 全部不良或不良率一目了然。

⑵ 掌握問題點，哪一個原因造成不良的百分率最高可以馬上由圖上看出，如圖 5-5。

⑶ 如有換算金額時，更能體會不良所造成的損失之多少。

⑷ 發現原因

如圖 5-6，伙食費、零用錢及水電瓦斯費佔 76%，是以結果來分類，爲什麼伙食費太高，如果以特性要因圖(手法 3)加以分析即可找出主要原因。

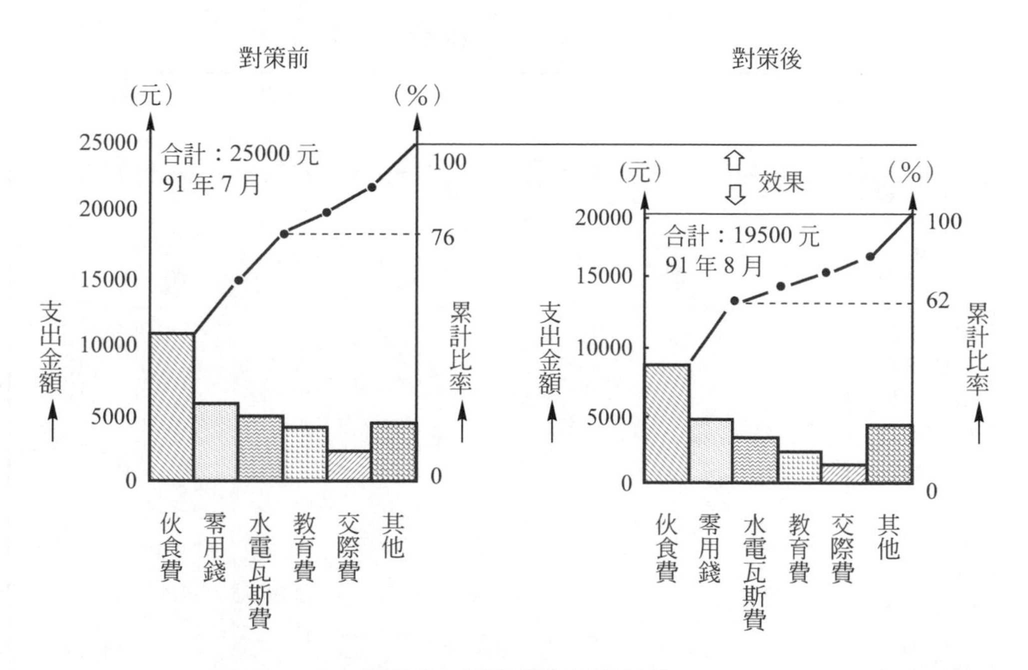

圖 5-6　對策前後之柏拉圖

⑸ 效果確認

應找到原因並且提出對策加以實施，實施後的效果可用柏拉圖來比較對策前與對策後的改善效益。

4. 在繪製柏拉圖時，應注意下列事項

(1) 盡可能按原因或狀況加以層別。方法依目的而不同。

(2) 必要時可以在縱座標之另一側將不良率損失換算成金額。

(3) 所取數據時間的長短，應按目的詳加考慮，時間太短，不易找出正確的趨勢，太長的話，會使前後資料呈現混合。

(4) 製作對策前後的效果確認時，蒐集數據的期間和對象必須一樣。

(5) 蒐集數據季節性的變化應列入考慮。

(6) 對於製作對策以外的要因也必須加以考慮，避免在解決主要原因時影響了其它要因的突然增加。

表 5-7　查檢表

計數用　查檢表 品　　名：＿＿＿＿ 過　　程：＿＿＿＿ 不良種類：＿＿＿＿ 檢查總數：＿＿＿＿	日期　年　月　日 部　　門：＿＿＿＿ 檢 查 者：＿＿＿＿ 批　　號：＿＿＿＿ 訂單號碼：＿＿＿＿	
種　類	劃　記	個　數
轉造不良 車床車損 單能機損 材料不良 材料裂痕 熱處理損 鑽孔損 銑床損 研磨損 切溝損 倒角不良 壓床損 其它		
	總　計	
不良個數		

表5-7爲某汽車零件製造工廠分析不良原因及個數的查檢表。例如，某汽車零件製造工廠12月份統計報廢品計有1410個，該月總生產件數爲42000件，不良率爲3.55%，其報廢原因及所佔比例如表5-8。

表5-8

不良項目	轉造不良	車床車損	單能機損	材料不良	材料裂痕	熱處理損	鑽孔損	銑床損	研磨損	切溝損	倒角不良	壓床損	其它	總不良數及總不良率
不良數	425	372	163	151	62	58	42	21	20	20	18	15	43	1410
%	30	26.4	11.6	10.7	4.4	4.1	3	1.5	1.5	1.5	1.2	1.1	3	100

現將表5-8之數據製成如圖5-7，即爲柏拉圖(Pareto Diagram)。

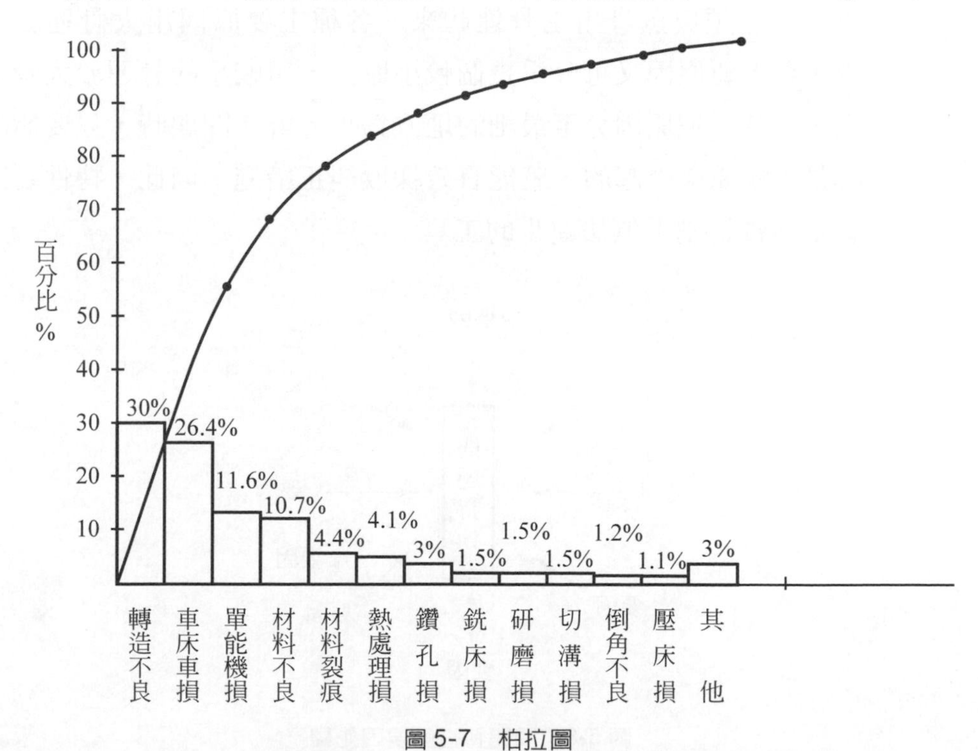

圖5-7　柏拉圖

該汽車零件製造廠 12 月份報廢品中轉造不良佔 30%，車床車損佔 26.4%，單能機損佔 11.6%，爲何這三種原因造成的不良比例特高，可以利用下一節手法 3 特性要因分析圖來分析並尋求改善。

三、特性要因圖

1. 定義

一個問題的特性受到一些要因的影響時，如圖 5-8，我們將這些要因加以整理，成爲有相互關係且有條理的圖形，這個圖形稱爲特性要因圖，是日本石川博士所創，如圖 5-9，用來分析品質特性與因素的關係是最實用的方法，這種圖很像魚的骨頭，所以又被稱爲魚骨圖。

品質特性問題放在右邊，有如魚頭，影響的要因在左邊有如魚身，魚頭與魚身用主骨連起來。各種主要原因用大骨連於主骨，各主要原因又可分爲幾個較小原因，用較小的骨連於大骨之上，如此，把原因分至最細的地方爲止。解決問題時，只要能瞭解是由哪原因引起的，就能有效採取糾正措施，因此，特性要因圖是品質管制上無法缺少的工具。

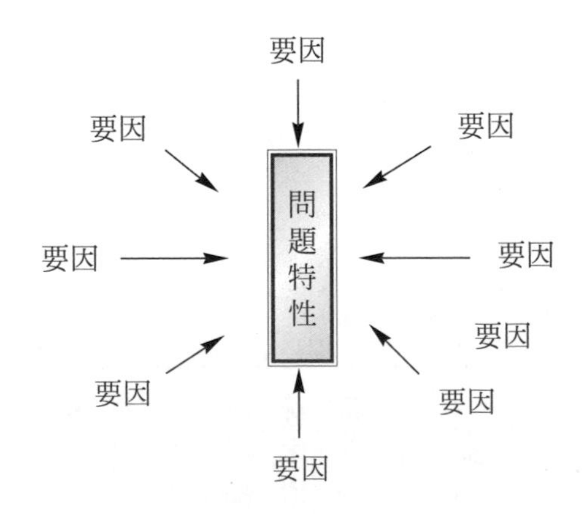

圖 5-8　問題特性受要因影響

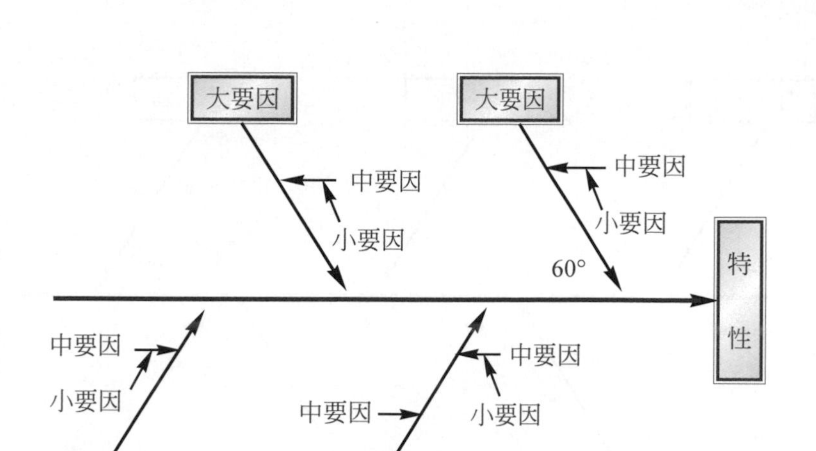

圖 5-9　特性要因圖

2. 特性要因圖的繪製步驟

(1) 決定問題或品質的特性：特性可以用零件規格、帳款回收率、產品不良率等與品質有關或者以和成本有關的材料費、人事費用等加以分類，應避免抽象或含混不清的主題。

(2) 決定大要因：決定大要因的分類可利用 4M 來分類，4M 就是 Man(從業人員)、Machine(機械)、Material(材料)、Method(作業方法)等 4 類，再加上 Environment(環境)一項作爲大要因。如圖 5-10，各大要因標示好以後，就要用四方形框起來，加上箭頭分枝，以斜度約 60°左右畫支線，這條支線應比幹線稍微細一點。

(3) 決定中小要因：以特性要因圖來說當然是先找出中要因，再決定小要因，針對大要因的特性有影響的中要因加以探討出來，並用箭頭分枝插入大要因的分枝上，中要因的幹線應比大要因的幹線要稍微細些，而且中要因約 3～5 個較爲恰當，運用同樣的方法也可將小要因探討出來，如圖 5-11。

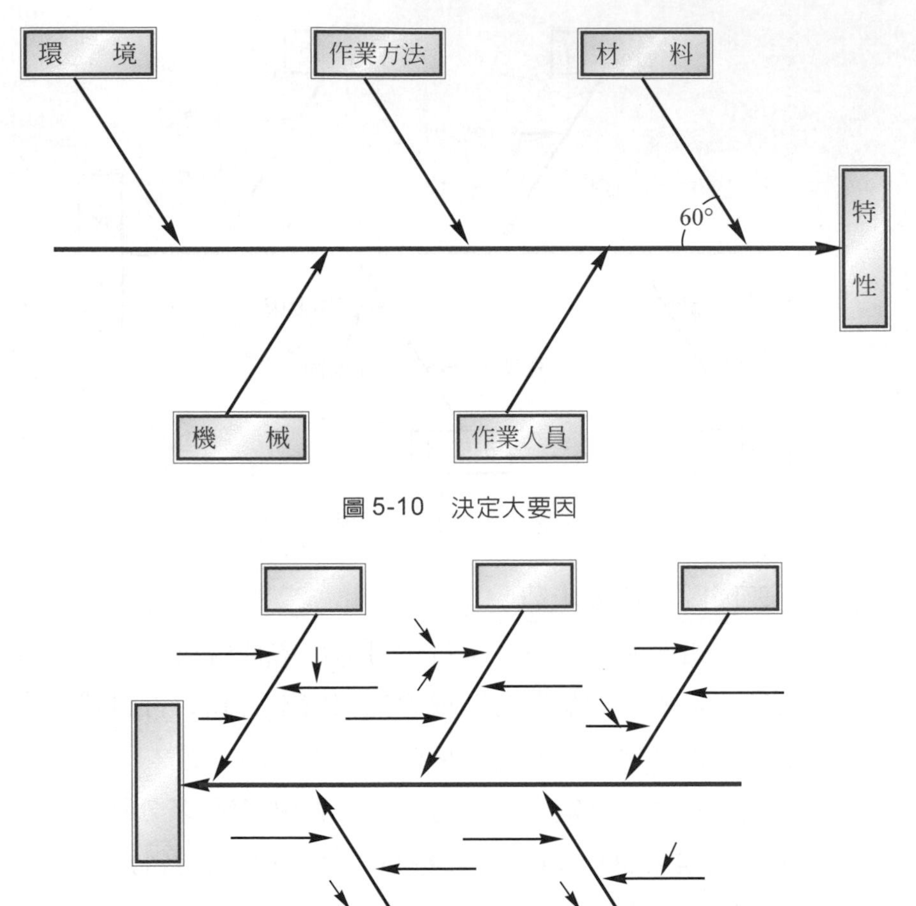

圖 5-10　決定大要因

圖 5-11　決定中小要因

探討特性要因圖時，可用腦力激盪法來探討各種要因。腦力激盪法就是將幾個人集合起來，對某一項問題提出意見的一種會議方法，其主要目的是活用團體來激起各種主意的連鎖反應，在自由而開放的氣氛下收集Idea。使用腦力激盪法有幾個原則：

① 嚴禁批評他人的構想和意見。

② 意見愈多愈好，盡量鼓勵大家多發言。

③ 歡迎自由奔放的構想。

④ 順著他人的創意或意見發展自己的創意。

大家在發表意見時，不論內容好壞，均應一一記錄下來，時間最好在30分鐘以內。

(4) 決定影響問題點的主要原因。

在尚未進行問題的主要原因探討與決定之前，應再一次確認是否各種要因都齊全了，確認的重點可分爲三點：

① 檢查是否有漏掉未探討的要因。

② 檢查眞正的原因是否寫在適當的位置。

③ 詞句的表現有否抽象式的字眼。

對於特性有影響的主要因可以透過蒐集數據或自由討論方式，將影響較大的要因圈上紅圈以便下對策，一般以參加人員表決方式，直至找到最重要原因爲止。

(5) 塡上製作目的、日期及製作者等資料。

特性要因圖要因探討完成以後，要塡上製作目的、日期、作者、討論成員等資料，如圖5-12所示。

3. 特性要因圖的使用

(1) 問題的整理：全部人員參加討論問題的要因時，每位參加討論的成員，透過觀念的交流，使大家對問題與要因有了一致性的看法，因此對各項要因進行影響特性的調查時，可得心應手的找出原因的所在。

(2) 追查眞正的原因：已完成的特性要因圖，可以張貼在工作現場附近，如果發現新的問題，可就這些要因再一次檢查，追查出眞正問題的發生原因。

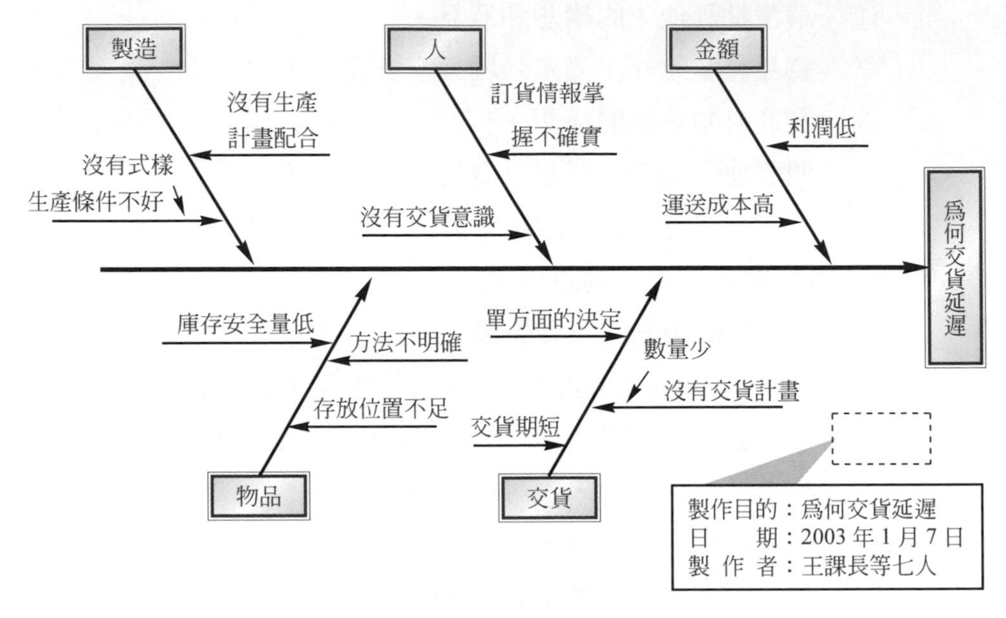

圖 5-12　特性要因圖

(3) 尋找對象：利用柏拉圖找出影響度最大的幾個項目或在特性要因圖上加上不同影響程度的記號，如此在尋找對策時，就有了明顯的依據，如圖 5-13。尋找對策方法的應用上須在各主要因都能掌握之後可根據特性製作追求對策型特性要因圖。一般來說在訂定對策的方法可先找出與特性無關的要因或影響度低的要因先予以去除，如果影響對策的要因依然存在很多，則訂定出不會受到這些要因影響的對策。

(4) 教育訓練：特性要因圖在繪製過程中，可以使經驗少或新進的員工，透過討論而學習他人的經驗和技術。

4. 繪製特性要因圖應注意事項

(1) 繪製特性要因圖要把握腦力激盪法原則，讓所有的成員表達心聲。

(2) 列出的要因應給予層別化，即大要因、中要因或小要因。

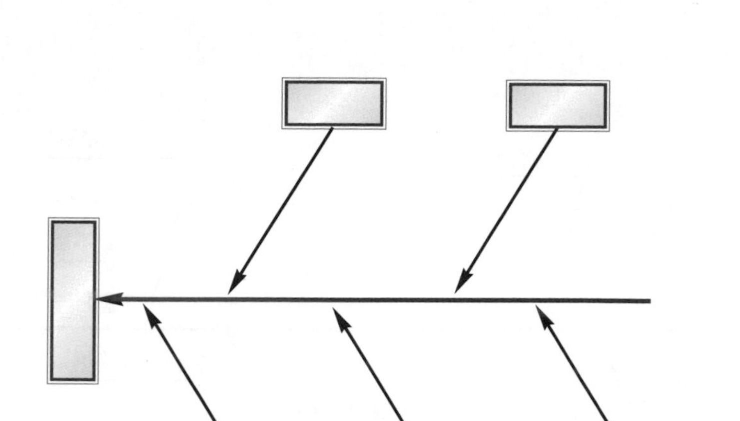

圖 5-13　追求對策型特性要因圖

⑶　繪製特性要因圖時，重點應放在「爲什麼會有這種原因」，並且依照 5W1H 的方法逐一列出。5W1H 就是

WHY(爲什麼必要)
WHAT(目的爲何)
WHERE(在何處做)
WHEN(何時做)
WHO(誰來做)
HOW(如何做)

⑷　如果是指導人員，切莫憑個人好惡去決定或交辦給他人的方式而影響討論人員的熱忱。

在本章§5-3 第二節表 5-8 及圖 5-7 汽車零件製造廠的柏拉圖例子中，轉造不良佔 30%、車床車損佔 26.4%爲造成不良較嚴重者，特別召集幹部討論，經過熱烈發言後，獲得如圖 5-14、5-15 的特性要因圖。

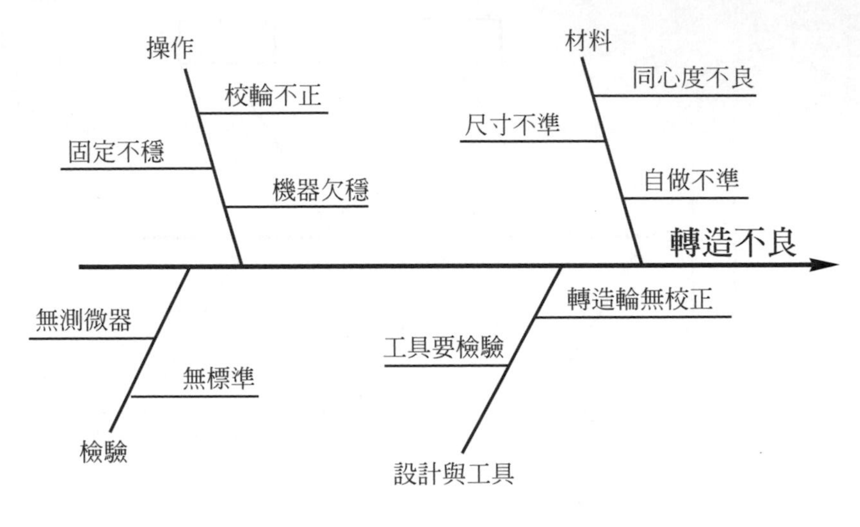

圖 5-14　特性要因圖

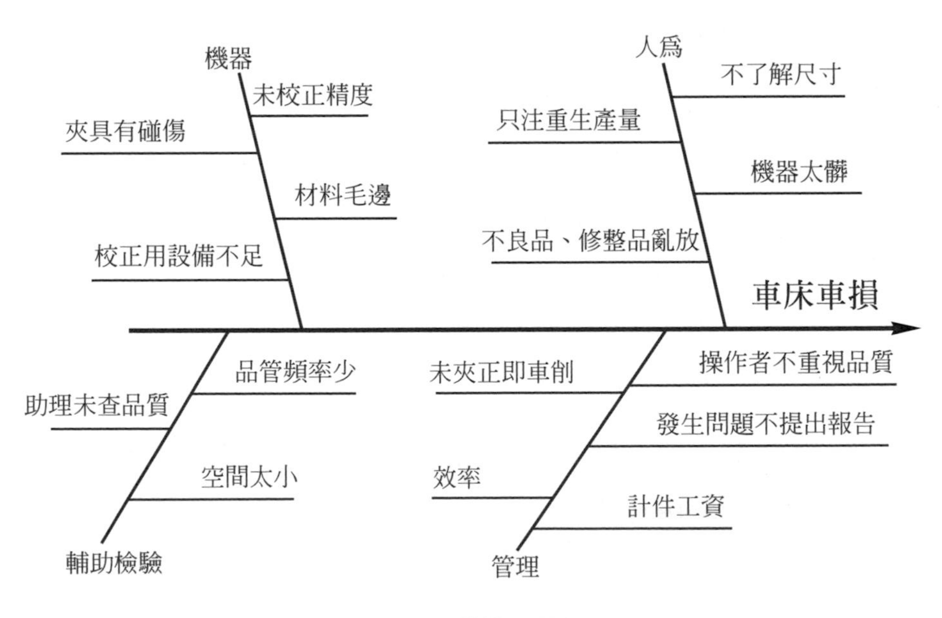

圖 5-15　特性要因圖

四、散佈圖

1. 定義

所謂散佈圖就是把互相有關連的對應數據，在方格紙上以縱軸表示結果，以橫軸表示原因，然後用點表示出分佈形態，根據分佈的形態來判斷對應數據之間的相互關係。

所謂對應數據就是成對的數據，一般來說成對數據有三種不同的對應關係：

⑴ 原因與結果數據關係。

⑵ 結果與結果數據關係。

⑶ 原因與原因數據關係。

例如：工作場所的光線明亮與工作生產力的高低所組成的原因與結果數據關係。另外，例如品管圈開會時間長短是原因，主題完成的有形效益是結果，這也是屬於原因與結果數據關係。

在一群人身高與體重組成的對應數據就是結果與結果數據關係。但是這一群人的身高爲結果而以他們**父母親的身高數據**來看即是原因與原因數據關係。又例如工廠零災害安全運動，災害是這項運動的結果，但運動中的安全動作與安全設備週全就是原因與原因的對應數據。

如果是兩種沒有關連數據所製作出來的散佈圖是無法作正確判斷的。

2. 散佈圖製作的步驟

⑴ 蒐集相對應數據，至少三十組以上，並且整理寫到數據表上。

在特性要因圖中對特性和要因、要因和要因加以探討，這些數據都可以蒐集整理寫在數據表上。數據太少無法明確判斷相互間的關係，所以至少應三十組以上，如表5-9爲某工具熱處理，測試熔燒溫度、工具冷卻後與硬度之關係。

表 5-9

NO	硬度	熔燒溫度	NO	硬度	熔燒溫度	NO	硬度	熔燒溫度
1	44	820	11	44	810	21	59	890
2	49	830	12	57	880	22	50	870
3	55	870	13	50	840	23	53	820
4	55	860	14	54	880	24	51	860
5	48	820	15	49	840	25	56	890
6	46	820	16	50	860	26	47	810
7	45	830	17	52	860	27	54	850
8	51	830	18	46	830	28	42	810
9	53	870	19	54	880	29	48	850
10	52	840	20	53	850	30	45	840

(2) 找出數據之中的最大值和最小值。

(3) 畫出縱軸與橫軸刻度，計算組距：蒐集的數據都是相對應數據，一般以橫軸代表原因、縱軸代表結果。特別要注意一點，橫軸和縱軸的長度要差不多一樣長，否則在圖形上將無法判斷他們的相關性。

組距的計算應以數據中的最大值減最小值，原因與結果兩個數據都必須計算出來，如表 5-10。將組距除以軸長即得知每一個刻度的數值。

表 5-10

	最大值－最小值＝組距(全距)
硬　　度	59－42＝17
熔燒溫度	890℃－810℃＝80℃

(4) 將各組對應數據標示在座標上：各組對應數據標示在方格紙上，但如果同一交會處產生兩組數據重複時可畫上二重圓記號，三組數據相圖時畫上三重圓記號，如圖 5-16。

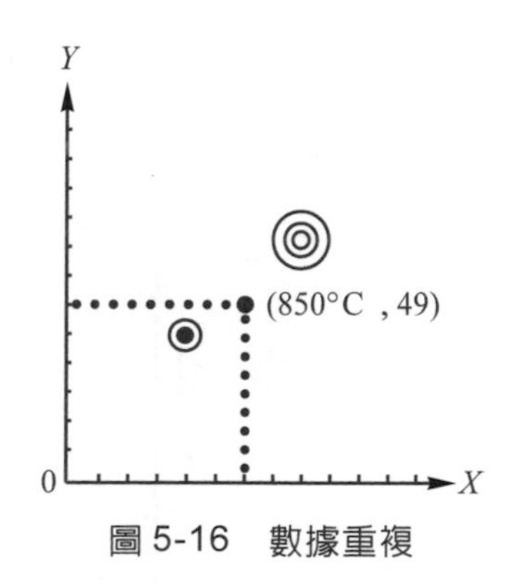

圖 5-16　數據重複

(5) 紀錄必要事項：當各組數據都標示在座標上之後，把蒐集數據目的、數據數量、產品名稱或工程名稱、繪製者、日期都記載清楚，並且將圖形所得心得記入圖形旁邊空白處。如圖 5-17。

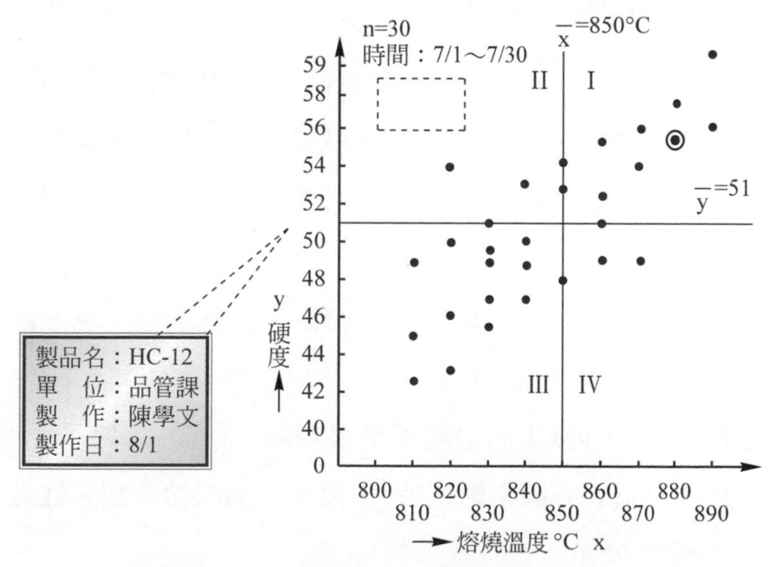

圖 5-17　鋼之熔燒溫度與硬度散佈圖

3. 散佈圖的研判

散佈圖的研判要觀察數據組數的相關程度及相關方向，有下列各種情況：

⑴ 圖 5-18 中，當x代表的溫度增加，y代表的油黏度也增加，表示原因與結果有相對的正相關。

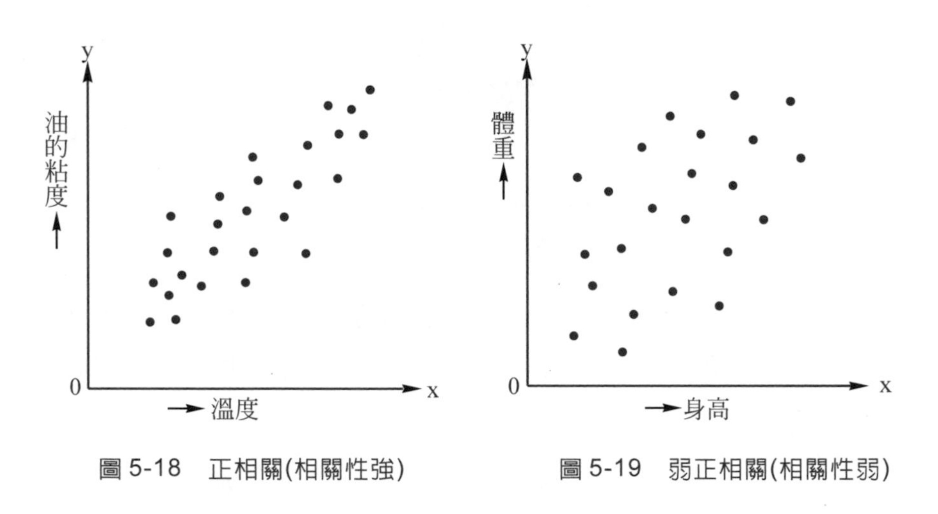

圖 5-18　正相關(相關性強)　　圖 5-19　弱正相關(相關性弱)

⑵ 散佈圖點的分佈較廣，但是有向右上的傾向，這個時候x增加，y也會增加，但非相對性，也就是說y除了受x因素影響之外，可能還有其他因素影響著y，有必要進行對其他要因再調查，這種型態叫做弱正相關，如圖 5-19 所示。

⑶ 圖 5-20 中，當x增加，y反而減少，而且形態呈現一直線發展的現象，這叫完全負相關。

⑷ 當x增加，y減少的幅度不是很明顯，這時的y除了受x的影響之外，尚有其它因素影響著y，這種形態叫做非顯著性負相關，如圖 5-21 所示。

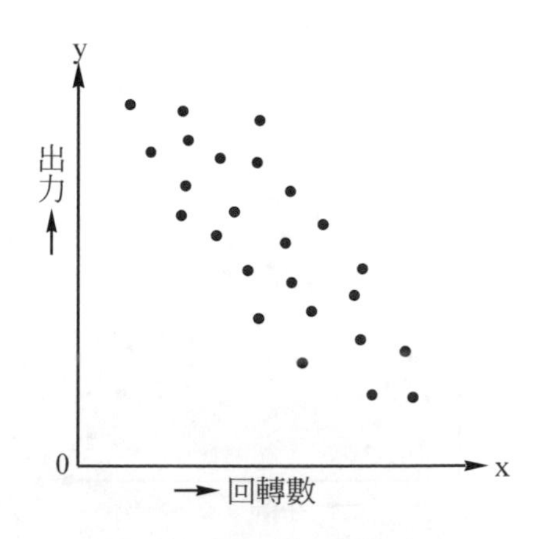

圖 5-20　完全負相關(相關性強)

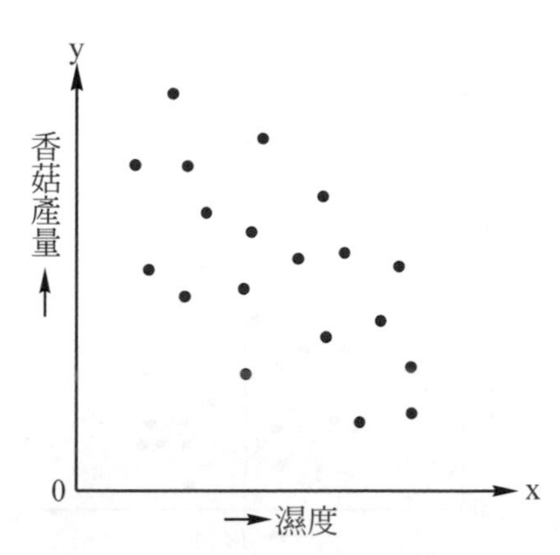

圖 5-21　非顯著性負相關(相關性弱)

(5) 如果散佈圖的分佈呈現雜亂，沒有任何傾向時，稱爲無相關，也就是說x與y看不出有任何規則性的變化關係，這時便應再一次先將數據層別化之後再分析。圖 5-22、5-23、5-24 皆爲無相關之xy圖。

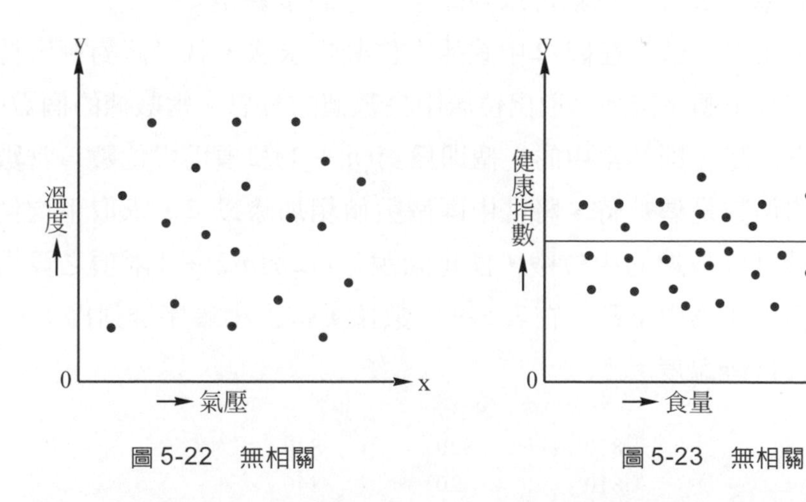

圖 5-22　無相關

圖 5-23　無相關

(6) 假如x增大，y也隨之增大，但是x增大到某一値後，y反而開始減少，因此產生散佈圖的分佈有曲線傾向的形態，稱之爲曲線相關，如圖 5-25。

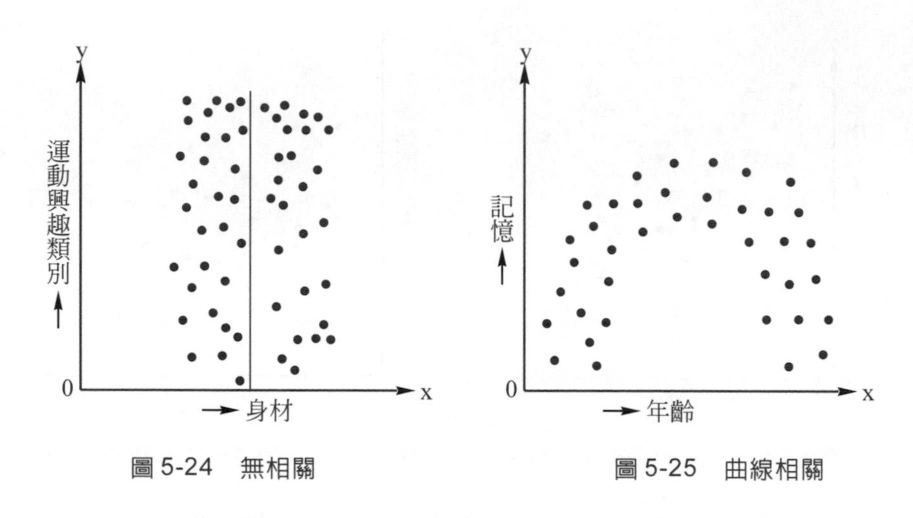

圖 5-24　無相關

圖 5-25　曲線相關

4. 利用中間值線進行相互關係研判

在上述六種分佈形態仍然沒有辦法判斷的時候，可以利用中位數線來研判，只要算出散佈圖上的點有多少，然後用符號檢定表的基準數來比較就可以判斷了。它的步驟是：

(1) 求出中位數：在§3-2 中敘述中位數之求法，就是將對應數據按照大小順序排列，取出位居中央數值的意思。當數據的個數n是奇數時，則其當中的一個即爲第$(n+1)/2$項爲中位數，當數據的個數是偶數時，將當中兩個數值相加除以 2，求取平均值即爲這群數據的中位數，換句話說第$n/2$與$n/2+1$兩項之算術平均值即爲中位數。在表 5-9 之數據，依大小順序排列爲：

① 熔燒溫度

810	820	830
810	820	840
810	830	840
820	830	840
820	830	[840]

850	860	880
850	860	880
850	870	880
860	870	890
860	870	890

② 硬度

42	47	51	54
44	48	51	54
44	48	52	54
45	49	52	55
45	49	53	55
46	50	53	56
46	50	53	57
	50		59

$n=30$，所以取$n/2=30/2=15$，及16項之數值求其平均值

熔燒溫度之中位數$=\dfrac{840+850}{2}=845$，硬度之中位數$=\dfrac{50+51}{2}$

$=50.5$。

⑵ 在散佈圖上畫出中位數線：求出中位數後，由中位數畫出橫軸和縱軸的平行線，如此，把散佈圖分爲四個象限，然後計算各象限的點數，如果點剛好落在中位數線上則不予計算，如圖5-26。

⑶ 查符號檢定表，並作比較判斷：計算好各象限點數之後，接下來查符號檢定表，表5-11，判定結果若：

(第二象限＋第四象限)點數和＜符號檢定表判定數

⇒表示原因和結果是正相關。

(第一象限＋第三象限)點數和＜符號檢定表判定數

⇒負相關。

符號檢定表因冒險率的不同而判定數亦不同。

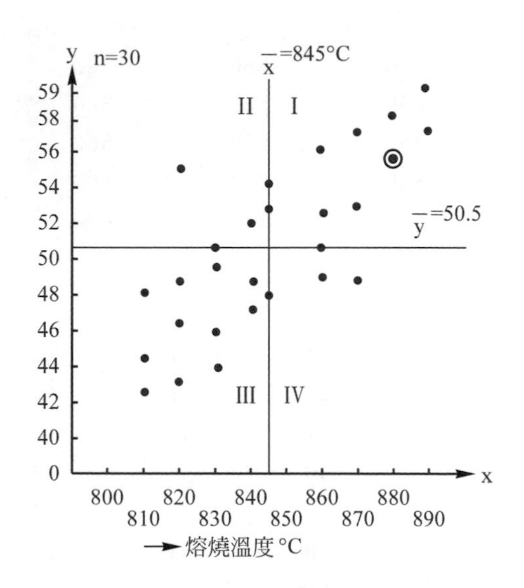

圖 5-26 鋼之熔燒溫度與硬度散佈圖

表 5-11 符號檢定表

N	0.01	0.05	*N*	0.01	0.05	*N*	0.01	0.05	*N*	0.01	0.05
22	4	5	37	10	12	52	16	18	67	22	25
23	4	6	38	10	12	53	16	18	68	22	25
24	5	6	39	11	12	54	17	19	69	23	25
25	5	7	40	11	13	55	17	19	70	23	26
26	6	7	41	11	13	56	17	20	71	24	26
27	6	7	42	12	14	57	18	20	72	24	27
28	6	8	43	12	14	58	18	21	73	25	27
29	7	8	44	13	15	59	19	21	74	25	28
30	7	9	45	13	15	60	19	21	75	25	28
31	7	9	46	13	15	61	20	22	76	26	28
32	8	9	47	14	16	62	20	22	77	26	29
33	8	10	48	14	16	63	20	23	78	27	29
34	9	10	49	15	17	64	21	23	79	27	30
35	9	11	50	15	17	65	21	24	80	28	30
36	9	11	51	15	18	66	22	24			

註：*N*：數據組數　0.01：冒險率 1%　0.05：冒險率 5%

5. 使用散佈圖時應注意的事項

(1) 注意是否有異常點的存在：有異常點存在時，應馬上查出原因，如屬異常就應立刻刪除，或在散佈圖上特別註明原因，如圖 5-27。

(2) 是否有假相關：有時候散佈圖經分析只有相關的現象，但是根據經驗告訴我們那是不可能有相關，這個時候應進一步檢討是什麼原因造成這種假相關。

(3) 是否有必要層別：有時整體來看，散佈圖似乎有相關，但如果加以層別化之後卻又發現無相關。有時亦有相反的情形發生，整體來看似無相關但層別化之後卻變成有相關的形態出現。所以散佈圖必須層別化時，可以用點的形狀變化或用顏色區分，這樣將更能正確判斷，如圖 5-28。

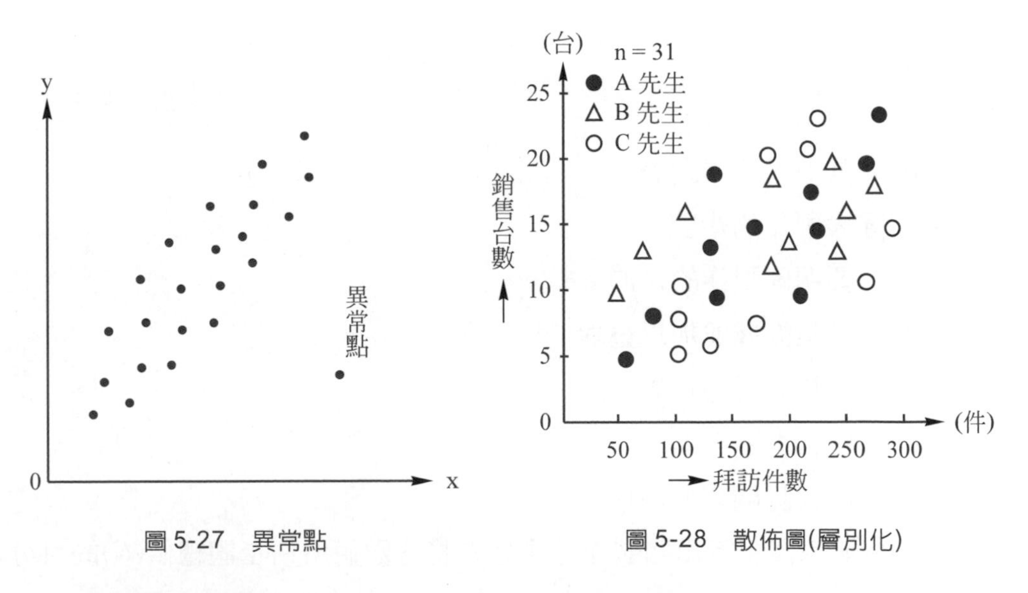

圖 5-27　異常點　　　　圖 5-28　散佈圖(層別化)

五、圖表與管制圖

1. 何謂圖表

將繁雜的數據用最簡單的圖形表達，這圖形就是一般所說的圖表。圖表可以供方便閱讀的人能更正確掌握內容的重點或數字所代表的涵意，是整體、部份的關係或時間的變化所產生的異動。

2. 完整的圖表必須具備的條件

(1) 要具有看了圖表就能了解整體狀況。

(2) 在圖表的繪製上應力求簡單明瞭。

(3) 不必多做言詞說明就可讓閱讀的人了解。

(4) 圖表所表現的刻度、線的虛實、點的大小形狀都應力求正確。

(5) 好的圖表應可從中看出解決的問題與對策。

3. 圖表的種類

圖表可以分爲以下幾種：

(1) 解析用圖表。

(2) 計畫用圖表。

(3) 計算用圖表。

(4) 說明用圖表。

(5) 其他用途用圖表。

4. 圖表製作的步驟

(1) 要明確製作的目的。

(2) 蒐集數據並加以整理。

(3) 選擇適用的圖表。

(4) 紀錄相關事項。

5. 一般常見圖表的說明

(1) 圓形圖：圓形圖製作方法是先將各數值所佔全體總值(N)的百分比求出，再將圓周每 3.6 度當成一個百分比。接著以十二點鐘方向畫出一個基線(圖 5-29)，以基線爲起點逆時鐘方向由小而大分類畫上(註：以各數值佔全體總值的百分比×3.6 度，即是圓周大小)。各扇形之間在必要的時候可用不同線紋或顏色加以區分。如果有特別強調的部份亦可以用突出圓周以外的方式畫出(圖 5-30)。

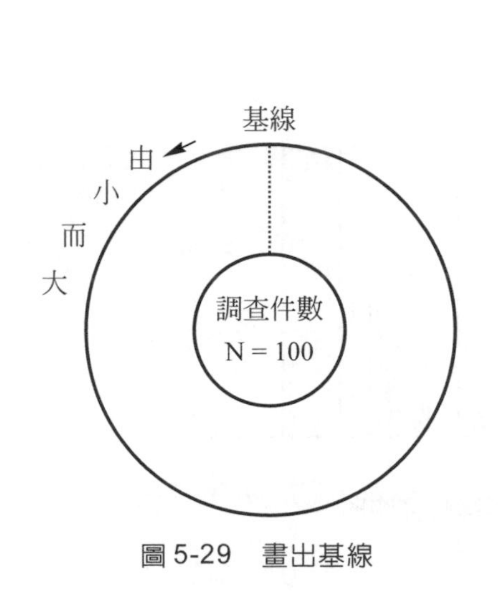

圖 5-29　畫出基線

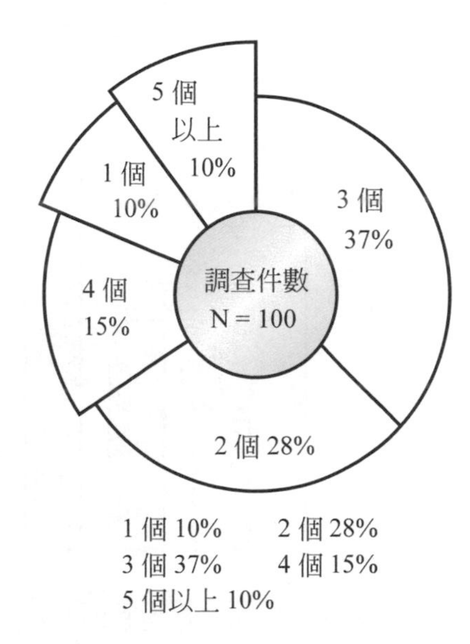

圖 5-30　個人擁有皮包數的圓形圖

⑵　柱形圖：柱形圖亦有人稱爲棒形圖，它是由若干等寬的長柱平行排列而成，而柱形的長短表示數值的大小，在繪製柱形圖時要注意柱形的寬度要一樣，而且不可過於寬大。柱與柱之間隔大約是柱的$\frac{1}{2}$寬度。柱形圖中如果有某一柱形太高的時候，可以用波形加以間隔畫出(圖 5-31)。

⑶　折線圖：折線圖亦有人稱爲歷史線圖或推移圖。折線圖縱軸代表統計事項數值，橫軸是由於時間的變化而產生了數值上的變化，把這些變化的數值打上點，並且用線連接起來就成了折線圖。繪製的時候應特別注意，當數值大與小有很大的差距時，可使用柱形圖相同的波形加以隔開；如果折線圖中有多種數據

表現時可用線的虛實或顏色，打點的形狀線的粗細加以區分(圖5-32)。

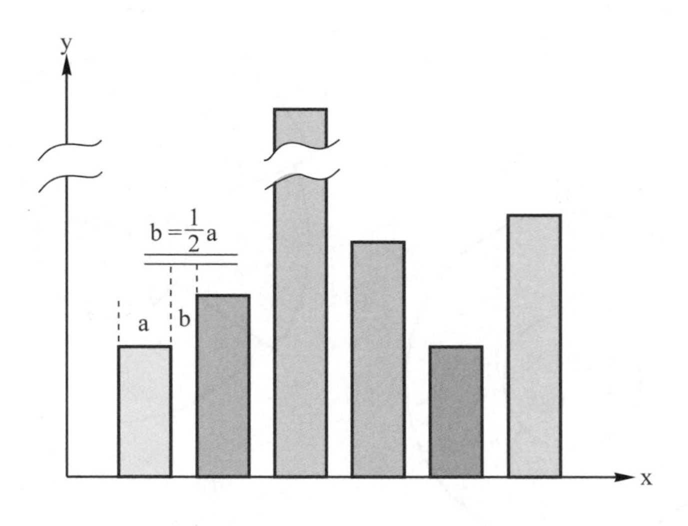

圖 5-31　柱形過高時畫波形

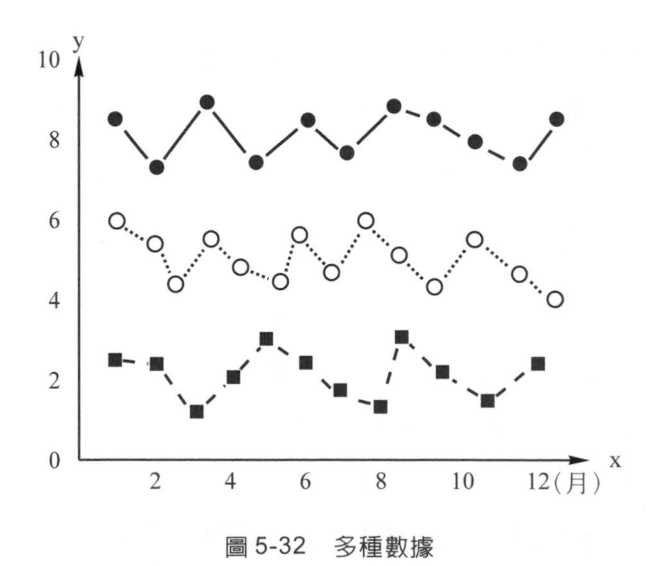

圖 5-32　多種數據

6. 管制圖

企業內從每日生產的產品線所測得的零亂數據中，找出經常發生和偶而發生異狀的數據，找出問題原因，管制圖是常用的手法。我們將在第六章詳細說明討論。

六、直方圖

1. 定義

在§3-2 品質有關的統計技術略提直方圖，直方圖是QC第六手法，它就是將所蒐集的數據、特性或結果值，用一定的範圍在橫軸上加以區分成幾個相等的區間，將各區間內的測定值所出現的次數累積起來的面積用柱形畫出的圖形。直方圖可以了解產品在規格標準之下分佈的形態、製程的中心值與差異的大小等情形。

2. 直方圖的製作步驟

直方圖的製作步驟與§3-2 所述，次數多邊圖的製作步驟相同，今再略述於下：

(1) 蒐集數據並且記錄在紙上，如抽樣分佈就應全部均勻的加以抽查。數據最少在50～100組之間。

(2) 找出數據中的最大值與最小值，最小值用圓圈框出，最大值則用四方形標示，然後記錄在每行底列，再根據底列的數據找出全體的最大值與最小值，如表5-12、表5-13。

(3) 計算全距：算出最大值與最小值的差。

(4) 決定組數和組距：組數就是直方圖柱形數量，組數的計算是根據數據數量的多寡來決定，50～100 組數據之組數應爲 6～10 組最爲恰當，也可用公式計算。

公式　組數$(k) = 1 + 3.23\log n$

組距的計算公式是

組距＝全距÷組數

爲了方便計算，組距通常是2、5或10的倍數。

表5-12　某工具廠棘輪扳手長度　(單位：mm)

	150	132	145	142	151	146	126	131	132	130
	165	150	160	144	147	142	142	129	154	130
	137	162	167	158	144	140	130	146	138	142
	145	150	146	143	142	141	144	143	144	151
	127	145	139	147	142	131	135	134	135	157
	125	157	139	153	127	138	156	128	162	140
	157	167	120	159	162	127	147	140	160	141
	162	142	158	154	159	134	142	146	145	162
	147	137	148	170	140	150	144	150	145	160
	152	156	140	164	142	148	148	157	151	145
	125	132	120	142	127	127	126	128	132	130
	165	167	167	170	162	150	156	157	162	162
最小值	125	132	120	142	127	127	126	128	132	130
最大值	165	167	167	170	162	150	156	157	162	162

表5-13　數據數與組數數量參考表

數據數	組數
～50	5～7
50～10	6～10
100～250	7～12
250～	10～20

(5) 決定各組的上組界或下組界

最小一組的下組界＝全部數據的最小值 $-\frac{\text{測量值的最小精度}}{2}$

(測量值最小精度，即位數，一般是 1)

最小一組的上組界＝最小一組的下組界＋組距

最小二組的下組界＝最小一組的上組界，如表 5-14。

在表 5-12 中最小 120

$120-\frac{1}{2}=119.5$ (第一組下組界，1 是測量最小位數精度)

組距 $\frac{170-120}{8}=6.125 \fallingdotseq 6.5$。

表 5-14　組中心點

No	組界	組中心點
1	119.5～126	122.75
2	126～132.5	129.25
3	132.5～139	135.75
4	139～145.5	142.25
5	145.5～152	148.75
6	152～158.5	155.25
7	158.5～165	161.75
8	165～171.5	168.25

(6) 決定組中心點

(上組界＋下組界)÷2 ＝組中心點，表 5-14。

(7) 製作次數分配表，如表 5-15。

⑻ 製作直方圖：橫軸表示測量值變化，縱軸表示次數，繪製直方圖，如圖 5-33 僅繪製組中點或如圖 5-34 以各組上下組界來繪製皆可。

表 5-15　次數分配表

No	組　界	組中心點	檢　查	次數
1	119.5～126	122.75	|||	3
2	126～132.5	129.25	卌 卌 |	11
3	132.5～139	135.75	卌 卌	10
4	139～145.5	142.25	卌 卌 卌 卌 卌 卌	30
5	145.5～152	148.75	卌 卌 卌 卌 |	21
6	152～158.5	155.25	卌 卌 |	11
7	158.5～165	161.75	卌 卌 |	11
8	165～171.5	168.25	|||	3
合　計				100

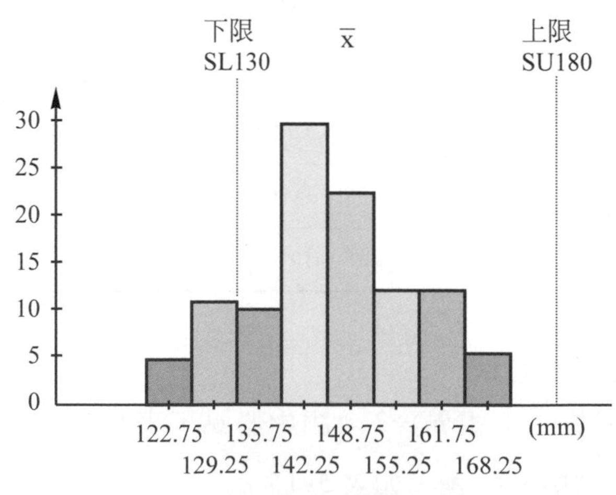

圖 5-33　棘輪扳手長度直方圖

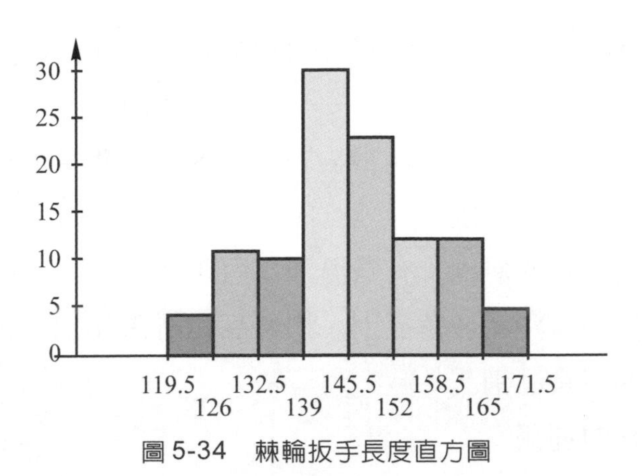

圖 5-34　棘輪扳手長度直方圖

七、層別法

1. 定義

層別法就是針對部門別、人別、工作方法別、設備、地點等所蒐集的數據，按照它們共同的特徵加以分類、統計的一種分析方法，找出差異加以改善。

2. 層別的對象和項目

⑴ 有關人的層別：可以以全公司或部門人員分為班別、組別、年齡別、男女別、教育程度別、健康條件別、資歷別等來分類。

⑵ 機械設備的層別：在生產工廠可發現不同機械生產相同產品，這種情形下可以用機器別來作層別，如年代別、治工具別、生產速度別、新舊型別、場地別等。

⑶ 作業方法、條件的層別：在事務處理方式的不同有手續別、順序別、作業方法別、人工機械別。作業條件方面有溫度別、濕度別、壓力別、濃度別等。

⑷ 時間的層別：可以分為小時別、日期別、週期別、月別、上下中旬別、季別、年別，如果是輪班還有上午班、下午班或日班、夜班別。有時因機械調整的關係也有調整前後別等。

⑸ 原材料零件別：有產地別、材質別、等級別、大小別、重量別、製造工廠別、成分別、安全使用期間別等。

⑹ 測量檢查的層別：測量檢查的儀器別、測量人員別、測量方法別、檢查場所別。

⑺ 環境天候的層別：有氣溫別、照明度別等。

⑻ 製品的層別：新舊品別、標準品和特殊品別、包裝別、以及良品和不良品別。

3. 層別法的運用

⑴ 在蒐集數據之前就應使用層別法：在收集數據之前應該考慮數據的條件背景之後，先把它層別化，再開始收集數據。

⑵ QC手法的運用應特別注意層別法的運用：QC七大手法中的柏拉圖、查檢表、散佈圖、直方圖和管制圖都必須以發現的問題或原因來作層別法。

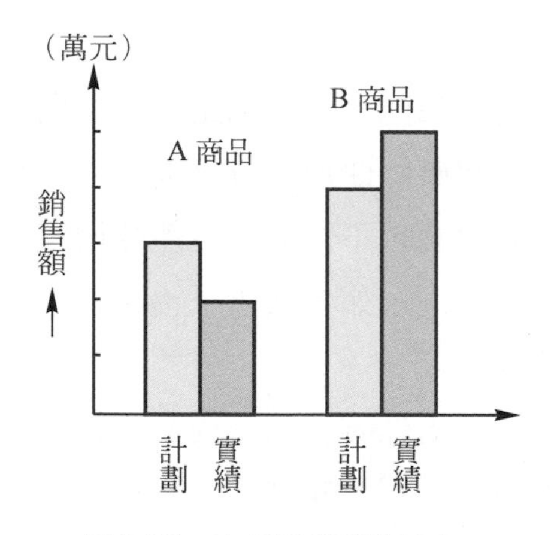

圖 5-35　商品別業績比較表

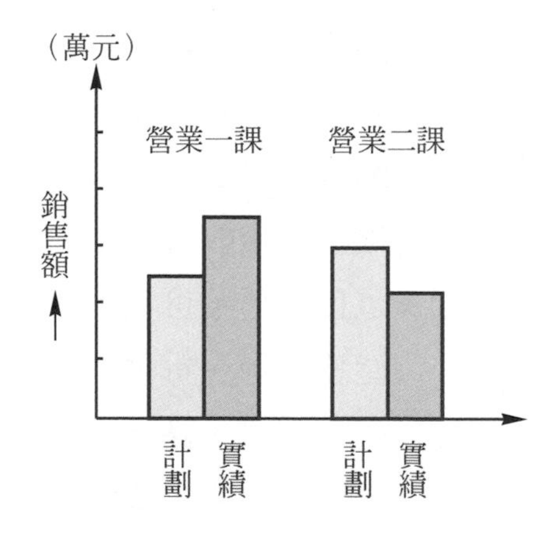

圖 5-36　單位別業績比較表

⑶ 管理工作也可活用層別法：要了解營業業績不良的問題關鍵，可以先做「商品別」作業績比較表，如圖 5-35，了解整體業績是由於 A 商品出了問題。如再以「營業單位」銷售落後業績之

A商品加以層別，如圖5-36，可以發現營業二課出了問題。繼續以業績不理想的單位，以營業人員加以層別化即可發現各營業人員的狀況，如此問題點將更明朗化，如圖5-37。

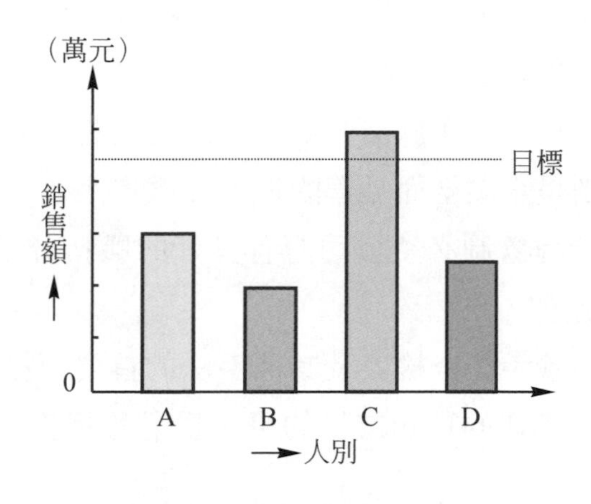

圖5-37　人員別業績比較表

本章摘要

1. 品質系統的設計必須包括規格釐定、驗收標準、檢驗辦法、表單設計與運用以及異狀回饋作業辦法。
2. 企業的製程管制爲標準、辦法及表格。
3. 獲得標準物料有賴於品管制度之健全及倉儲人員執行嚴格。
4. 製程管制是企業全面品管的最重要戰場。
5. 欲做好製程管制必須公司訂有良好的職務分工、稽核辦法以及獎勵制度。
6. 數據是品管手法查檢表及其他手法的首要資料。
7. 查檢表以工作的種類或目的可分爲記錄用查檢表和點檢用查檢表。
8. 查檢表完成後，可用柏拉圖加以整理，以掌握問題重心。
9. 柏拉圖由檢查項目之不良比率很容易了解問題的重點和影響的程度，以比例佔最多的項目著手進行改善。
10. 柏拉圖製作時，問題分類項目不要超過6項，分類項目過多，將不容易掌握問題重心。
11. 特性要因分析圖，又稱爲魚骨圖。
12. 決定特性要因圖的大要因可以以4M來分類：Man(從業人員)、Machine(機械)、Material(材料)、Method(作業方法)，再加上Environment(環境)。
13. 探討特性要因圖時，可以用腦力激盪法。
14. 散佈圖必須取得成對數據，如原因與結果、結果與結果及原因與原因之數據關係。
15. 散佈圖一般以橫軸代表原因，縱軸代表結果。

16. 散佈圖研判之狀況有正相關、弱正相關、完全負相關、非顯著性負相關、無相關及曲線相關。
17. 圖表的種類有⑴解析用圖表⑵計畫用圖表⑶計算用圖表⑷說明用圖表⑸其他用途用圖表。
18. 一般常見的圖表形狀有圓形圖、柱形圖、折線圖。
19. QC手法中的柏拉圖、查檢表、散佈圖、直方圖和管制圖都必須以發現的問題或原因來作層別法。
20. QC七大手法是查檢表、柏拉圖、特性要因圖、散佈圖、圖表與管制圖、直方圖、層別法。

習題

1. 品質管制系統的設計與運行應如何？
2. 試就企業產品生產之製程管制：標準、辦法、表格系統要求如何？
3. 試述製程管制的定義？
4. 簡述製程管制的重點工作有哪些？
5. 爲何製程管制分屬不同單位之管制責任？
6. 運用及整理產品數據時，應注意的重點有哪些？
7. 解釋查檢表之定義？
8. 查檢表的種類有哪些？並各述其功能？
9. 簡述查檢表的製作方法？
10. 試說明柏拉圖的定義及內容？
11. 柏拉圖繪製時，應注意事項有哪些？
12. 某燈泡製造工廠檢驗燈泡一批總計3000個，若不良數計286個，其不良原因之分配數量如下表，試繪一Pareto圖。

不良項目	斷線	短路	彎曲	電流大	電流小	龜裂	銅頭不良	玻璃殼氣泡	其它	總不良數
不良數	58	40	18	35	16	70	13	8	28	286

13. 何謂特性要因圖？
14. 簡述特性要因圖繪製的步驟？
15. 何謂腦力激盪法？如何運作及其原則爲何？

16. 特性要因圖的使用時機爲何？
17. 試述繪製特性要因圖應注意事項？
18. 解釋散佈圖之意義？
19. 使用散佈圖時應注意事項有哪些？
20. 完整的圖表必須具備的條件有哪些要點？
21. 層別法品質手法，層別的對象和項目爲何？

6 章

• QUALITY CONTROL •

管制圖的基礎

6-1 管制圖的由來

基於正常情形下，工廠如在同一條件下生產之一批產品，會形成一定的趨勢且可事先加以預測，是稱爲大數法則。

自然界或工業界所呈現的很多現象，均符合此原則。例如工廠生產一零件，規定重量是1kg，用同一批材料及同樣的工作人員生產，雖然產品有重與輕於標準的情形出現，但是經過一段時間，大量測定，並將數據加以整理，畫成次數分配圖，則可發現其分配接近常態分配曲線。常態分配超出$\overline{X}\pm3\sigma$的機率只有$1-99.73\%=0.27\%$，則製造條件如果正常時，應有99.73%的產生會在$\overline{X}\pm3\sigma$的規格內。

西元1924年，美國貝爾電話試驗所(Bell Telephone Laboratory)，蕭哈特博士(Dr. Walter A. Shewhart)，發現製造進行中產品品質所發生的異狀，大都是自然而然的變異，無法以技術性的改善而加以避免，但是，有另外一部份的變異，則是人爲或技術上的疏忽所造成，所以，他認爲製程中的品質變異應該定出一種界限，屬於自然原因——機遇原因的變化，會在界限內變化而已，如果變化超過界限則是製造本質已經起了變化，必需重新研究改善。根據此原理，他將常態曲線圖旋轉90度，在$\overline{X}\pm3\sigma$的地方加上兩條界限，並將生產的數據按順序點入界限圖上而成爲第一種管制圖，如圖6-1。

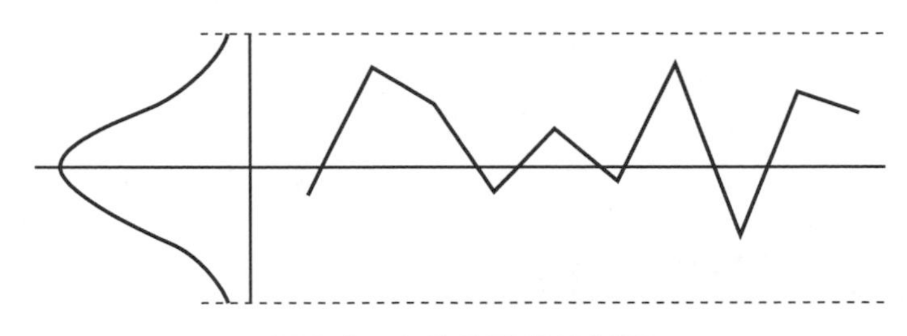

圖6-1　次數分配與管制圖

由圖上，如果製品的品質及製造條件都在管制上下限之間變動時，表示正常，得以繼續生產，因爲在$\overline{X}\pm3\sigma$內的變異是無可避免的變異，如果有點超出界限之外，則表示製造本質或製造條件已經發生變化，必需採取對策，研究改善方法，使其恢復正常。管制圖最大特點是有管制界限來判斷變異的原因。在1931年，蕭氏發表了一篇歷史性的著作：「產品品質的經濟管制方法」(Economic Control of Quality of Manufactured Product)，文中把品質管制的理論、管制的方法、以及今日工業社會所適用的管制圖，講得清清楚楚，給工業界帶入一新的紀元。

6-2 管制圖之術語

一、定義

1. 中心線：表示各數值平均值的直線。
2. 管制界限：畫在管制圖上的界限，以便從機遇原因中分辨非機遇原因。
3. 管制上限：畫在中心線以上的管制界限。
4. 管制下限：畫在中心線以下的管制界限。

二、符號

1. 中心線(Control Line)，簡寫CL，通常以實線表示。
2. 管制上限(Upper Control Limit)，簡寫UCL，通常以虛線表示或紅線表示。
3. 管制下限(Lower Control Limit)，簡寫LCL，通常以虛線表示或紅線表示。

6-3 機遇原因與非機遇原因

在6-1節已經述及產品的不良有自然現象造成、或因本質變化而造成，換句話說，舉凡那些引起產品品質變化的原因中，不值得去尋求和移除的原因，稱爲**機遇原因**，這些產品的實際尺寸雖然不全在管制圖的中心線上(標準值)，但是會全數落在管制界限以內。另外，在那些引起產品品質發生變化的原因中，值得加以尋求和移除的原因，稱爲**非機遇原因**。如果產品的尺寸有非機遇原因存在，管制圖上的點會落在管制界限以外。

6-4 管制界限與管制狀態

一、管制界限

蕭哈特博士根據次數分配，在平均值上下加減三個標準差的地方，加了兩條界限，用以區別產品變動的原因為機遇原因或非機遇原因。這兩條界限稱為管制界限(Control Limit)，亦稱三個標準差界限(Three Sigma Limits)，生產中以管制圖來管制製程時，若有點跳出管制界限外，表示不正常原因是非機遇原因，也就是必需加以去除，因此兩界限又稱為處置界限(Action Limits)。

管制界限一般由下列程序求得：

1. 根據過去正常工程的資料計算分配的平均值及三個標準差，求出平均值加減三個標準差之值，如圖 6-2。

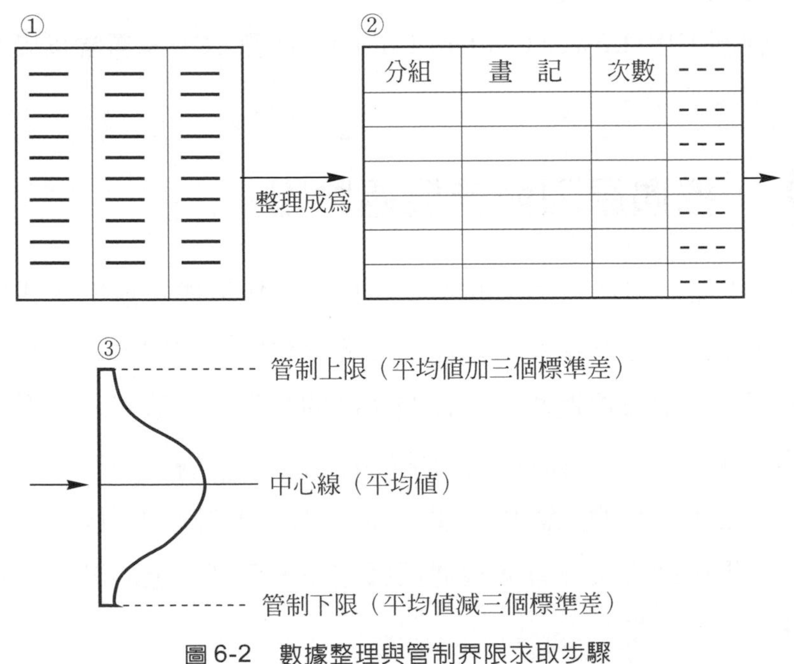

圖 6-2 數據整理與管制界限求取步驟

2. 將所求出之界限與規格比較，是否能滿足規格要求，並檢討此界限生產是否合乎經濟原則，如比較售價與成本合於經濟時，則可採用管制界限。

二、管制狀態

管制圖上的點絕大部份在管制界限內且成隨機分佈時，稱爲穩定狀態或管制狀態(State of Control)，製程管制時總以生產能管制狀態爲目標，在管制狀態下，所生產產品之品質變異是由於機遇原因所引起。在此種狀態下，消費者或生產者均可獲致下列之利益：

1. 繼續以同樣的生產條件，品質之變異將最小。
2. 在任意兩界限之間(如$\overline{X}\pm\sigma$，$\overline{X}\pm2\sigma$，$\overline{X}\pm3\sigma$)之製品比例可確實推定出來，同時生產者對生產產品的品質有自信預測。
3. 變更規格時，能確實判斷可獲多少利益。
4. 利用抽樣檢驗來判斷製品之品質，也能獲致最大之可靠度，因之檢驗費用最經濟。
5. 購買者在驗收貨品時，可根據生產者所提示之安定的管制圖，稍加核對後即可驗收。

6-5 管制圖之兩種錯誤

一、第一種錯誤

工程雖然未發生變化，由於機率的關係，點處在界限之外，此種現象造成變化的特殊原因並不存在，但生產者卻爲了找原因，將工程加以調整或採取措施的錯誤稱爲第一種錯誤(Error of the First Kind)，如圖6-3。

二、第二種錯誤

工程生產中雖然已經發生變化，但在管制圖上不一定所有點都會超出界限，此種現象造成變化的特殊原因雖然存在，因爲點落在界限之內，但卻判斷工程未發生變化未採取任何行動以除去其原因的錯誤稱爲第二種錯誤(Error of the Second Kind)，如圖 6-4。

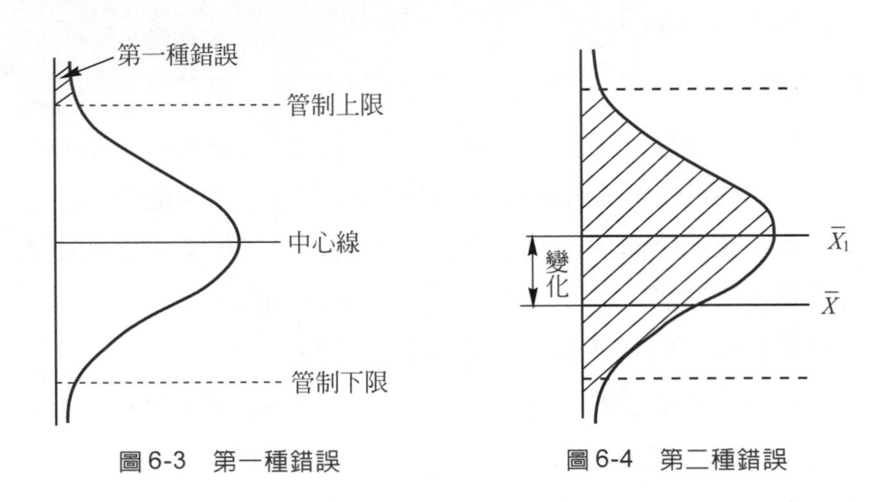

圖 6-3　第一種錯誤　　　圖 6-4　第二種錯誤

三、兩種錯誤之經濟平衡

第一種錯誤造成無故追查原因的損失，第二種錯誤會造成工程變化而未及時改正的損失，根據經驗，要把上述兩種錯誤引起的損失減少至最小程度，最經濟的方法是把管制界限放在離開中心線 3σ 的位置時，兩者損失之和爲最小，如圖 6-5，故此種管制又稱爲三標準差管制圖。

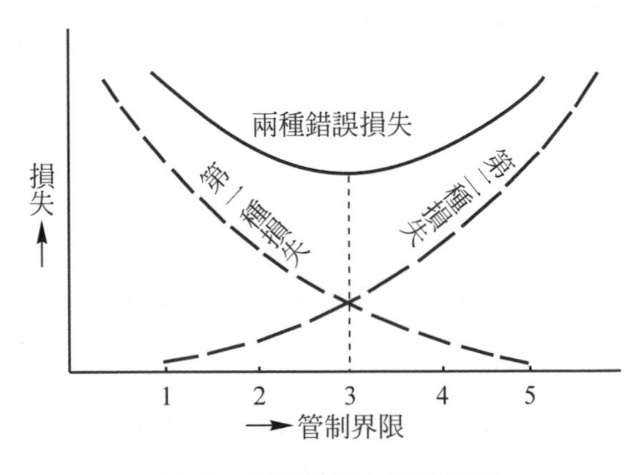

圖 6-5　兩種錯誤的經濟平衡

6-6 管制圖之種類

由生產上採取的數據有計量值與計數值之分，管制圖是根據數據整理出來控制品質的工具，因此，管制圖分為計量值管制圖與計數值管制圖。

1. 計量值管制圖分為
   (1) 平均數-全距管制圖($\bar{X}$-R Chart)
   (2) 平均數-標準差管制圖($\bar{X}$-σ Chart)
   (3) 中位數-全距管制圖(M_e-R Chart)
   (4) 個別值-移動全距管制圖(X-R_m Chart)
   (5) 最大值與最小值管制圖(L-S Chart)
2. 計數值管制圖分為
   (1) 不良率管制圖(P Chart)
   (2) 不良數管制圖(np Chart)
   (3) 缺點數管制圖(C Chart)
   (4) 單位缺點數管制圖(U Chart)

本章摘要

1. 正常情形下，工廠的生產要形成一定的趨勢，且可事先預測，稱爲大數法則。
2. 企業進行中產品品質所發生的異狀有大自然變異原因及人爲原因造成的。
3. 管制圖最大特點是有管制界限來判斷變異的原因。
4. 產品不良的原因分類爲機遇原因及非機遇原因。
5. 管制界限是以平均值加減三個標準差，所以又稱爲三個標準差界限。
6. 非機遇原因是人爲疏忽應予以去除。
7. 生產者必須控制生產線在管制界限內，稱爲管制界限。
8. 管制圖有第一種及第二種錯誤，以三個標準差來作經濟之平衡。
9. 管制圖之種類有：

(1) 計量值管制圖：

① 平均數-全距管制圖。

② 平均數-標準差管制圖。

③ 中位數-全距管制圖。

④ 個別值-移動全距管制圖。

⑤ 最大值與最小值管制圖。

(2) 計數值管制圖：

① 不良率管制圖。

② 不良數管制圖。

③ 缺點數管制圖。

④ 單位缺點數管制圖。

習題

1. 解釋名詞
   (1) 管制界限。
   (2) 機遇原因。
   (3) 非機遇原因。
   (4) 管制狀態。
   (5) 第一種錯誤。
   (6) 第二種錯誤。
2. 管制中發生第一種錯誤與第二種錯誤如何平衡？
3. 管制圖上如有點在界限之外，是否急需停工調查？爲什麼？
4. 計量值管制圖有哪幾種？
5. 計數值管制圖有哪幾種？
6. 試用常態分配解釋機遇原因與非機遇原因？

計量值管制圖

7-1 平均值與全距管制圖

$\overline{X}$-R管制圖爲所有管制圖中最靈敏察覺工程的變化，$\overline{X}$管制圖管制平均值分配的變化，R管制圖管制分配寬度的變化，即管制工程變異的大小，兩者合併使用，比較能正確的判斷生產的異狀。

一、用途

1. 欲了解生產分配的集中趨勢與離中趨勢的變化時採用。
2. 工廠生產數量每次抽取10個以下樣本能代表群體，最好是4與5個樣本時採用。
3. 管制分組的計量數據，如長度、重量、零件厚度等。

二、選取樣本的方法

管制圖是由樣本的數據，推測製造過程是否穩定的在管制狀態中，因此選取樣本，必須具有代表性，即在各部門或生產線上，將所有不同機器不同的操作人員，原料分別的抽樣樣本，量測管制部份的尺寸或數據。且在選取樣本時，盡量使組內的變異小，樣組與樣組間變異大。

如圖 7-1，每 20 個生產量，抽取 5 個樣本，5 個樣本以 20 個中某連續 5 個爲宜，則組內變異小。至於下一次取樣，則避免在第 21～25 個，應間隔大些，所以在 26～30 個爲宜。

OOOOO[OOOOO]OOOOOOOOOOOOOOOOOOOOO[OOOOO]OOO

取樣 $n=5$　　　　取樣 $n=5$

生產程序 →

圖 7-1　取樣$n=5$

三、管制界限

根據常態分配理論管制的上下限由平均值加減三個標準差。日本規格協會利用所製的品質管制實驗用具籌碼作一項實驗，獲得結論。

1. 對於我們欲實施管制的群體之平均值與抽取樣本計算而得的平均值幾乎相同，即是管制對象的群體，如果事先不知他們的平均值，可由樣本平均數求得即可。
2. 群體分配的標準差σ，爲樣本平均數分配的標準差之$\sqrt{n}$倍

   即$\sigma_x=\dfrac{\sigma}{\sqrt{n}}$，$\sigma=\sqrt{n}\sigma_x$ (n爲每一組中的樣本數)。

再者，$\overline{X}$管制圖之管制界限由$\overline{X}$分配之平均值加減三個X標準差，R管制圖之管制界限由R分配之平均值R加減三個R標準差，因爲標準差之計算頗爲繁複，故以下列兩式推定：

$\sigma_{\bar{X}} = \dfrac{\bar{R}}{d_2\sqrt{n}}$，$\sigma_R = \dfrac{d_3}{d_2}\bar{R}$

$\sigma_{\bar{X}}$ 表示$\bar{X}$的標準差，σ_R 表示R的標準差

d_2、d_3 是群體與樣本間之關係常數

利用上二式之關係，推算出下列之管制界限公式

$\bar{X}$管制圖

中心線$CL_{\bar{X}} = \bar{X}$

管制上限$UCL_{\bar{X}} = \bar{X} + A_2\bar{R}$　　(A_2**是常數查附表二**)

管制下限$LCL_{\bar{X}} = \bar{X} - A_2\bar{R}$

R管制圖

中心線$CL_R = \bar{R}$

管制上限$UCL_R = D_4\bar{R}$　　(D_4、D_3是常數，見附表二)

管制下限$LCL_R = D_3\bar{R}$

(CL、UCL、LCL右下角註明$\bar{X}$、R，以區別管制圖之類別)。

四、建立$\bar{X}$-R管制圖的步驟

1. 選定管制項目

　　選擇對產品品質特性有重要影響之特性作爲管制項目。

2. 搜集數據

　　採取抽樣法選取最近生產的數據至少100個以上。

3. 按產品生產的順序或測定的順序，將數據分組排列。

4. 數據的分組

　　每組所含的樣本個數稱爲樣本數，以n表示。樣本的組數以k表示，普通分組按測定時間順序分組，以免含異質數據。

5. 將數據記入數據記錄表

6. 計算平均值$\bar{x}$

先求每組的平均值$\bar{x}$，再求每組平均值的平均值，即$\overline{X}=\frac{\Sigma\bar{x}}{k}$。

7. 計算全距R

計算每組之最大數減去最小數的差，再求每組全距的平均值。

8. 查係數A_2、D_4、D_3

9. 計算管制界限

$\overline{X}$管制圖

$CL_{\overline{X}}=\overline{X}$

$UCL_{\overline{X}}=\overline{X}+A_2\overline{R}$

$LCL_{\overline{X}}=\overline{X}-A_2\overline{R}$

R管制圖

$CL_R=\overline{R}$

$UCL_R=D_4\overline{R}$

$LCL_R=D_3\overline{R}$

10. 繪管制界限

在方眼箋上取適當距離$\overline{X}$管制圖在上，R管制圖在下，繪入代表$CL_{\overline{X}}$、$UCL_{\overline{X}}$、$LCL_{\overline{X}}$大小的線($CL_{\overline{X}}$用實線，其餘用虛線或紅線)。

11. 在中心線上等距離分成K點。

12. 點圖

將各組之$\overline{X}$、R數據繪在各組適當之位置上。

13. 管制界限的檢討。

例題 7.1 某機器製造廠，生產一軸蓋，其$35.5\phi\pm0.1$mm部份是要配合軸承，如圖 7-2 必需加以管制，今生產一段時間，每日抽取固定樣本，用內徑測微器量測所得數字，記入$\overline{X}$-R管制圖數據表，如表 7-1，試繪一張$\overline{X}$-R管制圖。

解 $\overline{X}=\frac{\Sigma\,\bar{x}}{K}=\frac{708.52}{20}=35.426=35.43$

$\overline{R}=\frac{\Sigma\,R}{K}=\frac{14.1}{20}=0.705=0.71$

查附表二

註：$A_2=0.577$

$CL_{\overline{X}}=\overline{X}=35.426=35.43$

$UCL_{\overline{X}}=\overline{X}+A_2\overline{R}=35.426+0.577\times0.705$

$=35.832785=35.83$

$LCL_{\overline{X}}=\overline{X}-A_2\overline{R}=35.426-0.577\times0.705$

$=35.019215=35.02$

查附表二

註：$D_4=2.115\quad D_3=0$

$CL_R=\overline{R}=0.705=0.71$

$UCL_R=D_4\times\overline{R}=2.115\times0.705=1.491075=1.49$

$LCL_R=D_3\times\overline{R}=0\times0.705=0$

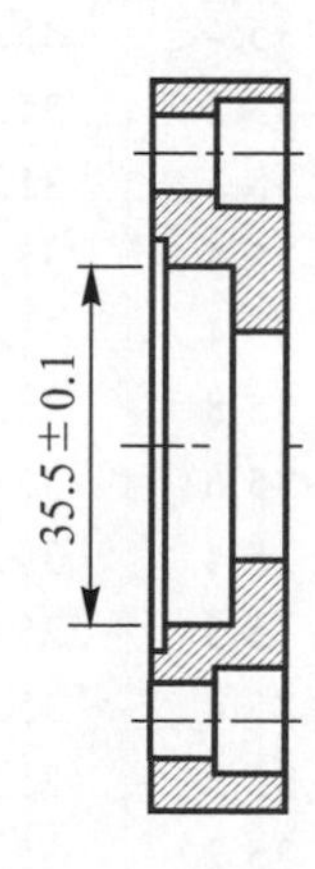

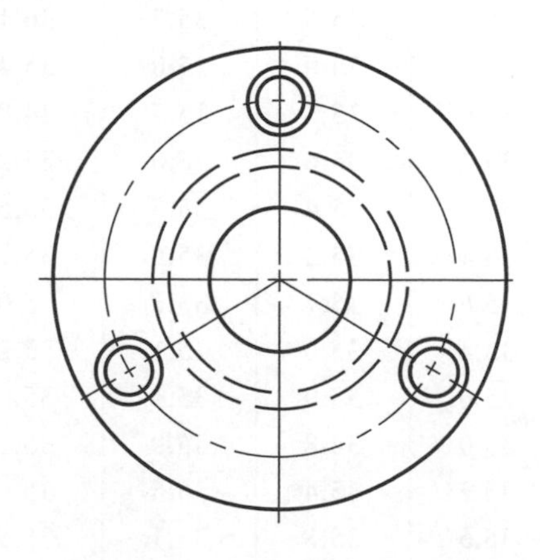

圖 7-2

表7-1 $\overline{X}$-R管制圖用數據表

產品名稱：　　製造單位：
品質特性：　　製造命令：
測 定 者：　　機械號碼：
測定方法：　　操 作 者：
測定單位：　　期　　間：自　　年　　月　　日
　　　　　　　　　　　　至　　年　　月　　日

組號	測定值					$\overline{X}$	R
	X_1	X_2	X_3	X_4	X_5		
1	35.4	35.6	35.3	35.2	35.7	35.44	0.5
2	35.0	35.1	35.5	35.6	35.8	35.4	0.8
3	35.1	35.9	35.5	35.6	35.7	35.56	0.8
4	34.9	35.5	35.4	35.2	35.6	35.32	0.7
5	35.1	35.4	35.2	35.3	35.6	35.32	0.5
6	35.7	35.8	35.9	35.4	35.1	35.58	0.8
7	35.1	35.2	35.4	35.5	35.4	35.32	0.4
8	35.0	35.5	35.7	35.8	35.4	35.48	0.8
9	35.5	35.6	35.7	36.1	35.4	35.66	0.7
10	35.1	36.0	35.0	35.4	35.2	35.34	1
11	35.0	35.6	35.7	34.8	35.5	35.32	0.9
12	35.4	35.6	36.0	35.2	35.4	35.52	0.8
13	35.1	35.4	35.5	35.5	35.4	35.38	0.4
14	35.4	35.2	35.6	35.7	35.8	35.54	0.6
15	35.6	35.7	35.8	35.0	35.6	35.54	0.8
16	35.4	35.0	35.1	35.2	35.4	35.22	0.4
17	35.6	35.9	35.1	35.0	35.5	35.42	0.9
18	35.0	34.8	35.9	35.1	35.4	35.24	1.1
19	35.2	35.4	35.5	35.6	35.7	35.48	0.5
20	35.6	35.8	35.1	35.5	35.2	35.44	0.7
					合計	708.52	14.1

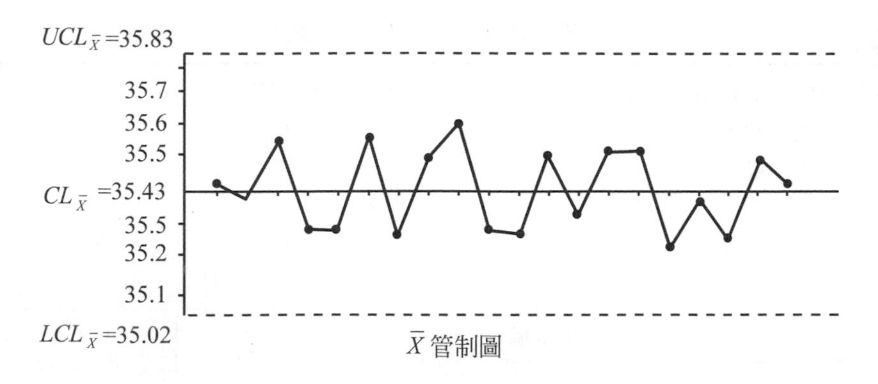

$\overline{X}$管制圖

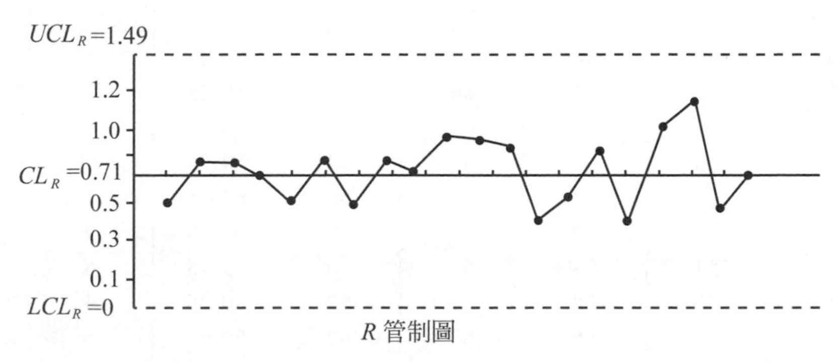

R管制圖

例題 7.2 某機器製造廠商，齒輪由衛星工廠外製，今檢查一批齒輪之硬度，若標準品質爲H_{RC}60±5，經檢查一段期間之數據，如表 7-2，試繪$\overline{X}$-R管制圖。

解 $\overline{X}=\dfrac{\Sigma X}{K}=\dfrac{1485.25}{25}=59.41$

$\overline{R}=\dfrac{\Sigma R}{K}=\dfrac{169}{25}=6.76$

註：$A_2=0.729$

$CL_{\bar{X}}=\overline{X}=59.41$

$UCL_{\bar{X}}=\overline{X}+A_2\overline{R}=59.41+0.729\times6.76=64.33804=64.34$

$LCL_{\bar{X}}=\overline{X}-A_2\overline{R}=59.41-0.729\times6.76=54.48196=54.48$

表 7-2　$\overline{X}$-R管制圖用數據法

產品名稱：A-1 齒輪　　製造單位：XX 工廠
品質特性：硬度　　製造命令：M104
測定者：XXX　　機械號碼：M04
測定方法：硬度試驗機　　操 作 者：XXX
測定單位：H_{RC}　　期間：自　年　月　日
至　年　月　日

組號	測定值				$\overline{X}$	R	
	X_1	X_2	X_3	X_4			
1	60	58	62	57	59.25	5	
2	56	63	60	58	59.25	7	
3	62	54	63	60	59.75	9	
4	56	62	67	54	59.75	13	
5	60	62	67	60	62.25	7	
6	53	60	62	58	58.25	9	
7	54	54	55	60	55.75	6	
8	60	58	61	62	60.25	4	
9	56	58	60	62	59	6	
10	60	61	58	59	59.5	3	
11	60	62	59	60	60.25	3	
12	60	54	55	62	57.75	8	
13	57	58	61	63	59.75	6	
14	56	58	57	62	58.25	6	
15	60	61	62	58	60.25	4	
16	57	58	62	60	59.25	5	
17	62	60	61	62	61.25	2	
18	60	64	56	55	58.75	9	
19	62	59	60	58	59.75	4	
20	54	62	60	64	60	10	
21	54	60	65	62	60.25	11	
22	55	58	60	62	58.75	7	
23	54	58	64	65	60.25	11	
24	56	57	60	63	59	7	
25	60	62	55	58	58.75	7	
				合計	1485.25	169	

註：$D_4 = 2.282 \qquad D_3 = 0$

$CL_R = \overline{R} = 6.76$

$UCL_R = D_4 R = 2.282 \times 6.76 = 15.49632 = 15.50$

$LCL_R = D_3 R = 0$

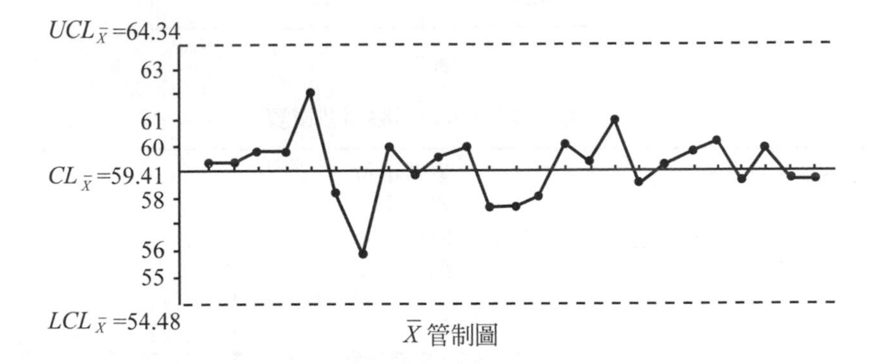

$\overline{X}$ 管制圖

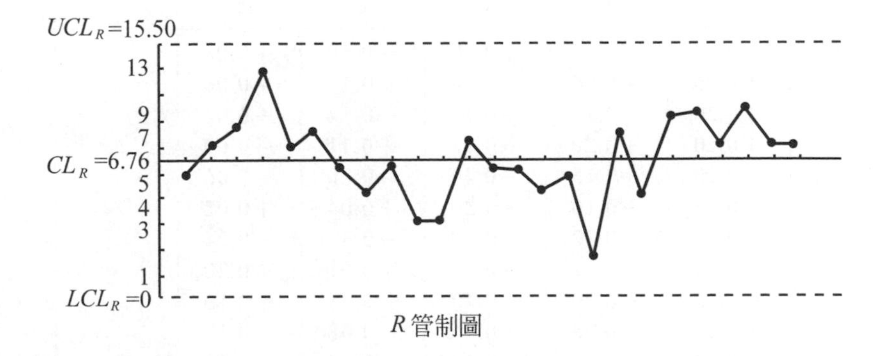

R 管制圖

類題練習

如圖 7-3 是一齒輪箱之前視圖，茲欲管制標號①處之鑽孔位置精密度，標準要求距基準面 A-A 爲 36mm，公差±0.2mm，現在每隔 1 小時至現場量測一次 5 個樣本，利用基準桿，僅記錄其偏心尺寸，如表 7-3，試繪一$\overline{X}$-R管制圖。

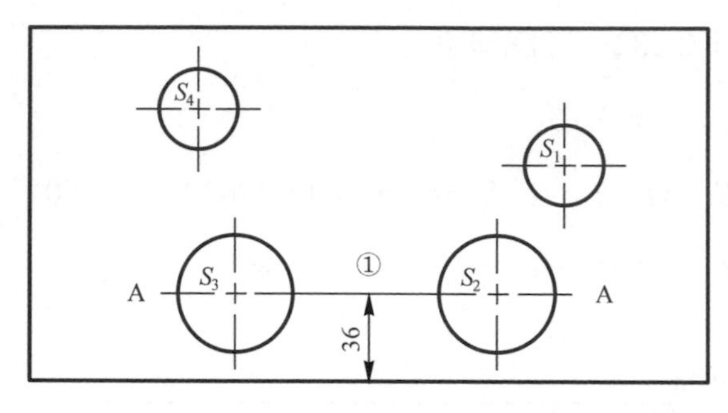

圖 7-3

表 7-3 $\bar{X}$-R管制圖用數據表

產品名稱：齒輪箱　　製造單位：第二組
品質特性：鑽孔偏心度　　製造命令：M202
測定　者：XXX　　機械號碼：D16
測定方法：量測　　操 作 者：XXX
測定單位：mm　　期　　間：自　年　月　日
至　年　月　日

組號	測定值					$\bar{X}$	R
	X_1	X_2	X_3	X_4	X_5		
1	+0.15	+0.05	+0.10	+0.10	+0.08		
2	+0.06	+0.04	+0.18	+0.15	+0.06		
3	+0.20	−0.10	+0.18	+0.14	+0.04		
4	+0.20	+0.20	+0.12	+0.11	−0.09		
5	−0.10	+0.15	−0.40	−0.20	−0.06		
6	−0.12	−0.10	−0.20	+0.04	+0.02		
7	−0.18	−0.32	−0.30	−0.32	−0.24		
8	−0.22	−0.17	−0.20	+0.01	+0.20		
9	−0.18	+0.20	+0.40	−0.18	+0.10		
10	+0.12	+0.08	+0.04	−0.08	−0.12		
11	+0.20	+0.06	+0.14	+0.00	+0.02		
12	−0.20	−0.18	−0.06	−0.14	−0.20		
13	+0.18	+0.16	−0.01	+0.20	+0.20		
14	+0.20	+0.18	+0.4	+0.21	+0.18		
15	−0.16	−0.21	−0.16	−0.05	−0.08		
16	−0.21	−0.14	−0.16	−0.18	−0.20		
17	+0.21	+0.22	+0.24	+0.21	+0.18		
18	+0.1	−0.05	−0.08	−0.07	−0.06		
19	+0.06	+0.08	−0.10	−0.13	+0.16		
20	−0.20	−0.16	+0.02	+0.01	+0.03		

7-2 平均數-標準差管制圖

一、使用時機

平均數-標準差管制圖與平均數-全距管制圖，用途與使用機會大致相同，最主要的不同點是若工廠每日生產量很高，每組抽取之樣本數必須在 10 以上時，用全距來代表群體的變異已不很正確，因此，改用標準差來計算。

二、計算公式

$$\bar{\sigma}=C_2\,\sigma$$

1. 群體已有生產經驗，$\overline{X}$、σ爲已知時

$$UCL_{\bar{X}}=\overline{X}+A\sigma$$

$$CL_{\bar{X}}=\overline{X}$$

$$LCL_{\bar{X}}=\overline{X}+A\sigma$$

$$UCL_{\sigma}=B_2\,\sigma$$

$$CL_{\sigma}=\sigma$$

$$LCL_{\sigma}=B_1\,\sigma$$

2. 群體沒有生產記錄，狀況未知時

$$UCL_{\bar{X}}=\overline{X}+A_1\bar{\sigma}$$

$$CL_{\bar{X}}=\overline{X}$$

$$LCL_{\bar{X}}=\overline{X}-A_1\bar{\sigma}$$

$$UCL_{\sigma}=B_4\,\bar{\sigma}$$

$$CL_{\sigma}=\bar{\sigma}$$

$$LCL_{\sigma}=B_3\,\bar{\sigma}$$

例題 7.3 某套筒扳手鍛造廠，鍛造套筒如圖 7-4，生產要求是六角開口的對邊距離尺寸要在 19.48～19.23mm 之間，因爲材質經熱作沖打後，收縮速度之不同，或材質流動性之不同，或鍛打用沖頭之冷卻速率及磨損狀況，皆影響鍛打後之鍛品的尺寸。一部沖床，每小時約鍛 200 個，今每 30 分鐘抽查一次，每次抽查 10 個，其資料如表 7-4，試繪製$\overline{X}$-σ管制圖。

表 7-4　$\overline{X}$-σ管制圖用數據表

產品名稱：Socket　　製造單位：鍛三班
品質特性：開口尺寸 19.23～19.48　　製造命令：M108
測 定 者：XXX　　機械號碼：P20
測定方法：游標尺量測　　操 作 者：XXX，XXX
測定單位：品管組　　期　　間：自　年　月　日
至　年　月　日

※記錄內數據爲實測數據減去 19mm

組數	時間	測定值										$\overline{X}$	σ
		X_1	X_2	X_3	X_4	X_5	X_6	X_7	X_8	X_9	X_{10}		
1	8:30	0.12	0.22	0.24	0.46	0.36	0.38	0.46	0.44	0.40	0.28	0.336	0.114
2	9:00	0.27	0.34	0.42	0.30	0.28	0.32	0.44	0.50	0.52	0.24	0.363	0.099
3	9:30	0.24	0.26	0.24	0.20	0.24	0.26	0.28	0.24	0.22	0.26	0.244	0.032
4	10:00	0.26	0.28	0.24	0.26	0.28	0.30	0.32	0.28	0.30	0.32	0.284	0.036
5	10:30	0.24	0.26	0.30	0.32	0.34	0.36	0.34	0.36	0.34	0.32	0.318	0.051
6	11:00	0.30	0.34	0.36	0.38	0.40	0.38	0.36	0.42	0.36	0.34	0.364	0.039
7	11:30	0.34	0.36	0.32	0.30	0.34	0.30	0.48	0.36	0.32	0.38	0.35	0.055
8	12:00	0.34	0.36	0.32	0.38	0.40	0.32	0.36	0.34	0.32	0.34	0.348	0.027
9	13:00	0.40	0.38	0.32	0.34	0.34	0.36	0.38	0.34	0.32	0.30	0.348	0.031
10	13:30	0.32	0.34	0.36	0.38	0.40	0.42	0.40	0.36	0.30	0.32	0.36	0.045
11	14:00	0.42	0.42	0.44	0.46	0.48	0.44	0.42	0.40	0.42	0.40	0.43	0.038
12	14:30	0.42	0.48	0.50	0.52	0.50	0.54	0.48	0.46	0.44	0.48	0.482	0.038
13	15:00	0.48	0.50	0.52	0.54	0.52	0.56	0.24	0.28	0.34	0.46	0.413	0.197
14	15:30	0.48	0.52	0.26	0.54	0.48	0.44	0.42	0.44	0.48	0.50	0.456	0.080
15	16:00	0.54	0.56	0.50	0.48	0.44	0.52	0.40	0.42	0.46	0.40	0.472	0.061
16	16:30	0.42	0.56	0.54	0.52	0.50	0.54	0.50	0.48	0.58	0.50	0.514	0.045
17	17:00	0.48	0.44	0.52	0.54	0.54	0.54	0.50	0.52	0.48	0.40	0.496	0.045
18	17:30	0.46	0.38	0.42	0.44	0.40	0.46	0.48	0.40	0.42	0.46	0.432	0.04

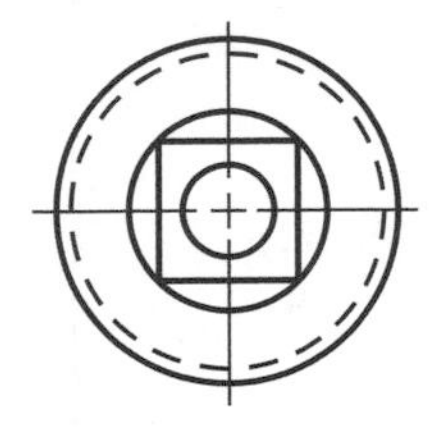

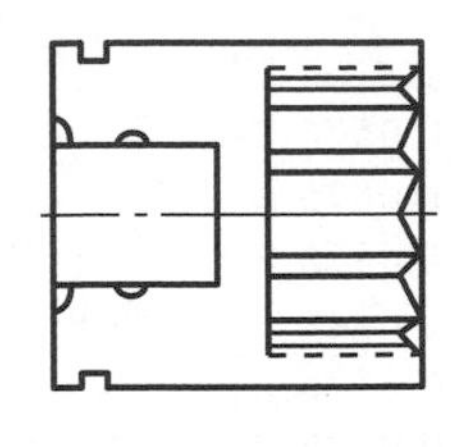

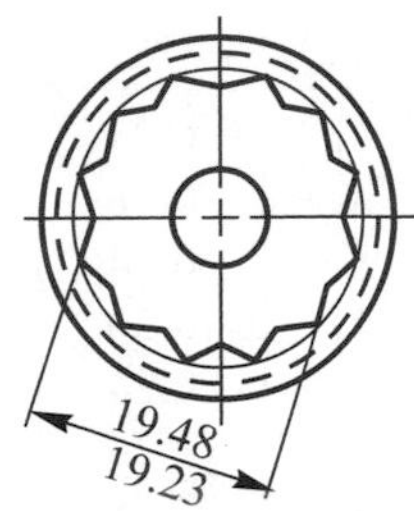

圖 7-4

解 1.

	X	X^2	
X_1	0.12	0.0144	$\overline{X}=0.336$
X_2	0.22	0.0484	$\overline{X^2}=0.12496$
X_3	0.24	0.0576	$\sigma=\sqrt{\overline{X^2}-(\overline{X})^2}$
X_4	0.46	0.2116	$=\sqrt{0.12496-0.112}$
X_5	0.36	0.1296	$=\sqrt{0.01296}$
X_6	0.38	0.1444	$=0.114$
X_7	0.46	0.2116	
X_8	0.44	0.1936	
X_9	0.40	0.16	
X_{10}	0.28	0.0784	
ΣX	3.36	1.2496	

2.

	X	X^2	
X_1	0.27	0.0729	$\overline{X}=0.363$
X_2	0.34	0.1156	$\overline{X^2}=0.14073$
X_3	0.42	0.1764	$\sigma=\sqrt{\overline{X^2}-(\overline{X})^2}$
X_4	0.30	0.09	$=\sqrt{0.14073-(0.363)^2}$
X_5	0.28	0.0784	$=\sqrt{0.14073-0.131}$
X_6	0.32	0.1024	$=\sqrt{0.00973}$
X_7	0.44	0.1936	$=0.099$
X_8	0.50	0.25	
X_9	0.52	0.2704	
X_{10}	0.24	0.0576	
ΣX	3.63	1.4073	

3.

	X	X^2
X_1	0.24	0.0576
X_2	0.26	0.0676
X_3	0.24	0.0576
X_4	0.20	0.04
X_5	0.24	0.0576
X_6	0.26	0.0676
X_7	0.78	0.0784
X_8	0.24	0.0576
X_9	0.22	0.0484
X_{10}	0.26	0.0676
ΣX	2.44	0.6

$\overline{X} = 0.244$

$\overline{X^2} = 0.06$

$$\begin{aligned}\sigma &= \sqrt{\overline{X^2} - (\overline{X})^2} \\ &= \sqrt{0.06 - (0.244)^2} \\ &= \sqrt{0.06 - 0.059} \\ &= \sqrt{0.001} \\ &= 0.032\end{aligned}$$

4.

	X	X^2
X_1	0.26	0.0676
X_2	0.78	0.0784
X_3	0.24	0.0576
X_4	0.26	0.0676
X_5	0.28	0.0784
X_6	0.30	0.09
X_7	0.32	0.1024
X_8	0.28	0.0784
X_9	0.30	0.09
X_{10}	0.32	0.1024
ΣX	2.84	0.8128

$\overline{X} = 0.284$

$\overline{X^2} = 0.08128$

$$\begin{aligned}\sigma &= \sqrt{\overline{X^2} - (\overline{X})^2} \\ &= \sqrt{0.08128 - 0.08} \\ &= \sqrt{0.00128} \\ &= 0.036\end{aligned}$$

5.

	X	X^2
X_1	0.24	0.0576
X_2	0.26	0.0676
X_3	0.30	0.09
X_4	0.32	0.1024
X_5	0.34	0.1156
X_6	0.36	0.1296
X_7	0.34	0.1156
X_8	0.36	0.1296
X_9	0.34	0.1156
X_{10}	0.32	0.1024
ΣX	3.18	1.026

$\overline{X} = 0.318$

$\overline{X^2} = 0.1026$

$$\begin{aligned}\sigma &= \sqrt{\overline{X^2} - (\overline{X})^2} \\ &= \sqrt{0.1026 - (0.318)^2} \\ &= \sqrt{0.0026} \\ &= 0.051\end{aligned}$$

6.

	X	X^2
X_1	0.30	0.09
X_2	0.34	0.1156
X_3	0.36	0.1296
X_4	0.38	0.1444
X_5	0.40	0.16
X_6	0.38	0.1444
X_7	0.36	0.1296
X_8	0.42	0.1764
X_9	0.36	0.1296
X_{10}	0.34	0.1156
ΣX	3.64	1.3352

$\overline{X}=0.364$

$\overline{X^2}=0.13352$

$\sigma=\sqrt{\overline{X^2}-(\overline{X})^2}$

$=\sqrt{0.13352-0.132}$

$=0.039$

7.

	X	X^2
X_1	0.34	0.1156
X_2	0.36	0.1296
X_3	0.32	0.1024
X_4	0.30	0.09
X_5	0.34	0.1156
X_6	0.30	0.09
X_7	0.48	0.2304
X_8	0.36	0.1296
X_9	0.32	0.1024
X_{10}	0.38	0.1444
ΣX	3.5	1.25

$\overline{X}=0.35$

$\overline{X^2}=0.125$

$\sigma=\sqrt{\overline{X^2}-(\overline{X})^2}$

$=\sqrt{0.125-0.122}$

$=\sqrt{0.003}$

$=0.055$

8.

	X	X^2
X_1	0.34	0.1156
X_2	0.36	0.1296
X_3	0.32	0.1024
X_4	0.38	0.1444
X_5	0.40	0.16
X_6	0.32	0.1024
X_7	0.36	0.1296
X_8	0.34	0.1156
X_9	0.32	0.1024
X_{10}	0.34	0.1156
ΣX	3.48	1.2172

$\overline{X}=0.348$

$\overline{X^2}=0.12172$

$\sigma=\sqrt{\overline{X^2}-(\overline{X})^2}$

$=\sqrt{0.12172-0.121}$

$=\sqrt{0.00072}$

$=0.027$

9.

	X	X^2
X_1	0.40	0.16
X_2	0.38	0.1444
X_3	0.32	0.1024
X_4	0.34	0.1156
X_5	0.34	0.1156
X_6	0.36	0.1296
X_7	0.38	0.1444
X_8	0.34	0.1156
X_9	0.32	0.1024
X_{10}	0.30	0.09
ΣX	3.48	1.2196

$\overline{X}=0.348$

$\overline{X^2}=0.12196$

$\sigma=\sqrt{\overline{X^2}-(\overline{X})^2}$

$=\sqrt{0.12196-0.121}$

$=\sqrt{0.00096}$

$=0.031$

10.

	X	X^2
X_1	0.32	0.1024
X_2	0.34	0.1156
X_3	0.36	0.1296
X_4	0.38	0.1444
X_5	0.40	0.16
X_6	0.42	0.1764
X_7	0.40	0.16
X_8	0.36	0.1296
X_9	0.30	0.09
X_{10}	0.32	0.1024
ΣX	3.6	1.3104

$\overline{X}=0.36$

$\overline{X^2}=0.13104$

$\sigma=\sqrt{\overline{X^2}-(\overline{X})^2}$

$=\sqrt{0.13104-0.129}$

$=\sqrt{0.00204}$

$=0.045$

11.

	X	X^2
X_1	0.42	0.1764
X_2	0.42	0.1764
X_3	0.44	0.1936
X_4	0.46	0.2116
X_5	0.48	0.2304
X_6	0.44	0.1936
X_7	0.42	0.1764
X_8	0.40	0.16
X_9	0.42	0.1764
X_{10}	0.40	0.16
ΣX	4.3	1.8548

$\overline{X}=0.43$

$\overline{X^2}=0.18548$

$\sigma=\sqrt{\overline{X^2}-(\overline{X})^2}$

$=\sqrt{0.18548-0.184}$

$=\sqrt{0.00148}$

$=0.038$

12.

	X	X^2
X_1	0.42	0.1764
X_2	0.48	0.2304
X_3	0.50	0.25
X_4	0.52	0.2704
X_5	0.50	0.25
X_6	0.54	0.2916
X_7	0.48	0.2304
X_8	0.46	0.2116
X_9	0.44	0.1936
X_{10}	0.48	0.2304
ΣX	4.82	2.3348

$\overline{X} = 0.482$

$\overline{X^2} = 0.23348$

$\sigma = \sqrt{\overline{X^2} - (\overline{X})^2}$

$= \sqrt{0.23348 - 0.232}$

$= \sqrt{0.00148}$

$= 0.038$

13.

	X	X^2
X_1	0.48	0.2304
X_2	0.50	0.25
X_3	0.52	0.2704
X_4	0.54	0.2916
X_5	0.52	0.2704
X_6	0.56	0.3136
X_7	0.24	0.0576
X_8	0.28	0.0784
X_9	0.34	0.1156
X_{10}	0.46	0.2116
ΣX	4.13	2.0896

$\overline{X} = 0.413$

$\overline{X^2} = 0.20896$

$\sigma = \sqrt{\overline{X^2} - (\overline{X})^2}$

$= \sqrt{0.20896 - 0.17}$

$= \sqrt{0.03896}$

$= 0.197$

14.

	X	X^2
X_1	0.48	0.2304
X_2	0.52	0.2704
X_3	0.26	0.0676
X_4	0.54	0.2916
X_5	0.48	0.2304
X_6	0.44	0.1936
X_7	0.42	0.1764
X_8	0.44	0.1936
X_9	0.48	0.2304
X_{10}	0.50	0.25
ΣX	4.56	2.1344

$\overline{X} = 0.456$

$\overline{X^2} = 0.21344$

$\sigma = \sqrt{\overline{X^2} - (\overline{X})^2}$

$= \sqrt{0.21344 - 0.207}$

$= \sqrt{0.00644}$

$= 0.080$

15.

	X	X^2
X_1	0.54	0.2916
X_2	0.56	0.3136
X_3	0.50	0.25
X_4	0.48	0.2304
X_5	0.44	0.1936
X_6	0.52	0.2704
X_7	0.40	0.16
X_8	0.42	0.1764
X_9	0.46	0.2116
X_{10}	0.40	0.16
ΣX	4.72	2.2576

$\overline{X}=0.472$

$\overline{X^2}=0.22576$

$\sigma=\sqrt{\overline{X^2}-(\overline{X})^2}$

$=\sqrt{0.22576-0.222}$

$=\sqrt{0.00376}$

$=0.061$

16.

	X	X^2
X_1	0.42	0.1764
X_2	0.56	0.3136
X_3	0.54	0.2916
X_4	0.52	0.2704
X_5	0.50	0.25
X_6	0.54	0.2916
X_7	0.50	0.25
X_8	0.48	0.2304
X_9	0.58	0.3364
X_{10}	0.50	0.25
ΣX	5.14	2.6604

$\overline{X}=0.514$

$\overline{X^2}=0.26604$

$\sigma=\sqrt{\overline{X^2}-(\overline{X})^2}$

$=\sqrt{0.26604-0.264}$

$=\sqrt{0.00204}$

$=0.045$

17.

	X	X^2
X_1	0.48	0.2304
X_2	0.44	0.1936
X_3	0.52	0.2704
X_4	0.54	0.2916
X_5	0.54	0.2916
X_6	0.54	0.2916
X_7	0.50	0.25
X_8	0.52	0.2704
X_9	0.48	0.2304
X_{10}	0.40	0.16
ΣX	4.96	2.48

$\overline{X}=0.496$

$\overline{X^2}=0.248$

$\sigma=\sqrt{\overline{X^2}-(\overline{X})^2}$

$=\sqrt{0.248-0.246}$

$=\sqrt{0.002}$

$=0.045$

18.

	X	X^2
X_1	0.46	0.2116
X_2	0.38	0.1444
X_3	0.42	0.1764
X_4	0.44	0.1936
X_5	0.40	0.16
X_6	0.46	0.2116
X_7	0.48	0.2304
X_8	0.40	0.16
X_9	0.42	0.1764
X_{10}	0.46	0.2116
ΣX	4.32	1.876

$\overline{X} = 0.432$

$\overline{X^2} = 0.1876$

$\sigma = \sqrt{\overline{X^2} - (\overline{X})^2}$

$= \sqrt{0.1876 - 0.186}$

$= \sqrt{0.0016}$

$= 0.04$

$$\Sigma \overline{X} = \overline{X}_1 + \overline{X}_2 + \overline{X}_3 + \cdots + \overline{X}_{18}$$

$$= 0.336 + 0.363 + 0.244 + \cdots + 0.432 = 7.01$$

$$\therefore \overline{X} = \frac{7.01}{18} = 0.389$$

$$\Sigma \sigma = 0.114 + 0.099 + 0.032 + \cdots + 0.04 = 1.073$$

$$\overline{\sigma} = \frac{\Sigma \sigma}{K} = \frac{1.073}{18} = 0.0596 \doteqdot 0.06$$

$$UCL_{\overline{X}} = \overline{X} + A_1 \overline{\sigma} = 0.389 + 1.028 \times 0.06 = 0.45$$

$$CL_{\overline{X}} = 0.389 \doteqdot 0.39$$

$$LCL_{\overline{X}} = \overline{X} - A_1 \overline{\sigma} = 0.389 - 1.028 \times 0.06 = 0.33$$

$$UCL_{\sigma} = B_4 \overline{\sigma} = 1.716 \times 0.06 = 0.10$$

$$CL_{\sigma} = 0.06$$

$$LCL_{\sigma} = B_3 \overline{\sigma} = 0.284 \times 0.06 = 0.02$$

已知$A_1 = 1.028$

$B_4 = 1.716$ (查附表二)

$B_3 = 0.284$

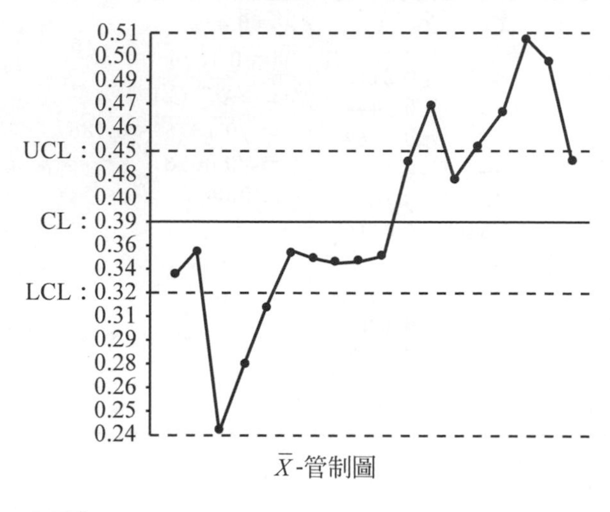

$\overline{X}$-管制圖

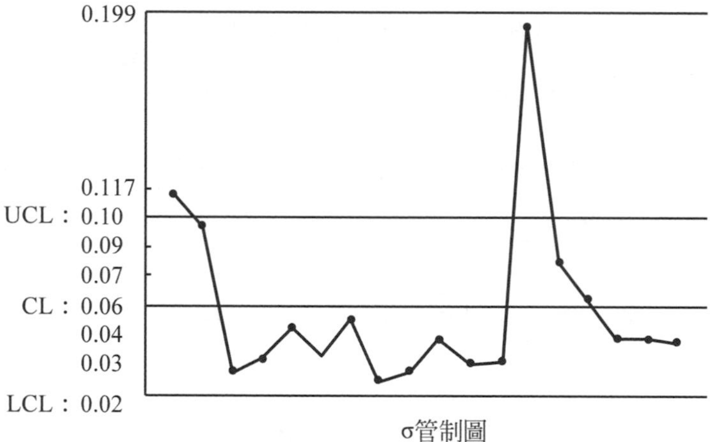

σ管制圖

類題練習

同例 7.3，套筒鍛造後，其將來頭使用時與方頭扳手配合使用之套筒方孔必需在相當的容差之內，以免將來使用時，造成與方頭扳手間隙過大，影響扭力強度，其方孔尺寸是鍛造時一次成型，如圖 7-5 方沖頭之尺寸必需受到精確的控制，現生產一批 7/16"之套筒，每隔一小時量測 10 個樣本，其數據如表 7-5，試繪$\overline{X}$-R、$\overline{X}$-σ管制圖，並加以比較。

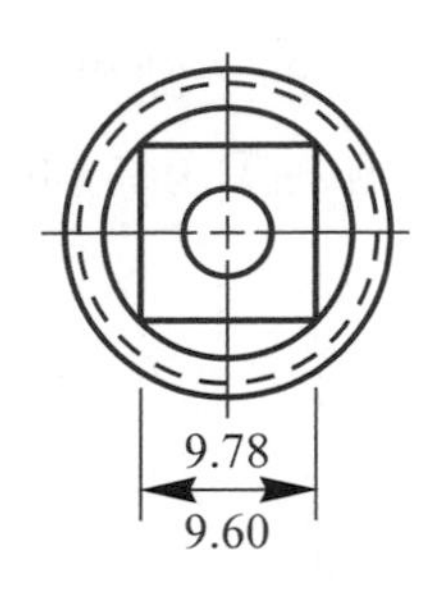

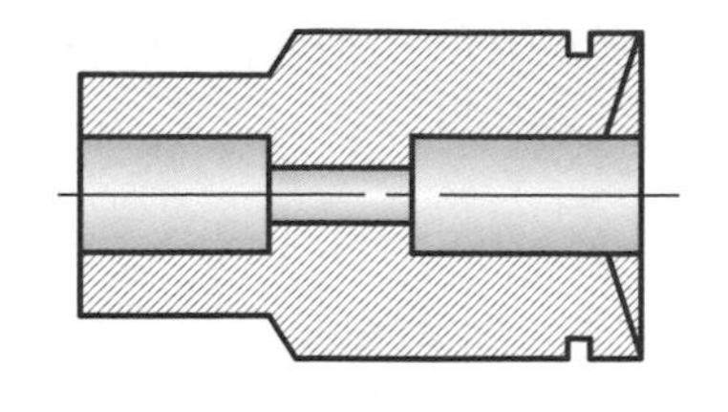

圖 7-5

表 7-5　$\overline{X}$-σ管制圖用數據表

產品名稱：Socket　　製造單位：鍛二班
品質特性：方孔尺寸 9.60～9.78mm　　製造命令：M107
測 定 者：XXX　　機械號碼：P26
測定方法：游標尺　　操 作 者：XXX，XXX
測定單位：品管組　　期　　間：自　年　月　日
　　至　年　月　日

組數	時間	測定值										$\overline{X}$	σ	R
		X_1	X_2	X_3	X_4	X_5	X_6	X_7	X_8	X_9	X_{10}			
1	7:30	9.64	9.62	9.63	9.70	9.72	9.68	9.72	9.74	9.70	9.74			
2	8:30	9.64	9.62	9.70	9.72	9.74	9.76	9.78	9.76	9.74	9.72			
3	9:30	9.62	9.64	9.65	9.66	9.73	9.72	9.70	9.74	9.76	9.74			
4	10:30	9.70	9.68	9.65	9.64	9.68	9.70	9.72	9.74	9.76	9.76			
5	11:30	9.68	9.69	9.70	9.60	9.62	9.64	9.65	9.70	9.72	9.74			
6	12:30	9.74	9.72	9.70	9.72	9.74	9.70	9.72	9.70	9.68	9.62			
7	1:30	9.50	9.52	9.60	9.68	9.58	9.54	9.60	9.62	9.60	9.62			
8	2:30	9.48	9.62	9.69	9.67	9.72	9.74	9.75	9.64	9.66	9.68			
9	3:30	9.46	9.48	9.44	9.50	9.48	9.76	9.68	9.65	9.68	9.70			
10	4:30	9.52	9.58	9.60	9.62	9.64	9.65	9.66	9.68	9.70	9.72			

7-3　中位數-全距管制圖

一、用途

中位數M_e與平均值$\overline{X}$同為表示分配中心之方法，因中位數M_e之求得較為簡單，故在現場由領班或工人點繪管制圖時常以M_e代替$\overline{X}$。原群體

若是常態分配時，中位數M_e與平均值$\overline{X}$相同，惟一缺點是M_e分配對於不正常現象之發現較差。M_e-R管制圖之建立步驟與$\overline{X}$-R管制圖的步驟相同。

二、計算公式

M_e：代表樣組中的中位數

$\overline{M}_e$：代表K組樣組中位數的平均數

$m(R)$：代表全距(R)的平均數

$$CL_{me}=\overline{M}_e$$

$$UCL_{me}=\overline{M}_e+A_3\,m(R)$$

$$LCL_{me}=\overline{M}_e-A_3\,m(R)$$

$$CL_R=m(R)$$

$$UCL_R=D_6\,m(R)$$

$$LCL_R=D_5\,m(R)$$

例題 7.4 某工具製造廠，生產Socket plunger(火星塞套筒)，其六角頭以油壓自動六角銑床加工如圖7-6，尺寸要求爲20.65～20.47mm，經一段時間之抽樣，獲得表7-6之數據，試建立以M_e-R管制圖。

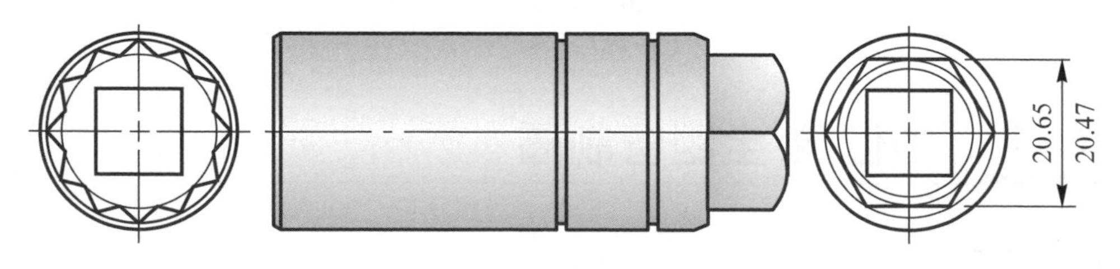

圖 7-6

表 7-6　M_e-R管制圖用數據表

產品名稱：________　　製造單位：________
品質特性：________　　製造命令：________
測 定 者：________　　機械號碼：________
測定方法：________　　操 作 者：________
測定單位：________　　期　　間：自　年　月　日
　　　　　　　　　　　　　　　　至　年　月　日

下列數據為實測後減去 20mm 記錄入內

組數	測定值					M_e	R	
	X_1	X_2	X_3	X_4	X_5			
1	0.49	0.50	0.52	0.55	0.53	0.52	0.06	
2	0.48	0.47	0.51	0.46	0.44	0.47	0.07	
3	0.51	0.50	0.52	0.54	0.56	0.52	0.06	
4	0.55	0.54	0.55	0.52	0.54	0.54	0.03	
5	0.56	0.57	0.58	0.60	0.62	0.58	0.06	
6	0.60	0.62	0.53	0.66	0.54	0.60	0.13	
7	0.60	0.64	0.60	0.54	0.55	0.60	0.10	
8	0.60	0.62	0.58	0.60	0.62	0.60	0.04	
9	0.62	0.64	0.66	0.68	0.58	0.64	0.10	
10	0.60	0.64	0.65	0.62	0.60	0.62	0.05	
11	0.58	0.62	0.54	0.44	0.62	0.58	0.18	
12	0.63	0.64	0.62	0.65	0.60	0.63	0.05	
13	0.48	0.51	0.54	0.49	0.60	0.51	0.12	
14	0.62	0.81	0.49	0.48	0.65	0.62	0.33	
15	0.70	0.62	0.67	0.69	0.64	0.67	0.08	
16	0.70	0.68	0.55	0.54	0.56	0.56	0.16	
17	0.42	0.60	0.54	0.62	0.58	0.58	0.20	
18	0.54	0.55	0.56	0.44	0.68	0.55	0.24	
19	0.65	0.48	0.52	0.60	0.62	0.60	0.17	
20	0.49	0.51	0.54	0.58	0.60	0.54	0.11	

表 7-7　中位數管制圖所用之係數

n	A_3	D_5	D_6
2	2.224	0	3.865
3	1.265	0	2.745
4	0.829	0	2.375
5	0.712	0	2.179
6	0.562	0	2.055
7	0.520	0.078	1.967
8	0.441	0.139	1.901
9	0.419	0.187	1.850
10	0.369	0.227	1.809

解　$\overline{M}_e = \dfrac{\Sigma M_e}{K} = \dfrac{0.52 + \cdots + 0.54}{20} = \dfrac{11.6}{20} = 0.58$

$\overline{R} = \dfrac{\Sigma R}{20} = \dfrac{0.06 + \cdots + 0.11}{20} = \dfrac{2.34}{20} = 0.117$

M_e管制圖：

$UCL_{me} = \overline{M}_e + A_3\overline{R} = 0.58 + 0.712 \times 0.117 = 0.58 + 0.083$

$= 0.663 \doteqdot 0.66$

$CL_{me} = 0.58$

$LCL_{me} = \overline{M}_e - A_3\overline{R} = 0.58 - 0.712 \times 0.117$

$= 0.497 \doteqdot 0.50$

R管制圖：

$UCL_R = \overline{R} \times D_6 = 0.117 \times 2.179$

$= 0.255 \doteqdot 0.26$

$CL_R = 0.117$

$= 0.12$

$LCL_R = D_5 \times R = 0 \times 0.117$

$= 0$

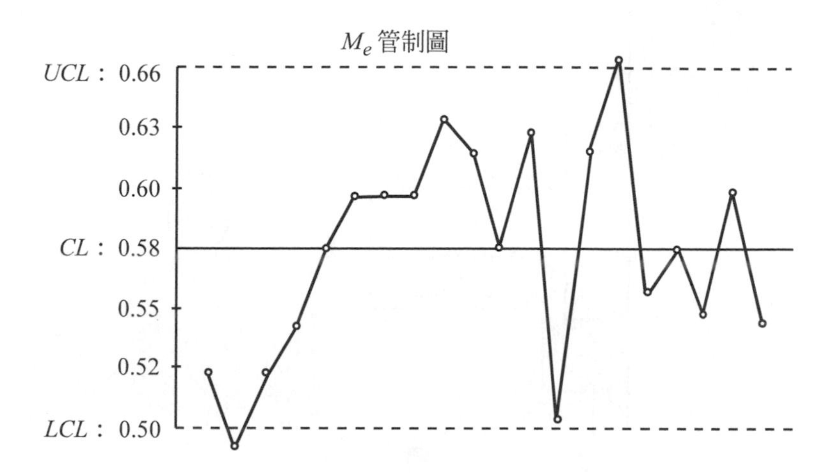

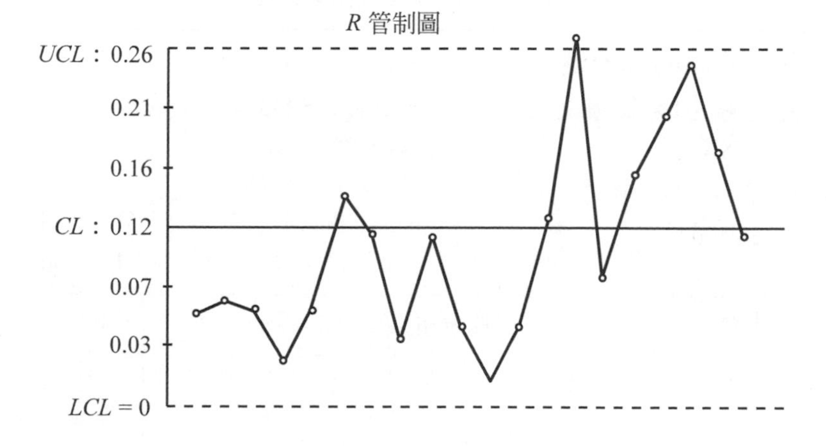

類題練習

某機器製造廠生產高速車床零件，橫進刀指標固定螺絲，其與心軸配合孔之要求尺寸爲 $10^{+0.015}_{-0}$ mm，如圖 7-7，今檢驗一批，其數據如表 7-8，試繪其中位數-全距管制圖。

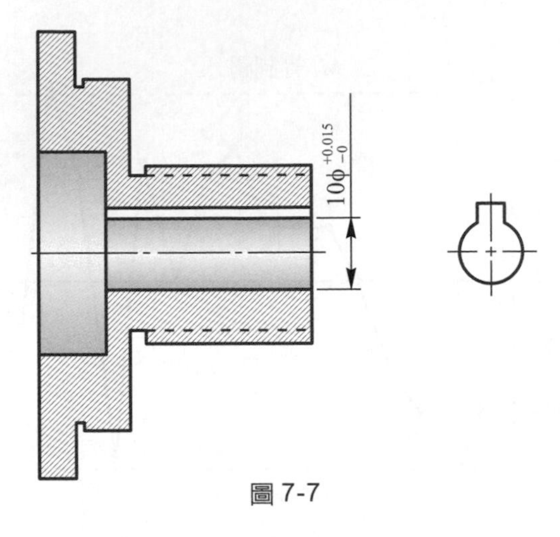

圖 7-7

表 7-8　M_e-R管制圖用數據表

產品名稱：橫向軸固定螺絲	製造單位：車床班
品質特性：軸孔 $10^{+0.015}_{-0}$	製造命令：M304
測 定 者：XXX	機械號碼：L12
測定方法：內徑測微器	操 作 者：XXX
測定單位：品管組	期　　間：自　年　月　日 至　年　月　日

組號	測定值					M_e	R
	X_1	X_2	X_3	X_4	X_5		
1	10.02	10.01	10.04	10.02	10.00		
2	9.89	9.98	10.01	10.01	10.01		
3	10.00	10.00	10.02	10.01	10.04		
4	9.98	9.99	9.96	9.94	9.96		
5	10.02	10.04	10.02	10.01	10.01		
6	10.04	10.06	10.02	10.02	10.02		
7	10.01	10.01	10.02	10.02	10.01		
8	10.01	10.01	10.01	10.01	10.01		
9	10.01	10.01	10.01	10.01	10.04		
10	10.02	10.02	10.04	10.01	10.01		

7-4 個別值-移動全距管制圖

一、用途

工廠的生產，視機件大小而產品的數目有別，品管有時兼需測試，不是測定值難以獲取，就是長時間方能獲得，因此$\overline{X}$-R、$\overline{X}$-σ、M_e-R管制圖都不能用，這時，須用個別值與移動全距管制圖。綜歸如下幾點，是使用這種管制圖的時機。

1. 所選取的樣本是一種混合很完全的液體，或是溫度、壓力等的管制。
2. 分析一件產品的品質要很長的時間且需花費很多時。
3. 一批內的品質很均勻，只要一個測定值就可以時。
4. 產品之製造需要很長的時間，而又希望盡早知道不正常的原因時，則測出一個值即可。
5. 破壞性的試驗，每檢驗一個產品，即損失一個。

二、計算公式

平均值$\overline{X}=\dfrac{\Sigma X}{K}=\dfrac{X_1+X_2+\cdots+X_K}{K}$

移動全距$R_m=|X_i-X_{i+1}|$

$\overline{R}_m=\dfrac{\Sigma R_m}{K-1}$

X管制圖

中心線$CL_X=\overline{X}$

管制上限$UCL_X=\overline{X}+E_2\overline{R}_m$

管制下限$LCL_X=\overline{X}-E_2\overline{R}_m$

R_m管制圖

中心線$CL_{Rm} = \overline{R}_m$

管制上限$UCL_{Rm} = D_4 \overline{R}_m$

管制下限$LCL_{Rm} = D_3 \overline{R}_m$

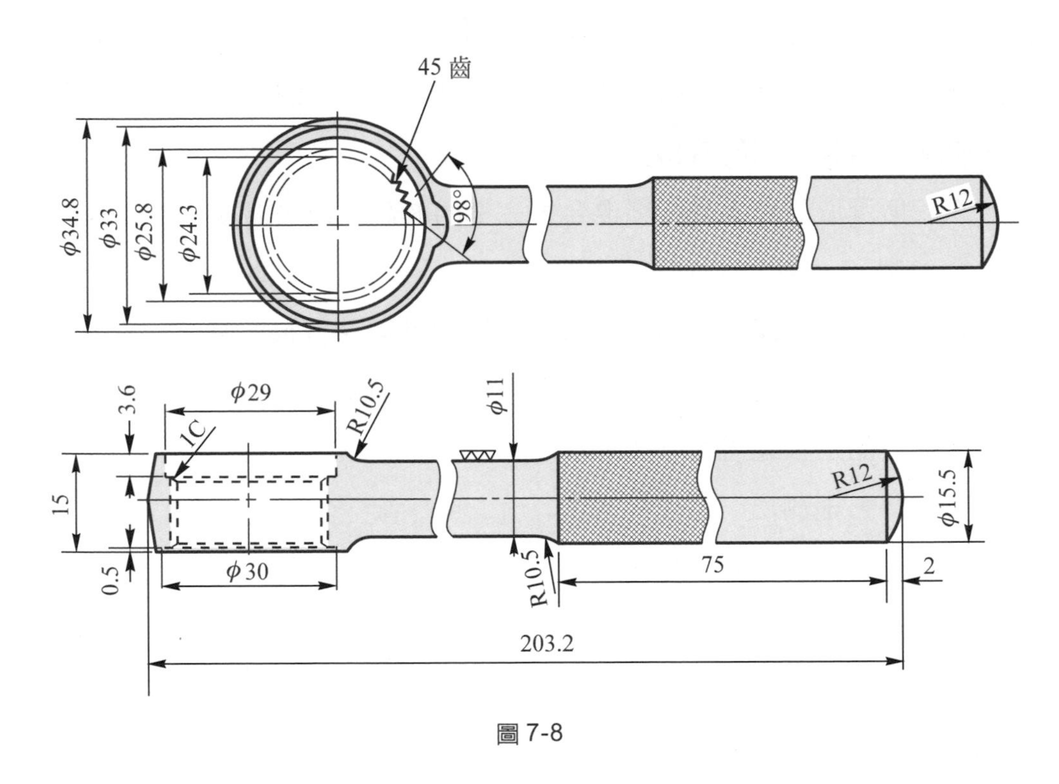

圖 7-8

例題 7.5 某工廠生產Ratchet Bar(棘輪扳手)，必需做扭力試驗，且做至破壞爲止，記錄其扭力數，今每2天試驗一支，獲得數據如表7-9 (3/8"棘輪扳手，一般要求扭力爲 50±5 kg-m)。

表 7-9　X-R管制圖用數據表

產品名稱：Ratchet Bar	製造單位：組立組
品質特性：扭力 50 ± 5 kg-m	製造命令：M505
測 定 者：XXX	機械號碼：_______
測定方法：扭力測試棒	操 作 者：_______
測定單位：品管課	期　　間：自　年　月　日 至　年　月　日

日　　期	批　　號	測定值 X	移動全距 R_m	備　　註
	1	50.4		
	2	48.6	1.8	
	3	51.4	2.8	
	4	56.2	4.8	
	5	54.1	2.1	
	6	54.0	0.1	
	7	52.1	1.9	
	8	48.2	3.9	
	9	47.6	0.8	
	10	52.1	4.5	
	11	54.2	2.1	
	12	56.7	2.5	
	13	54.5	2.2	
	14	53.6	1.9	
	15	50.8	1.8	
	16	46.5	4.3	
	17	51.4	4.9	
	18	50.2	1.2	
	19	48.4	1.8	
	20	44.5	3.9	
	21	50.2	5.7	
	22	56.7	6.5	
	23	56.2	0.5	
	24	51.4	4.8	
	25	51.2	0.2	
	26	54.0	2.8	
	27	51.2	2.8	
	28	50.1	1.1	
	29	50.4	0.3	
合	計	1495.9	74.66	
平	均	51.58	2.67	

X-R_m管制圖係數

n	2	3	4	5
E_2	2.660	1.772	1.457	1.290

解 $CL_X = \overline{X} = \dfrac{\Sigma X}{K} = \dfrac{50.4 + \cdots + 50.4}{29} = 51.58$

$UCL_X = \overline{X} + E_2\overline{R}_m = 51.58 + 2.66 \times 2.67 = 58.68$

$LCL_X = \overline{X} - E_2\overline{R}_m = 51.58 - 2.66 \times 2.67 = 44.48$

$CL_{Rm} = \overline{R}_m = 2.67$

$UCL_{Rm} = D_4\overline{R}_m = 3.27 \times 2.67 = 8.73$

$LCL_{Rm} = D_3\overline{R}_m = 0 \times 2.67 = 0$

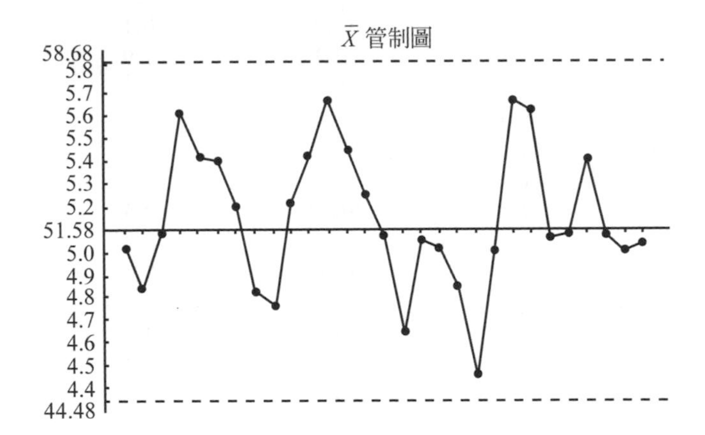

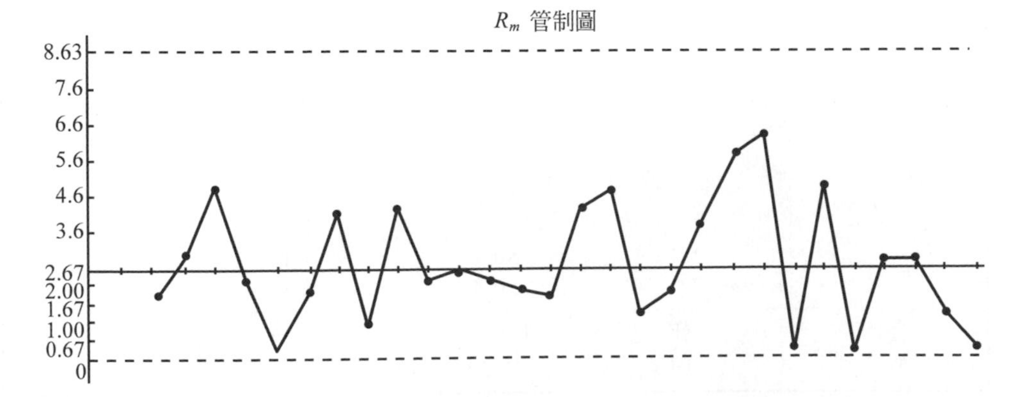

7-5 最大值與最小值管制圖

一、用途

有些產品以極端的比較，更能顯出其品質特性之優劣，例如產品或零件的不圓、不均勻或偏心等，均可適用*L-S*管制圖，在每批量中選取樣本後，測定樣本之最大值與最小值。*L-S*管制圖檢出力不好，但用在現場幹部了解工程進行變異狀況，則很好。

二、計算公式

中心線$CL_{L\text{-}S}=\overline{M}=\dfrac{\overline{L}+\overline{S}}{2}$

管制上限$UCL_{L\text{-}S}=\overline{M}+A_9\overline{R}$

管制下限$LCL_{L\text{-}S}=\overline{M}-A_9\overline{R}$

表 7-10　*L-S* 管制圖係數

樣本數n	A_9	樣本數n	A_9
2	2.695	7	1.194
3	1.826	8	1.143
4	1.522	9	1.104
5	1.363	10	1.072
6	1.263		

例題 7.6　某工廠生產鐵鎚，鎚頭部以砂輪、布輪研磨，力求似圓，因係手工研磨，往往造成不圓，今現場領班，爲了解其變異程度，每小時抽樣10個，量取最大與最小尺寸如表7-11，試繪*L-S*管制圖，以供現場領班及作業員參考。

表 7-11 *L-S* 管制圖用數據表

產品名稱：鐵鎚　　　　製造單位：研磨組
品質特性：頭部圓度　　製造命令：M204
測 定 者：XXX　　　　機械號碼：G11
測定方法：游標尺　　　操 作 者：XXX
測定單位：研磨組　　　期　　間：自　年　月　日
　　　　　　　　　　　　　　　　至　年　月　日

時間	*L*	*S*	時間	*L*	*S*
0800	26.22	25.14	0800	26.48	25.48
0900	25.68	25.04	0900	26.52	24.86
1000	26.44	25.16	1000	26.08	25.06
1100	25.88	24.16	1100	26.68	25.04
1200	26.02	25.12	1200	26.08	25.42
1300	26.14	24.68	1300	26.18	24.68
1400	26.24	25.08	1400	26.52	24.26
1500	26.48	25.04	1500	26.48	25.10
1600	26.86	25.06	1600	26.12	24.34
合計				472.1	428.72

解

$$\overline{L}=\frac{\Sigma L}{K}=\frac{472.1}{18}=26.23$$

$$\overline{S}=\frac{\Sigma S}{K}=\frac{428.72}{18}=23.82$$

$$CL_{L\text{-}S}=\overline{M}=\frac{(26.23+23.82)}{2}=25.025\doteqdot 25.03$$

$$UCL_{L\text{-}S}=\overline{M}+A_9\overline{R}=25.025+1.072\times 2.41$$

$$=27.61$$

$$LCL_{L\text{-}S}=\overline{M}-A_9\overline{R}=25.025-1.072\times 2.41$$

$$=22.44$$

$$\overline{R}=\overline{L}-\overline{S}=26.23-23.82=2.41$$

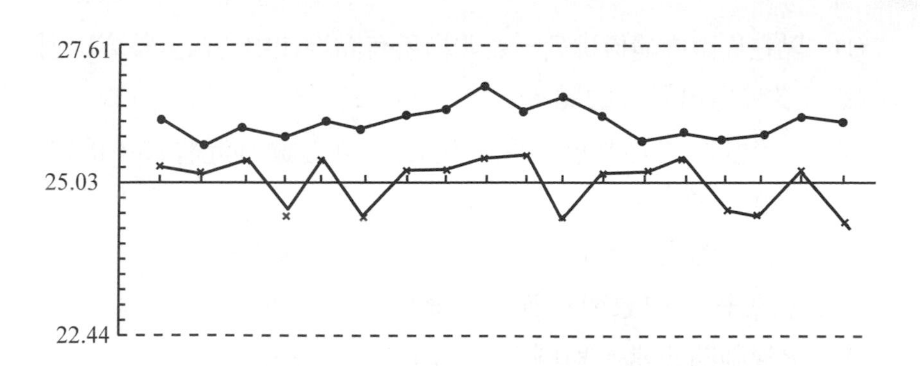

7-6 管制圖統計之研判

生產工程有所改變時，其結果亦隨之變化，此分配之變化情形可由平均數之變化及差異之變化顯示。茲以下列諸情況檢討實際上如何影響管制圖上點之動向。

1. 完全的管制狀態

生產工程平均數及差異(組內差異)均不變之情形。

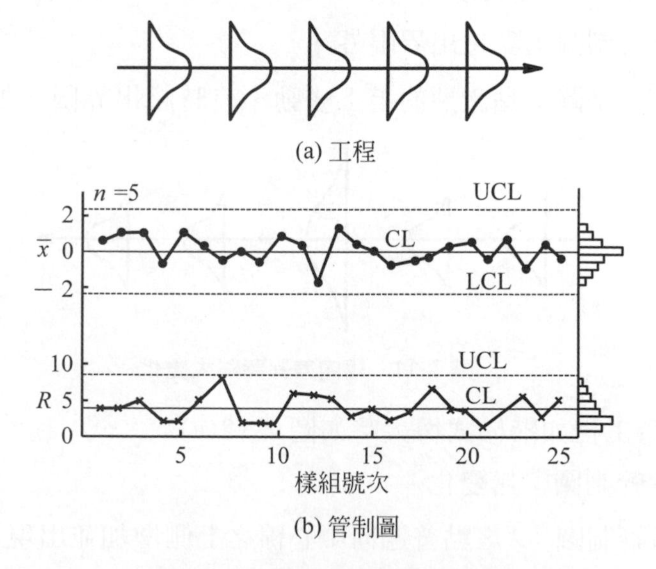

圖 7-9　完全管制狀態之管制圖

(1) 點在界限內隨機排列，並非指所有點均在中心線上整齊排列之意。

(2) 沒有超出界外的點。

(3) $\overline{X}$管制圖因係常態分配，所以在中心線附近有較多的點，在界限附近亦分佈少數之點。

(4) R管制圖則中心線以下的點較多，如圖 7-9。

2. 生產工程平均數突然發生大變化時

(1) R管制圖正常，與圖 7-9 相同。

(2) $\overline{X}$管制圖：有超出界限外之點，如圖 7-10。

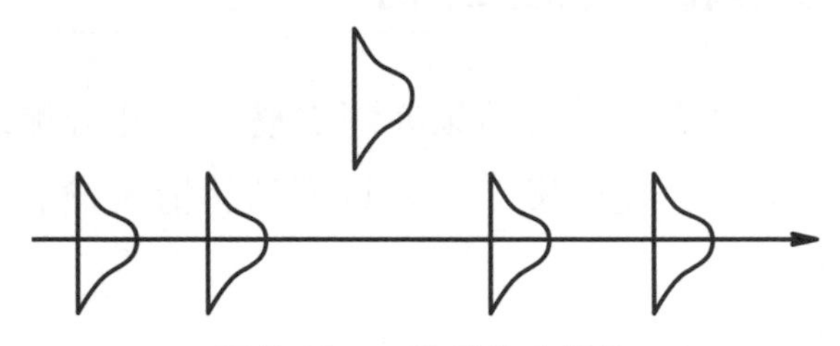

圖 7-10　工程發生大變化

3. 組內差異突然大變化時

(1) R管制圖：點超出界限外。

(2) $\overline{X}$管制圖：點激烈的上下變動，有時超出界限，如圖 7-11。

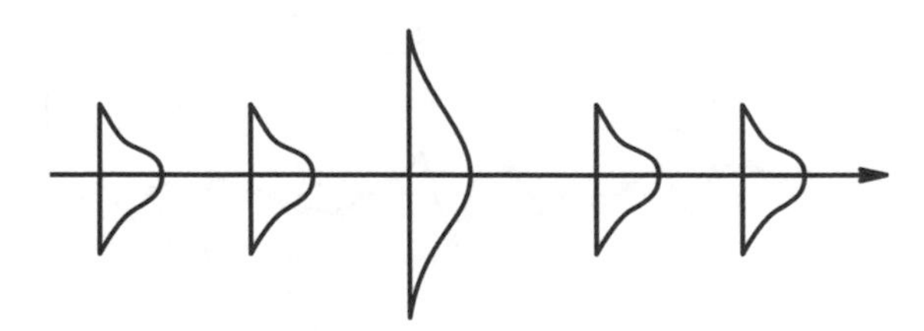

圖 7-11　組內差異突然大變化

4. 生產工程如階梯式增大時如圖 7-12(a)

(1) R管制圖：無變化。

(2) $\overline{X}$管制圖：$\overline{X}$之點普遍向中心線之上側增加並出現連串(run)：即點均集在中心線同側之現象，如圖 7-12。

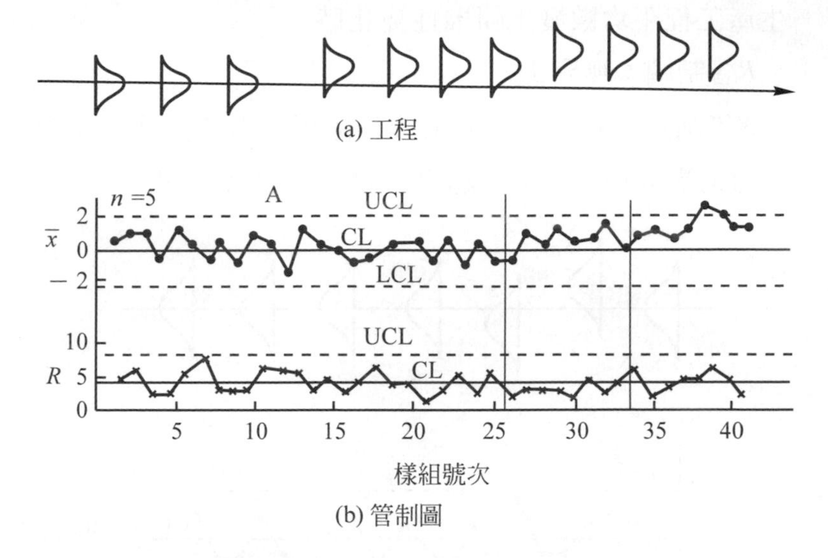

圖 7-12　工程如階梯式增大之管制圖

5. 生產工程平均數偏向一定方向變化時

⑴ R管制圖：無變化。

⑵ $\overline{X}$管制圖：點每上下分散且逐漸下降，並出現界限外之點及連串，如圖 7-13。

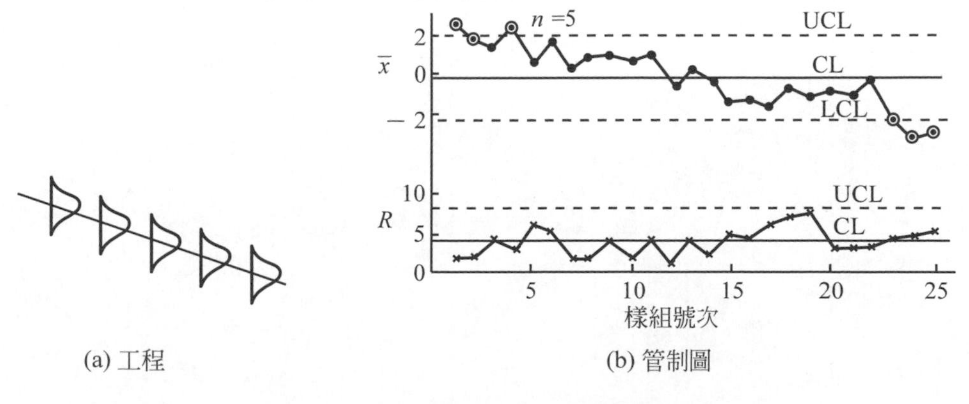

圖 7-13　工程偏向一定方向變化之管制圖

6. 生產工程平均數發生隨機性變化時

(1) R管制圖：無變化。

(2) $\overline{X}$管制圖：點之上下變動確為隨機，但變動變為激烈，界限附近的點亦增加，但不超出界限外，如圖 7-14。

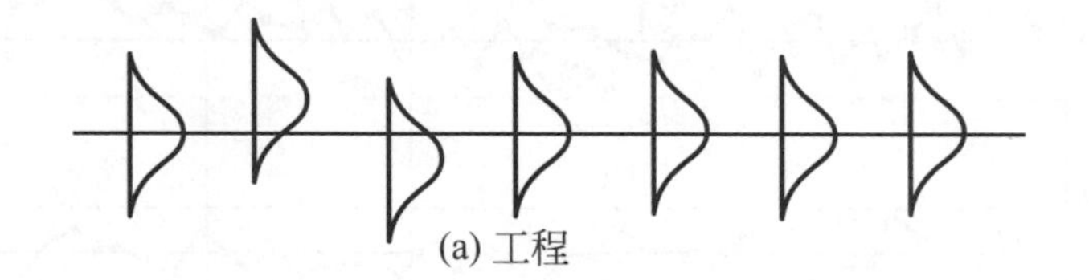

(a) 工程

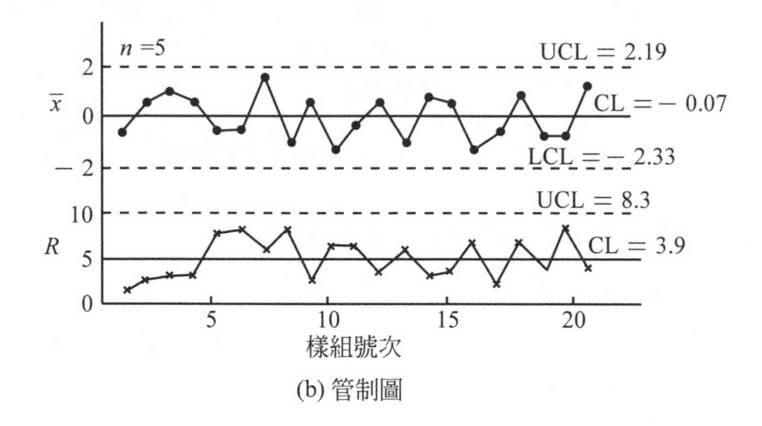

(b) 管制圖

圖 7-14　工程發生隨機性變化之管制圖

⑴ R管制圖：無變化。

⑵ $\overline{X}$管制圖：點之上下變動變爲激烈，超出界限外之點亦增加，如圖 7-15。

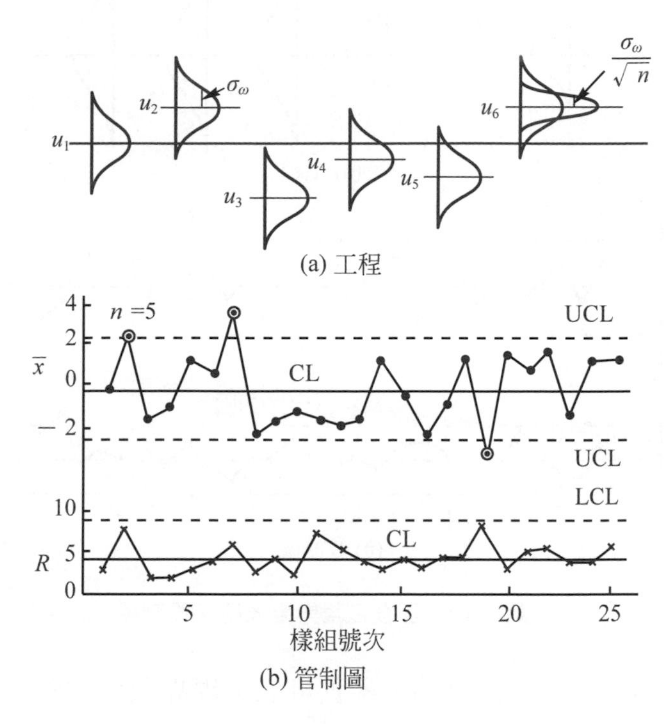

圖 7-15　工程發生隨機性變化之管制圖

7. 組內差異程度發生變化時

(1) 差異程度變大時。

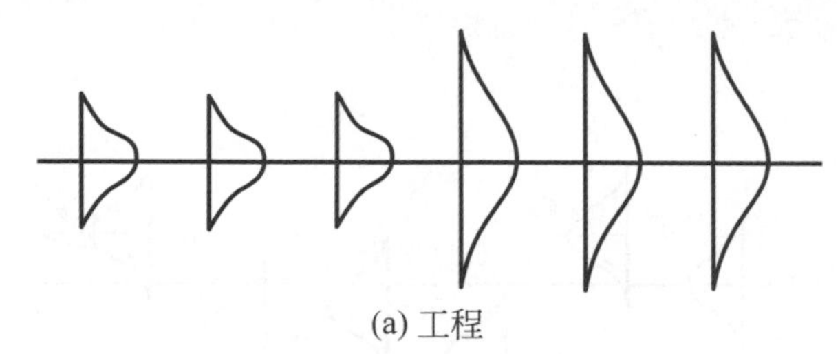
(a) 工程

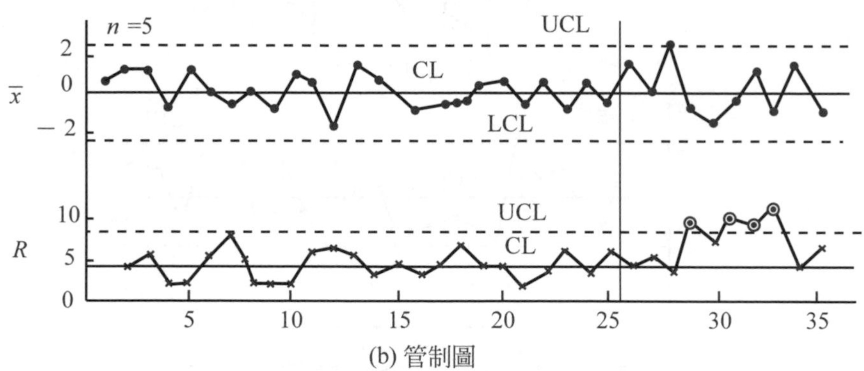

(b) 管制圖

圖 7-16 工程之差異變大時之管制圖

① R管制圖：點全部上昇且可能出現界限外的點。

② $\overline{X}$管制圖：點之上下變動隨機且增強，但約略同樣在上下分佈，且可能出現界限外之點，如圖 7-16。

⑵ 差異程度變小時：

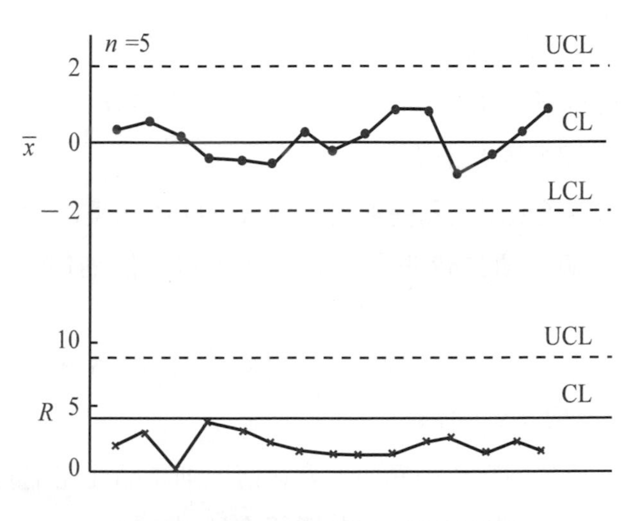

圖 7-17 工程之差異變小時之管制圖

① R管制圖：點全面下降，中心線以下之點增加。

② $\overline{X}$管制圖：點上下變動隨機的變小，但上下之分佈約略相同，中心線附近的點增多，如圖 7-17。

由上列諸分析，我們不難發現，管制之功效是相當實效的，並且，閱讀管制圖時，必需平均值與全距比較，方能探究工程的眞正變化，更可避免因爲判斷錯誤，造成生產工程的損失。

本章摘要

1. 平均值-全距管制圖是所有管制圖中最靈敏察覺工程的變化。
2. 當工廠每日生產量很高，每組的抽取樣本數必須在10以上時，必須用標準差來計算。
3. 現場由領班或工人點繪管制圖時常以M_e(中位數)代替$\overline{X}$(平均值)。
4. 當測定值必須長時間方能取得時，常以個別值-移動全距管制圖來管制。
5. 產品或零件的不圓、不均勻或偏心，均可適用L-S管制圖(最大值-最小值管制圖)。
6. 生產工程平均數及差異均不變之情況則產品在完全的管制狀態。
7. 閱讀管制圖時，必須平均值與全距比較，方能探究工程的真正變化。

習 題

1. 某製程管制，每次抽取 4 個樣本，測定其特性，共抽 25 組，經計算得$\overline{X}$= 6.26、$\overline{R}$= 4.32，試計算$\overline{X}$-R管制圖之管制界限。
2. 某馬達生產工廠，其心軸尺寸規定在18.45mm～18.55mm之間，由製程中每次抽取5個樣本，共抽20組測定直徑，每一測定值減去18再乘以100，獲得表7-12之數據。試繪$\overline{X}$-R管制圖，並由圖檢討工程生產之情形如何？

表 7-12

組別	測定值				
	X_1	X_2	X_3	X_4	X_5
1	46	42	51	54	52
2	43	41	40	53	50
3	48	52	47	56	44
4	49	57	56	50	48
5	40	55	42	40	41
6	40	42	40	54	42
7	54	50	52	56	55
8	44	42	40	51	46
9	40	43	44	43	44
10	46	47	50	45	46
11	56	55	54	52	54
12	50	48	46	50	51
13	52	54	50	47	45
14	54	53	50	55	52
15	47	48	45	48	46
16	42	58	61	50	46
17	43	46	58	40	44
18	44	42	48	56	54
19	51	62	40	50	49
20	43	60	46	41	42
				45	44

3. 某化染工廠，經常性的化染零件，每日作兩次的化染液分析，該染液是將金屬品化染成黑色，內有氫氧化鈉、氰化鉀等染劑，今作氫氧化鈉成分分析，獲得表 7-13 數據。試計算X-R_m管制圖上管制界限並繪圖。

表 7-13

組號	成分%	組號	成分%	組號	成分%	組號	成分%	組號	成分%	組號	成分%
1	40.2	6	40.1	11	36.5	16	48.2	21	36.7	26	36.5
2	38.5	7	38.2	12	40.3	17	33.2	22	38.5	27	37.4
3	36.2	8	36.5	13	38.5	18	36.5	23	40.2	28	38.6
4	41.2	9	40.5	14	40.2	19	34.6	24	41.0	29	40.1
5	40.2	10	40.2	15	50.1	20	35.8	25	40.2	30	39.6

4. 某製藥工廠，管制其包裝重量，每次抽取 5 包，已算出每組之$\overline{X}$及R如表 7-14，試計算其中心線及管制界限，並繪$\overline{X}$-R管制圖。

表 7-14

組數	$\overline{X}$	R	組數	$\overline{X}$	R	組數	$\overline{X}$	R	組數	$\overline{X}$	R
1	42	2	10	37	1	19	40	2	28	42	2
2	36	1	11	40	2	20	36	1	29	43	4
3	44	4	12	39	1	21	44	0	30	43	1
4	40	3	13	41	2	22	42	5			
5	38	1	14	42	4	23	40	4			
6	41	2	15	40	0	24	41	3			
7	39	1	16	42	3	25	39	2			
8	42	0	17	44	4	26	40	0			
9	40	3	18	41	0	27	41	4			

5. 某氣動鍛造工廠之動力爲高壓壓縮機，每小時檢查其壓力一次，並作 25 次之記錄，如表 7-15，繪X-R_m管制圖。

表 7-15

批號	1	2	3	4	5	6	7	8	9	10	11	12	13	14
X	84	86	83	82	90	90	88	82	86	92	80	84	80	82
批號	15	16	17	18	19	20	21	22	23	24	25			
X	90	91	88	86	84	83	92	90	90	80	84			

6. 某氣動鍛造工廠鍛造鐵鎚，每半小時抽取樣本 4 個，秤量其重量，得表 7-16 之數據，試計算其 M_e-R 管制界限，並繪管制圖。

表 7-16 (單位 lb)

組號	測定值				
	X_1	X_2	X_3	X_4	
1	1.22	0.81	0.94	1.12	
2	0.91	1.0	1.26	0.94	
3	0.94	0.88	1.12	1.20	
4	1.16	1.26	1.22	1.20	
5	1.21	1.22	1.20	1.19	
6	0.86	0.87	0.90	0.92	
7	0.90	0.86	0.88	0.92	
8	0.88	0.84	0.86	0.87	
9	0.86	0.88	0.89	0.92	
10	0.91	0.94	0.95	0.90	
11	0.88	0.90	0.86	0.87	
12	0.89	0.86	0.88	0.92	
13	1.12	1.20	1.18	1.24	
14	0.96	0.98	0.88	0.90	
15	0.94	0.98	1.12	1.10	
16	1.26	1.28	1.04	1.12	
17	0.86	0.88	0.92	0.94	
18	0.99	0.86	0.88	0.94	
19	0.86	1.21	1.20	1.20	
20	0.92	0.94	0.96	0.86	
21	0.98	0.94	0.86	0.88	
22	0.84	0.86	0.88	0.92	
23	0.90	0.92	0.88	0.90	
24	0.91	0.90	0.89	0.92	
25	0.90	0.86	0.88	0.94	

7. 某熱作鍛造工廠鍛造五金機械工具，爲了管制套筒之沖頭壽命，對每一支沖頭自開始鍛造至變形(包括膨脹、磨損、彎曲)所生產的數量詳細記錄，經過半個月來的管制，獲得表 7-17 之數據，試繪一X-R_m管制圖。

表 7-17

編號	日期	生產量	編號	日期	生產量	編號	日期	生產量
1	6月1日	1210	8	6月6日	892	15	6月10日	1280
2	6月1日	1020	9	6月6日	926	16	6月11日	726
3	6月2日	1120	10	6月7日	1004	17	6月12日	864
4	6月3日	1040	11	6月8日	486	18	6月13日	1140
5	6月3日	1200	12	6月8日	684	19	6月14日	1020
6	6月4日	865	13	6月8日	892	20	6月14日	1260
7	6月5日	892	14	6月9日	1020	21	6月15日	834

8. 說明$\overline{X}$-R、$\overline{X}$-σ管制圖使用上的異同點？

9. 說明X-R_m管制之用途？

10. 說明M_e-R管制使用之機會及優點？

11. 單由R管制圖判斷生產情況時，會有什麼樣的誤判現象？

第8章 計數值管制圖

• QUALITY CONTROL •

8-1 前言

工廠生產中，有許多產品的品質不能用計量值表示，只能以合格、不合格或良品、不良品來表示，比方檢驗顏色不符合標準、光滑度不合、鑄造品不良、堅韌性不夠，常以不良率、不良數來管制，實際工廠生產中，例如電燈泡工廠將燈泡分爲亮與不亮，食品工廠將罐頭分爲漏氣與不漏氣，電阻工廠將電阻分爲合格與不合格，像這類品質管制，無法以計量大小來判斷，因此，必需用計數值管制圖。

本章要論及的計數值管制有四種：

1. 不良率管制圖(P Chart)
2. 不良數管制圖(*np* Chart)

3. 缺點數管制圖(C Chart)

4. 單位缺點數管制圖(U Chart)

8-2 不良率管制圖

上節論述的品質特性必需採取計數值管制圖，在不良率與不良數管制圖之性能是一樣的，唯一的區別是每次抽取樣本數*n*不定時，採用不良率管制圖，每次抽取樣本數*n*一定時，採用不良數管制圖。不過，樣本數一定時採用不良率管制圖也可以，但計算較麻煩，一般不常用，皆直接用不良數管制圖。

一、不良率建立理論

在上一章我們每建立一種管制圖時，都須建立*UCL*、*CL*、*LCL*界限，工廠生產中如果三種管制界限在還沒有生產以前已經知道，或有標準可循，則往後的生產中，依已知的界限管制即可，但事實上，生產之前，大都不知欲生產群體的平均值、管制上限與管制下限，在8-1節中已述及日本規格協會所作的實驗結論是對即將生產的產品抽取樣本，依一定的公式計算出的管制界限幾乎與已知群體界限相近，因此，我們對即將生產的產品毋需先知其情況，可以一方面製造、一方面抽取樣本，最後計算出來即可。

現在欲建立不良率管制圖，我們亦同樣無法知道欲生產的產品的不良率，是不是就無法建立管制界限呢？日本規格協會曾經作過實驗，實驗的結論是雖然我們在工廠中做計數值管制時，原全體的不良率，不得而知，但可在製造過程中隨機抽樣，抽樣的結果，計算其「累積不良率」(或平均不良率)，如果抽樣的次數增多後，其累積不良率即非常接近原群體的不良率，因此，我們作計數值管制圖，同樣毋需預知欲接受

管制群體的不良率及管制界限，可以從正在製造的產品中，一方面製造、一方面抽樣，然後計算而得。

二、管制界限計算公式

1. 不良率管制圖常用的符號

(1) 樣本數以n表示，即樣本中所含的件數或個數。

(2) 樣本中的不良品數用d表示。

(3) 樣本的不良率用p表示

$$p=\frac{d}{n}=\frac{\text{樣本中的不良品數}}{\text{樣本數}}。$$

(4) 樣本不良率的平均值用$\bar{p}$表示

$$\bar{p}=\frac{\Sigma d}{\Sigma n}=\frac{\text{各組不良數之和}}{\text{各組樣本數之和}}。$$

2. 不良率管制圖的界限計算公式

中心線$CLp=\bar{p}=\frac{\Sigma d}{\Sigma n}$

管制上限$UcLp=\bar{p}+3\sigma_p=\bar{p}+3\sqrt{\frac{\bar{p}(1-\bar{p})}{n}}$

管制下限$LcLp=\bar{p}-3\sigma_p=\bar{p}-3\sqrt{\frac{\bar{p}(1-\bar{p})}{n}}$。

上述$\bar{p}$可用小數或分數，且$LcLp$如計算出來爲負時，以零計算，因爲不良率不可能爲負數。

三、管制圖實例

計算p管制界限有兩種方法，一爲梯階法，一爲平均樣本$\bar{n}$計算法。

1. 以梯階法計算

例題 8.1 某電燈泡生產工廠，試驗燈泡亮與不亮，今按生產數量抽取 20%的樣本試驗，共抽樣 20 組，獲得表 8-1 的數據，欲計算p管制圖。

表 8-1　p管制圖用數據表

產品名稱：電燈泡	製造單位：製一組
品質特性：亮與不亮	製造命令：L108
測 定 者：XXX	機械號碼：＿＿＿＿
測定方法：試電流	操 作 者：＿＿＿＿
測定單位：品管組	期　間：自　年　月　日 至　年　月　日

組號	樣本 n	不良個數 np	不良率 p	$3\sqrt{\frac{\bar{p}(1-\bar{p})}{n}}$	UCL $\bar{p}+3\sqrt{\frac{\bar{p}(1-\bar{p})}{n}}$	LCL $\bar{p}-3\sqrt{\frac{\bar{p}(1-\bar{p})}{n}}$
1	240	12	0.05	0.039	0.081	0.003
2	240	8	0.033	0.039	0.081	0.003
3	240	12	0.05	0.039	0.081	0.003
4	240	10	0.042	0.039	0.081	0.003
5	200	7	0.035	0.0425	0.0845	0
6	200	10	0.05	0.0425	0.0845	0
7	200	8	0.04	0.0425	0.0845	0
8	260	15	0.058	0.0373	0.0793	0.0047
9	260	12	0.046	0.0373	0.0793	0.0047
10	260	7	0.027	0.0373	0.0793	0.0047
11	260	8	0.031	0.0373	0.0793	0.0047
12	300	14	0.047	0.0347	0.0767	0.0073
13	300	11	0.037	0.0347	0.0767	0.0073
14	300	14	0.047	0.0347	0.0767	0.0073
15	300	15	0.05	0.0347	0.0767	0.0073
16	300	16	0.053	0.0347	0.0767	0.0073
17	210	10	0.048	0.0415	0.0835	0.0005
18	210	8	0.038	0.0415	0.0835	0.0005
19	210	6	0.028			0
20	210	7	0.033	0.0415	0.0835	0.0005

解　$CL_P=\bar{p}=\frac{\Sigma d}{\Sigma n}=\frac{209}{4940}=0.042$

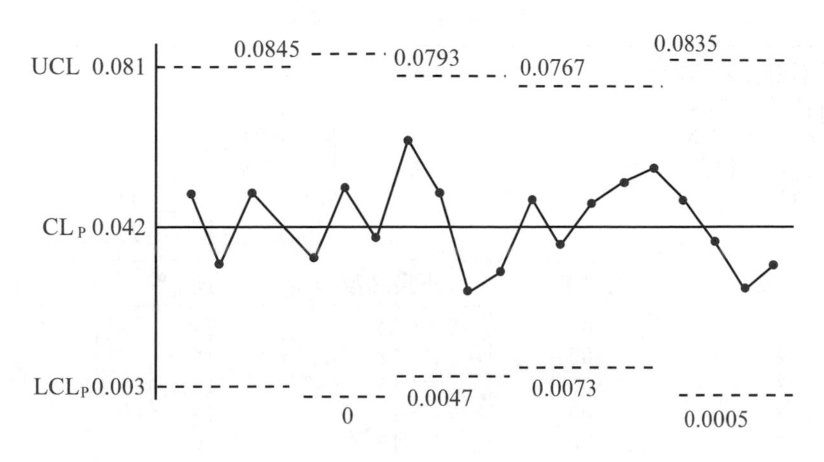

圖 8-1　p管制圖

2. 以平均樣本n計算

例題 8.2　某冷作沖床工廠沖打「易開罐」之蓋子，如果有裂痕即造成漏氣，無法使用，現每半小時抽查一次，全數檢驗，其不良數如表 8-2，試繪p管制圖。

解

$$CL_P=\overline{p}=\frac{\Sigma d}{\Sigma n}=\frac{273}{2390}=0.114=11.4\%$$

$$\overline{n}=\frac{\Sigma n}{k}=\frac{2390}{20}=119.5$$

$$UCL_P=\overline{p}+3\sqrt{\frac{\overline{p}(1-\overline{p})}{\overline{n}}}=11.4+\frac{3}{\sqrt{\overline{n}}}\times\sqrt{\overline{p}(1-\overline{p})}$$

$$=11.4+0.274\times31.8$$

$$=11.4+8.7132$$

$$=20.113\%\doteqdot20.11\%$$

$$LCL_P=\overline{p}-3\sqrt{\frac{\overline{p}(1-\overline{p})}{\overline{n}}}=11.4-8.7132=2.69\%$$

表 8-2　p管制圖用數據表

產品名稱：易開罐蓋　　製造單位：輕工一班
品質特性：裂痕　　製造命令：L204
測 定 者：XXX　　機械號碼：p004
測定方法：目測　　操 作 者：XXX
測定單位：品管組　　期　　間：自　年　月　日
至　年　月　日

組數	樣本數	不良品數	不良率%	備註
1	100	24	24	
2	100	18	18	
3	100	15	15	
4	100	13	13	
5	120	12	10	
6	120	14	11.6	
7	120	8	6.7	
8	120	18	15	
9	150	13	10.8	
10	150	10	8.3	
11	150	9	7.5	
12	160	20	16.6	
13	160	13	8.1	
14	110	8	7.2	
15	110	9	8.1	
16	110	12	10.9	
17	110	10	9.0	
18	100	14	14	
19	100	18	18	
20	100	15	15	

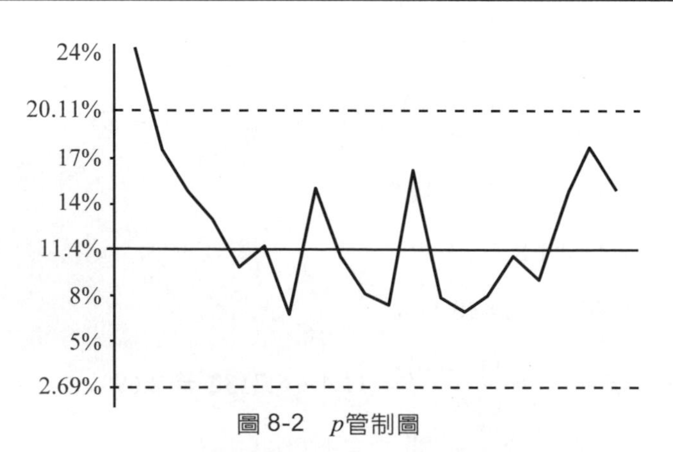

圖 8-2　p管制圖

3. 各組樣本數n相等時，有時也可作p管制圖

例題 8.3 某產品必需以電焊連接，如果發現有氣孔，即視爲不良品，每小時抽樣100個，將檢查所得不良品列於表8-3，試用不良率管制圖加以管制。

表 8-3　p管制圖用數據表

產品名稱：________　　製造單位：________
品質特性：________　　製造命令：________
測 定 者：________　　機械號碼：________
測定方法：________　　操 作 者：________
測定單位：________　　期　　間：自　年　月　日
　　　　　　　　　　　　　　　　至　年　月　日

組數	樣本數	不良品數	不良率	備　　註
1	100	12	12	
2	100	8	8	
3	100	14	14	
4	100	20	20	
5	100	18	18	
6	100	16	16	
7	100	22	22	
8	100	15	15	
9	100	14	14	
10	100	26	26	
11	100	10	10	
12	100	11	11	
13	100	12	12	
14	100	16	16	
15	100	18	18	
16	100	14	14	
17	100	21	21	
18	100	18	8	
19	100	26	26	
20	100	24	24	
21	100	18	18	
22	100	19	19	
23	100	20	20	
24	100	16	16	
25	100	15	15	

解

$$CL_P=\frac{\Sigma d}{\Sigma n}=\frac{423}{100\times 25}=0.1692=16.92\%$$

$$UCL_P=\bar{p}+3\sqrt{\frac{\bar{p}(1-\bar{p})}{n}}=16.9+\frac{3}{\sqrt{n}}\times\sqrt{\bar{p}(1-\bar{p})}$$

$$=16.9+0.3\times 37.5=16.9+11.25=28.15\%$$

$$LCL_P=\bar{p}-3\sqrt{\frac{\bar{p}(1-\bar{p})}{n}}=5.65\%$$

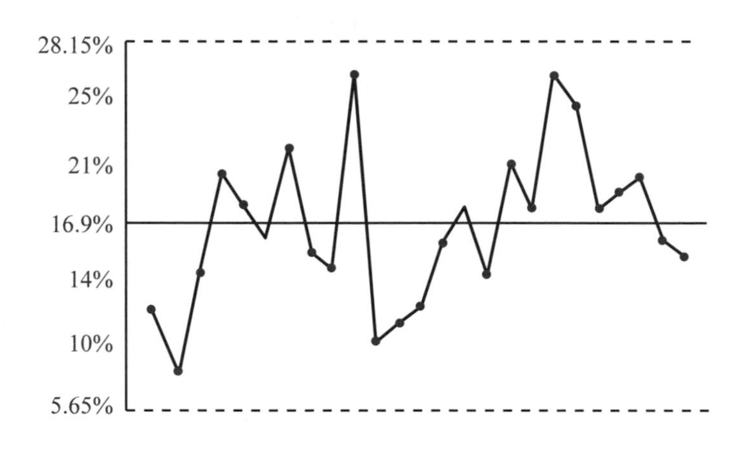

圖 8-3　不良率管制圖

四、不良率管制圖與適當的樣本數目

不良率管制圖與樣本數目之多寡有著密切的關係，若樣本數目太少，則影響群體的可靠性。若樣本的數目太多，則增加檢驗費用，所以在運用不良率管制圖時，應考慮每天抽取的次數、每次抽取樣本的數目，以求得正確的結果，並降低檢驗成本。特別是在計算不良率管制圖時，常有管制下限小於零的情形，所抽取的樣本數，最好能使管制圖下限大於或等於零才合乎實際，也就是管制圖的中心線減去 3 個標準差應大於或等於零。即

$$\bar{p}-3\sqrt{\frac{\bar{p}(1-\bar{p})}{n}}\geq 0$$

$$\bar{p}\geq 3\sqrt{\frac{\bar{p}(1-\bar{p})}{n}}$$

兩邊平方$\bar{p}^2\geq\dfrac{9\bar{p}(1-\bar{p})}{n}$

$$n\geq\frac{9\bar{p}(1-\bar{p})}{\bar{p}^2}$$

$$n\geq\frac{9\bar{p}(1-\bar{p})}{\bar{p}}$$

例如：平均不良率$\bar{p}=0.04$代入上式

$$n\geq\frac{9(1-\bar{p})}{\bar{p}}$$

$$n\geq\frac{9(1-0.04)}{0.04}$$

$$n\geq 216$$

即表示抽樣數在$\bar{p}=0.04$時必需等於或大於216才會使管制下限大於或等於零。

由例1～例3知道，若各組樣本數相等時，僅計算一個管制界限，但若各組樣本數不相等時，即分別使用各組的樣本數，計算各組不同的管制界限，爲使計算簡便，可查表8-4、8-5計算其管制上限與管制下限。

表 8-4　從n求出$A=3/\sqrt{n}$的表(P 管制圖用)

n	A	n	A	n	A	n	A
1	3.00	51	0.42	105	0.293	510	0.133
2	2.12	52	0.42	110	0.286	520	0.132
3	1.73	53	0.41	115	0.280	530	0.130
4	1.50	54	0.41	120	0.274	540	0.129
5	1.34	55	0.40	125	0.268	550	0.128
6	1.22	56	0.40	130	0.263	560	0.127
7	1.13	57	0.40	135	0.258	570	0.126
8	1.06	58	0.39	140	0.254	580	0.125
9	1.00	59	0.39	145	0.249	590	0.124
10	0.95	60	0.39	150	0.245	600	0.122
11	0.90	61	0.38	155	0.241	610	0.121
12	0.87	62	0.38	160	0.238	620	0.120
13	0.83	63	0.38	165	0.234	630	0.120
14	0.80	64	0.38	170	0.230	640	0.119
15	0.77	65	0.37	175	0.227	650	0.118
16	0.75	66	0.37	180	0.224	660	0.117
17	0.73	67	0.37	185	0.221	670	0.116
18	0.71	68	0.36	190	0.218	680	0.115
19	0.69	69	0.36	195	0.215	690	0.114
20	0.67	70	0.36	200	0.212	700	0.113
21	0.65	71	0.36	210	0.207	710	0.113
22	0.64	72	0.35	220	0.202	720	0.112
23	0.63	73	0.35	230	0.198	730	0.111
24	0.61	74	0.35	240	0.194	740	0.110
25	0.60	75	0.35	250	0.190	750	0.110
26	0.59	76	0.34	260	0.186	760	0.109
27	0.58	77	0.34	270	0.183	770	0.108
28	0.57	78	0.34	280	0.179	780	0.107
29	0.56	79	0.34	290	0.176	790	0.107
30	0.55	80	0.34	300	0.173	800	0.106
31	0.54	81	0.33	310	0.170	810	0.105
32	0.53	82	0.33	320	0.168	820	0.105
33	0.52	83	0.33	330	0.165	830	0.104
34	0.51	84	0.33	340	0.163	840	0.104
35	0.51	85	0.33	350	0.160	850	0.103
36	0.50	86	0.33	360	0.158	860	0.102
37	0.50	87	0.32	370	0.156	870	0.102
38	0.49	88	0.32	380	0.154	880	0.101
39	0.48	89	0.32	390	0.152	890	0.101
40	0.47	90	0.32	400	0.150	900	0.100
41	0.47	91	0.31	410	0.148	910	0.099
42	0.46	92	0.31	420	0.146	920	0.099
43	0.46	93	0.31	430	0.145	930	0.098
44	0.45	94	0.31	440	0.143	940	0.098
45	0.45	95	0.31	450	0.141	950	0.097
46	0.44	96	0.31	460	0.140	960	0.097
47	0.44	97	0.30	470	0.138	970	0.096
48	0.43	98	0.30	480	0.137	980	0.096
49	0.43	99	0.30	490	0.136	990	0.095
50	0.42	100	0.30	500	0.134	1000	0.095

$\pm 3\sqrt{\dfrac{\overline{p}(1-\overline{p})}{n}}=\overline{p}\pm A\sqrt{\overline{p}(1-\overline{p})}$

以在此表求出A，在 8-5 求出$\sqrt{\overline{p}(1-\overline{p})}$作計算。

表 8-5　從$\bar{p}$[%]求出$\sqrt{\bar{p}(1-\bar{p})}$[%]的表(P 管制圖用)

$\bar{p}$	$\sqrt{\bar{p}(1-\bar{p})}$	$\bar{p}$	$\sqrt{\bar{p}(1-\bar{p})}$	$\bar{p}$	$\sqrt{\bar{p}(1-\bar{p})}$	$\bar{p}$	$\sqrt{\bar{p}(1-\bar{p})}$
0.1%	3.16%	5.1%	22.0%	10.2%	30.3%	20.5%	40.4%
0.2	4.47	5.2	22.2	10.4	30.5	21.0	40.7
0.3	5.47	5.3	22.4	10.6	30.8	21.5	41.1
0.4	6.31	5.4	22.6	10.8	31.0	22.0	41.4
0.5	7.05	5.5	22.8	11.0	31.3	22.5	41.8
0.6	7.72	5.6	23.0	11.2	31.5	23.0	42.1
0.7	8.34	5.7	23.2	11.4	31.8	23.5	42.4
0.8	8.91	5.8	23.4	11.6	32.0	24.0	42.7
0.9	9.44	5.9	23.6	11.8	32.3	24.5	43.0
1.0	9.95	6.0	23.7	12.0	32.5	25.0	43.3
1.1	10.43	6.1	23.9	12.2	32.7	25.5	43.6
1.2	10.89	6.2	24.1	12.4	33.0	26.0	43.9
1.3	11.33	6.3	24.3	12.6	33.2	26.5	44.1
1.4	11.75	6.4	24.5	12.8	33.4	27.0	44.4
1.5	12.16	6.5	24.7	13.0	33.6	27.5	44.7
1.6	12.55	6.6	24.8	13.2	33.8	28.0	44.9
1.7	12.93	6.7	25.0	13.4	34.1	28.5	45.1
1.8	13.30	6.8	25.2	13.6	34.3	29.0	45.4
1.9	13.65	6.9	25.3	13.8	34.5	29.5	45.6
2.0	14.00	7.0	25.5	14.0	34.7	30.0	45.8
2.1	14.34	7.1	25.7	14.2	34.9	30.5	46.0
2.2	14.67	7.2	25.9	14.4	35.1	31.0	46.2
2.3	14.99	7.3	26.0	14.6	35.3	31.5	46.5
2.4	15.30	7.4	26.2	14.8	35.5	32.0	46.6
2.5	15.61	7.5	26.3	15.0	35.7	32.5	46.8
2.6	15.91	7.6	26.5	15.2	35.9	33.0	47.0
2.7	16.21	7.7	26.7	15.4	36.1	33.5	47.2
2.8	16.50	7.8	26.8	15.6	36.3	34.0	47.4
2.9	16.78	7.9	27.0	15.8	36.5	34.5	47.5
3.0	17.06	8.0	27.1	16.0	36.7	35.0	47.7
3.1	17.33	8.1	27.3	16.2	36.8	35.5	47.9
3.2	17.60	8.2	27.4	16.4	37.0	36.0	48.0
3.3	17.87	8.3	27.6	16.6	37.2	36.5	48.1
3.4	18.12	8.4	27.7	16.8	37.4	37.0	48.3
3.5	18.38	8.5	27.9	17.0	37.6	37.5	48.4
3.6	18.63	8.6	28.0	17.2	37.7	38.0	48.5
3.7	18.88	8.7	28.2	17.4	37.9	38.5	48.7
3.8	19.12	8.8	28.3	17.6	38.1	39.0	48.8
3.9	19.36	8.9	28.5	17.8	38.3	39.5	48.9
4.0	19.60	9.0	28.6	18.0	38.4	40.0	49.0
4.1	19.83	9.1	28.8	18.2	38.6	41.0	49.2
4.2	20.06	9.2	28.9	18.4	38.7	42.0	49.4
4.3	20.29	9.3	29.0	18.6	38.9	43.0	49.5
4.4	20.51	9.4	29.2	18.8	39.1	44.0	49.6
4.5	20.73	9.5	29.3	19.0	39.2	45.0	49.7
4.6	20.95	9.6	29.5	19.2	39.4	46.0	49.8
4.7	21.16	9.7	29.6	19.4	39.5	47.0	49.9
4.8	21.38	9.8	29.7	19.6	39.7	48.0	50.0
4.9	21.59	9.9	29.9	19.8	39.8	49.0	50.0
5.0%	21.79%	10.0%	30.0%	20.0%	40.0%	50.0%	50.5%

註：此表以%表現$\bar{p}$及$\sqrt{\bar{p}(1-\bar{p})}$

例：從$n=50$的管制圖計算的$\bar{p}$如果是 0.037，這是 3.7%，所以從此表求出$\sqrt{\bar{p}(1-\bar{p})}$即成爲 18.9%。

管制界限是$\bar{p}\pm3\sqrt{\dfrac{\bar{p}(1-\bar{p})}{n}}=\bar{p}\pm A\sqrt{\bar{p}(1-\bar{p})}$，因此從表 8-4 求出對$n=50$的$A=0.42$

$UCL=3.7+0.42\times18.9=3.7+7.94=11.64$，$LCL=3.7-0.42\times18.9=-$(不考慮)。

表 8-6　從$\bar{p}_n$求出$3\sqrt{\bar{p}_n}$的表(p_n管制圖用、C管制圖用、U管制圖用)

$\bar{p}_n$	$3\sqrt{\bar{p}_n}$	$\bar{p}_n$	$3\sqrt{\bar{p}_n}$	$\bar{p}_n$	$3\sqrt{\bar{p}_n}$	$\bar{p}_n$	$3\sqrt{\bar{p}_n}$	$\bar{p}_n$	$3\sqrt{\bar{p}_n}$	$\bar{p}_n$	$3\sqrt{\bar{p}_n}$	$\bar{p}_n$	$3\sqrt{\bar{p}_n}$	$\bar{p}_n$	$3\sqrt{\bar{p}_n}$
1.01	3.01	1.51	3.69	2.01	4.25	2.51	4.75	3.01	5.20	3.51	5.62	4.01	6.01	4.51	6.37
1.02	3.03	1.52	3.70	2.02	4.26	2.52	4.76	3.02	5.21	3.52	5.63	4.02	6.01	4.52	6.38
1.03	3.04	1.53	3.71	2.03	4.27	2.53	4.77	3.03	5.22	3.53	5.64	4.03	6.02	4.53	6.39
1.04	3.06	1.54	3.72	2.04	4.28	2.54	4.78	3.04	5.23	3.54	5.64	4.04	6.03	4.54	6.39
1.05	3.07	1.55	3.73	2.05	4.30	2.55	4.79	3.05	5.24	3.55	5.65	4.05	6.04	4.55	6.40
1.06	3.09	1.56	3.75	2.06	4.31	2.56	4.80	3.06	5.25	3.56	5.66	4.06	6.04	4.56	6.41
1.07	3.10	1.57	3.76	2.07	4.32	2.57	4.81	3.07	5.26	3.57	5.67	4.07	6.05	4.57	6.41
1.08	3.12	1.58	3.77	2.08	4.33	2.58	4.82	3.08	5.26	3.58	5.68	4.08	6.06	4.58	6.42
1.09	3.13	1.59	3.78	2.09	4.34	2.59	4.83	3.09	5.27	3.59	5.68	4.09	6.07	4.59	6.43
1.10	3.15	1.60	3.79	2.10	4.35	2.60	4.84	3.10	5.28	3.60	5.69	4.10	6.07	4.60	6.43
1.11	3.16	1.61	3.81	2.11	4.36	2.61	4.85	3.11	5.29	3.61	5.70	4.11	6.08	4.61	6.44
1.12	3.17	1.62	3.82	2.12	4.37	2.62	4.86	3.12	5.30	3.62	5.71	4.12	6.09	4.62	6.45
1.13	3.19	1.63	3.83	2.13	4.38	2.63	4.87	3.13	5.31	3.63	5.72	4.13	6.10	4.63	6.46
1.14	3.20	1.64	3.84	2.14	4.39	2.64	4.87	3.14	5.32	3.64	5.72	4.14	6.10	4.64	6.46
1.15	3.22	1.65	3.85	2.15	4.40	2.65	4.88	3.15	5.32	3.65	5.73	4.15	6.11	4.65	6.47
1.16	3.23	1.66	3.87	2.16	4.41	2.66	4.89	3.16	5.33	3.66	5.74	4.16	6.12	4.66	6.48
1.17	3.24	1.67	3.88	2.17	4.42	2.67	4.90	3.17	5.34	3.67	5.75	4.17	6.13	4.67	6.49
1.18	3.26	1.68	3.89	2.18	4.43	2.68	4.91	3.18	5.35	3.68	5.75	4.18	6.13	4.68	6.49
1.19	3.27	1.69	3.90	2.19	4.44	2.69	4.92	3.19	5.36	3.69	5.76	4.19	6.14	4.69	6.50
1.20	3.29	1.70	3.91	2.20	4.45	2.70	4.93	3.20	5.37	3.70	5.77	4.20	6.15	4.70	6.50
1.21	3.30	1.71	3.92	2.21	4.46	2.71	4.94	3.21	5.37	3.71	5.78	4.21	6.16	4.71	6.51
1.22	3.31	1.72	3.93	2.22	4.47	2.72	4.95	3.22	5.38	3.72	5.79	4.22	6.16	4.72	6.52
1.23	3.33	1.73	3.95	2.23	4.48	2.73	4.96	3.23	5.39	3.73	5.79	4.23	6.17	4.73	6.52
1.24	3.34	1.74	3.96	2.24	4.49	2.74	4.97	3.24	5.40	3.74	5.80	4.24	6.18	4.74	6.53
1.25	3.35	1.75	3.97	2.25	4.50	2.75	4.97	3.25	5.41	3.75	5.81	4.25	6.18	4.75	6.54
1.26	3.37	1.76	3.98	2.26	4.51	2.76	4.98	3.26	5.42	3.76	5.82	4.26	6.19	4.76	6.55
1.27	3.38	1.77	3.99	2.27	4.52	2.77	4.99	3.27	5.42	3.77	5.82	4.27	6.20	4.77	6.55
1.28	3.39	1.78	4.00	2.28	4.53	2.78	5.00	3.28	5.43	3.78	5.83	4.28	6.21	4.78	6.56
1.29	3.41	1.79	4.01	2.29	4.54	2.79	5.01	3.29	5.44	3.79	5.84	4.29	6.21	4.79	6.56
1.30	3.42	1.80	4.02	2.30	4.55	2.80	5.02	3.30	5.45	3.80	5.85	4.30	6.22	4.80	6.57
1.31	3.43	1.81	4.04	2.31	4.56	2.81	5.03	3.31	5.46	3.81	5.86	4.31	6.23	4.81	6.58
1.32	3.45	1.82	4.05	2.32	4.57	2.82	5.04	3.32	5.47	3.82	5.86	4.32	6.24	4.82	6.59
1.33	3.46	1.83	4.06	2.33	4.58	2.83	5.05	3.33	5.47	3.83	5.87	4.33	6.24	4.83	6.59
1.34	3.47	1.84	4.07	2.34	4.59	2.84	5.06	3.34	5.48	3.84	5.88	4.34	6.25	4.84	6.60
1.35	3.49	1.85	4.08	2.35	4.60	2.85	5.06	3.35	5.49	3.85	5.89	4.35	6.26	4.85	6.61
1.36	3.50	1.86	4.09	2.36	4.61	2.86	5.07	3.36	5.50	3.86	5.89	4.36	6.26	4.86	6.61
1.37	3.51	1.87	4.10	2.37	4.62	2.87	5.08	3.37	5.51	3.87	5.90	4.37	6.27	4.87	6.62
1.38	3.52	1.88	4.11	2.38	4.63	2.88	5.09	3.38	5.52	3.88	5.91	4.38	6.28	4.88	6.63
1.39	3.54	1.89	4.12	2.39	4.64	2.89	5.10	3.39	5.52	3.89	5.92	4.39	6.29	4.89	6.63
1.40	3.55	1.90	4.14	2.40	4.65	2.90	5.11	3.40	5.53	3.90	5.92	4.40	6.29	4.90	6.64
1.41	3.56	1.91	4.15	2.41	4.66	2.91	5.12	3.41	5.54	3.91	5.93	4.41	6.30	4.91	6.65
1.42	3.57	1.92	4.16	2.42	4.67	2.92	5.13	3.42	5.55	3.92	5.94	4.42	6.31	4.92	6.65
1.43	3.59	1.93	4.17	2.43	4.68	2.93	5.14	3.43	5.56	3.93	5.95	4.43	6.31	4.93	6.66
1.44	3.60	1.94	4.18	2.44	4.69	2.94	5.14	3.44	5.57	3.94	5.95	4.44	6.32	4.94	6.67
1.45	3.61	1.95	4.19	2.45	4.70	2.95	5.15	3.45	5.58	3.95	5.96	4.45	6.33	4.95	6.67
1.46	3.62	1.96	4.20	2.46	4.71	2.96	5.16	3.46	5.59	3.96	5.97	4.46	6.34	4.96	6.68
1.47	3.64	1.97	4.21	2.47	4.71	2.97	5.17	3.47	5.59	3.97	5.98	4.47	6.34	4.97	6.69
1.48	3.65	1.98	4.22	2.48	4.72	2.98	5.18	3.48	5.60	3.98	5.98	4.48	6.35	4.98	6.69
1.49	3.66	1.99	4.23	2.49	4.73	2.99	5.19	3.49	5.60	3.99	5.99	4.49	6.36	4.99	6.70
1.50	3.67	2.00	4.24	2.50	4.74	3.00	5.20	3.50	5.61	4.00	6.00	4.50	6.36	5.00	6.71

註：如要求出C管制圖的管制界限，要讀成$\bar{p}_n=c$，計算$\bar{c}\pm3\sqrt{\bar{c}}$。使用於$U$管制圖用即讀成$\bar{p}_n=\bar{u}$。

$\bar{u}\pm3\sqrt{\dfrac{\bar{u}}{n}}=\bar{u}\pm3\sqrt{\bar{u}}\times\dfrac{1}{\sqrt{N}}$，所以在此表求出$3\sqrt{\bar{u}}$，在表 4-12 求出$\dfrac{1}{\sqrt{n}}$作計算。

8-3 不良數管制圖

在 8-2 節已經述及，當樣本數每次均相等時，一般採取np chart，有時亦稱為d chart。

一、不良數管制圖計算公式

$$中心線 CL_{np}=n\bar{p}=\bar{d}=\frac{\Sigma d}{k}$$

$$管制上限 UCL_{np}=n\bar{p}+3\sqrt{n\bar{p}(1-\bar{p})}$$

$$管制下限 LCL_{np}=n\bar{p}-3\sqrt{n\bar{p}(1-\bar{p})}$$

二、管制圖實例

例題 8.4 將例 8.3 之數據，利用不良數管制圖計算管制界限。

解

$CL_{np}=\bar{d}=\frac{\Sigma d}{k}=\frac{423}{25}=16.92$，$\bar{p}=16.9\%$

$n\bar{p}=100\times0.169=16.9$

$$\begin{aligned}UCL_{np}&=n\bar{p}+3\sqrt{n\bar{p}(1-\bar{p})}\\&=16.92+3\sqrt{n\bar{p}}\times\sqrt{(1-\bar{p})}\\&=16.92+12.33\times0.911=16.92+11.23\\&=28.15\end{aligned}$$

$LCL_{np}=16.92-11.23=5.69$

上列數據可查表 8-7。

表 8-7　從$\overline{p}$求出$\sqrt{1-\overline{p}}$的圖(p_n管制圖用)

$\overline{p}$	$\sqrt{1-\overline{p}}$	$\overline{p}$	$\sqrt{1-\overline{p}}$
0.005	1.00	0.255	0.86
0.010	1.00	0.260	0.86
0.015	0.99	0.265	0.86
0.020	0.99	0.270	0.85
0.025	0.99	0.275	0.85
0.030	0.99	0.280	0.85
0.035	0.98	0.285	0.85
0.040	0.98	0.290	0.84
0.045	0.98	0.295	0.84
0.050	0.98	0.300	0.84
0.055	0.97	0.305	0.83
0.060	0.97	0.310	0.83
0.065	0.97	0.315	0.83
0.070	0.96	0.320	0.83
0.075	0.96	0.325	0.82
0.080	0.96	0.330	0.82
0.085	0.96	0.335	0.82
0.090	0.95	0.340	0.81
0.095	0.95	0.345	0.81
0.100	0.95	0.350	0.81
0.105	0.95	0.355	0.80
0.110	0.94	0.360	0.80
0.115	0.94	0.365	0.80
0.120	0.94	0.370	0.79
0.125	0.94	0.375	0.79
0.130	0.93	0.380	0.79
0.135	0.93	0.385	0.78
0.140	0.93	0.390	0.78
0.145	0.93	0.395	0.78
0.150	0.92	0.400	0.78
0.155	0.92	0.405	0.77
0.160	0.92	0.410	0.77
0.165	0.91	0.415	0.77
0.170	0.91	0.420	0.76
0.175	0.91	0.425	0.76
0.180	0.91	0.430	0.76
0.185	0.90	0.435	0.75
0.190	0.90	0.440	0.75
0.195	0.90	0.445	0.75
0.200	0.89	0.450	0.74
0.205	0.89	0.455	0.74
0.210	0.89	0.460	0.74
0.215	0.89	0.465	0.73
0.220	0.88	0.470	0.73
0.225	0.88	0.475	0.73
0.230	0.88	0.480	0.72
0.235	0.88	0.485	0.72
0.240	0.87	0.490	0.71
0.245	0.87	0.495	0.71
0.250	0.87	0.500	0.71

註：如要求出P_n管制圖的管制界限，它是

$$\overline{p}_n \pm 3\sqrt{\overline{p}_n(1-\overline{p})} = \overline{p}_n \pm 3\sqrt{\overline{p}_n} \times \sqrt{1-\overline{p}}$$

所以從表 10-10 求$3\sqrt{\overline{p}_n}$，從表 10-11 求$\sqrt{1-\overline{p}}$作計算。

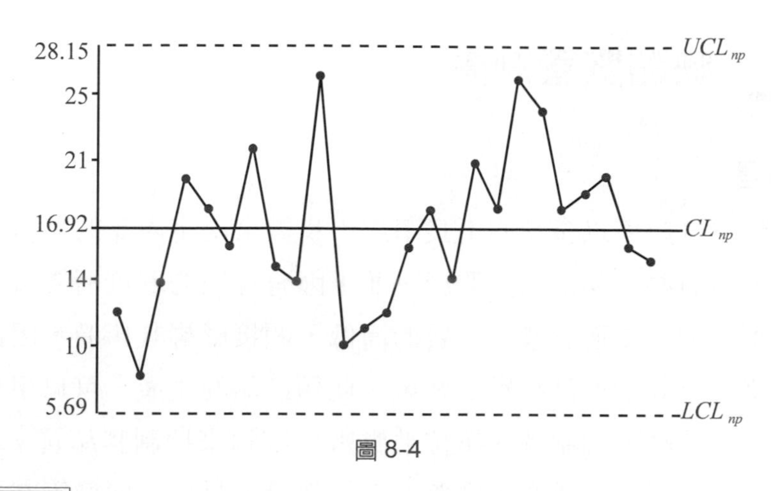

圖 8-4

類題練習

電容器生產工廠，必需做測試，合格爲良品，不合格爲不良品，今每小時抽樣 200 個，其不良數列表於表 8-8，試繪 *np* chart。

表 8-8　不良數管制圖用數據表

產品名稱：電容器　　製造單位：製一課
品質特性：優劣　　製造命令：M421
測 定 者：XXX　　機械號碼：
測定方法：試電流　　操 作 者：
測定單位：品管組　　期　　間：自　年　月　日
至　年　月　日

組數	樣本數	不良數	組數	樣本數	不良數	備　　註
1	200	14	14	200	16	
2	200	21	15	200	15	
3	200	18	16	200	14	
4	200	17	17	200	18	
5	200	26	18	200	24	
6	200	12	19	200	16	
7	200	14	20	200	20	
8	200	18	21	200	18	
9	200	17	22	200	19	
10	200	16	23	200	20	
11	200	20	24	200	21	
12	200	18	25	200	24	
13	200	8				

8-4 缺點數管制圖

一、前言

8-2、8-3節係以產品的不良率或不良數來決定產品的品質，而加以管制。不過有些產品雖然有瑕疵，並不因有輕微的瑕疵而視爲廢品，只是每因瑕疵的輕重而影響其品質的高低，間接影響其售價，因此，常以瑕疵的數目來表示產品品質之好壞，此類產品的生產，可以用瑕疵管制圖——包含缺點數管制圖、單位缺點數管制圖來控制其品質。

缺點數管制圖的樣本，應取一定的數量、長度、面積等在相同的條件下比較產品的優劣，例如每單位塑膠布的污點數，某項機件每週或每月的故障次數，電線的漏電處數、橡皮的裂痕數等皆用缺點數管制圖。

二、缺點數管制圖計算公式

中心線$CK_C=\bar{c}=\frac{\Sigma c}{k}$

管制上限$UCL_C=\bar{c}+3\sqrt{\bar{c}}$

管制下限$LCL_C=\bar{c}-3\sqrt{\bar{c}}$

[c表示樣本的缺點數，k表示組數]

三、管制圖實例

例題 8.5 塑膠布上的污點，會影響產品外表的美觀，其污點如大於0.5mm²都即記錄一個缺點，今將檢查表記錄於下：

解 $CL_C=\bar{c}=\frac{\Sigma c}{k}=\frac{117}{30}=3.9$

$UCL_C=\bar{c}+3\sqrt{\bar{c}}=3.9+3\sqrt{3.9}=9.82$

$LCL_C=\bar{c}-3\sqrt{\bar{c}}=3.9-3\sqrt{3.9}=0$

表 8-9　缺點數管制圖用數據表

產品名稱：塑膠布　　　　製造單位：製二課
品質特性：污點　　　　　製造命令：S204
測 定 者：XXX　　　　　機械號碼：
測定方法：目測　　　　　操 作 者：
測定單位：品管組　　　　期　　間：自　年　月　日
　　　　　　　　　　　　　　　　　至　年　月　日

組數	缺點數	備註	組數	缺點數	備註	組數	缺點數	備註
1	4		11	4		21	2	
2	2		12	6		22	4	
3	0		13	7		23	5	
4	1		14	12		24	3	
5	3		15	4		25	2	
6	5		16	3		26	1	
7	7		17	2		27	4	
8	8		18	1		28	5	
9	9		19	0		29	6	
10	2		20	4		30	1	
						合計	117	

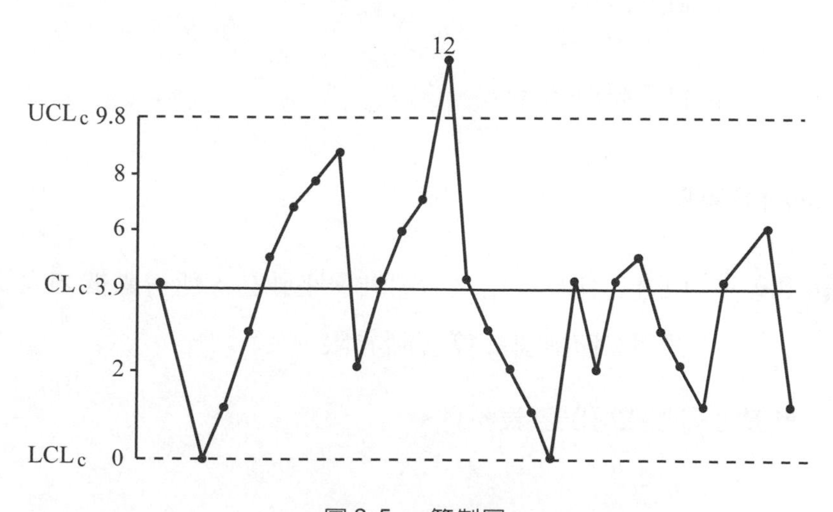

圖 8-5　*c*管制圖

8-5 單位缺點數管制圖

一、前言

如果產品樣本數相等求其缺點管制時，用C管制圖較為方便。但產品每一批有時長度不相等、面積不相等、或樣本數不相等時，需要計算每一單位的平均缺點數，則利用U管制圖分別計算管制界限。

二、U管制圖計算公式

$$U=\frac{c}{n}$$

c表示樣本中之缺點數

n表示樣本數

中心線$CL_U=\overline{U}=\dfrac{\Sigma c}{\Sigma n}$

管制上限$UCL_U=\overline{U}+3\sqrt{\dfrac{\overline{U}}{n}}$

管制下限$LCL_U=\overline{U}-3\sqrt{\dfrac{\overline{U}}{n}}$

三、管制圖實例

例題 8.6 檢查工作母機用之1/2"軸承座砂孔，所得數據如表8-10，試用U管制圖計算管制界限。

解 計算上列數據可以查表 8-11。

表 8-10　單位缺點數管制圖用數據表

產品名稱：軸承座　　製造單位：鑄造組
品質特性：砂孔　　製造命令：S108
測 定 者：XXX　　機械號碼：
測定方法：目測　　操 作 者：
測定單位：品管組　　期　　間：自　年　月　日
至　年　月　日

組數	樣本數 n	缺點數 c	單位缺點數 U	$\frac{1}{\sqrt{n}}$	UCL $\overline{U}+3\sqrt{\overline{U}}\times\frac{1}{\sqrt{n}}$	LCL $\overline{U}-3\sqrt{\overline{U}}\times\frac{1}{\sqrt{n}}$
1	80	482	6.0	0.113	2.61	1.63
2	80	186	2.33	0.113	2.61	1.63
3	80	258	3.23	0.113	2.61	1.63
4	80	321	4.02	0.113	2.61	1.63
5	100	424	4.24	0.100	2.557	1.683
6	100	320	3.2	0.100	2.557	1.683
7	100	176	1.76	0.100	2.557	1.683
8	100	285	2.85	0.100	2.557	1.683
9	150	254	1.60	0.082	2.48	1.76
10	150	186	1.24	0.082	2.48	1.76
11	150	195	1.30	0.082	2.48	1.76
12	150	256	1.71	0.082	2.48	1.76
13	150	145	0.97	0.082	2.48	1.76
14	150	186	1.24	0.082	2.48	1.76
15	200	326	1.63	0.071	2.43	1.81
16	200	428	2.14	0.071	2.43	1.81
17	200	486	2.43	0.071	2.43	1.81
18	200	385	1.93	0.071	2.43	1.81
19	200	326	1.63	0.071	2.43	1.81
20	200	341	1.71	0.071	2.43	1.81
合計	2820	5966	$\overline{U}=\frac{5966}{2820}=2.12$			

表 8-11　從n來求$1/\sqrt{n}$的表(U管制圖用)

n	$1/\sqrt{n}$	n	$1/\sqrt{n}$	n	$1/\sqrt{n}$	n	$1/\sqrt{n}$
0.01	10.00	0.51	1.40	1.05	0.976	5.10	0.443
0.02	7.07	0.52	1.39	1.10	0.953	5.20	0.439
0.03	5.77	0.53	1.37	1.15	0.933	5.30	0.434
0.04	5.00	0.54	1.36	1.20	0.913	5.40	0.430
0.05	4.47	0.55	1.35	1.25	0.894	5.50	0.426
0.06	4.08	0.56	1.34	1.30	0.877	5.60	0.423
0.07	3.78	0.57	1.32	1.35	0.861	5.70	0.419
0.08	3.54	0.58	1.31	1.40	0.845	5.80	0.415
0.09	3.33	0.59	1.30	1.45	0.830	5.90	0.412
0.10	3.16	0.60	1.29	1.50	0.816	6.00	0.408
0.11	3.02	0.61	1.28	1.55	0.803	6.10	0.405
0.12	2.89	0.62	1.27	1.60	0.791	6.20	0.402
0.13	2.77	0.63	1.26	1.65	0.778	6.30	0.398
0.14	2.67	0.64	1.25	1.70	0.767	6.40	0.395
0.15	2.58	0.65	1.24	1.75	0.756	6.50	0.392
0.16	2.50	0.66	1.23	1.80	0.745	6.60	0.389
0.17	2.43	0.67	1.22	1.85	0.735	6.70	0.386
0.18	2.36	0.68	1.21	1.90	0.725	6.80	0.383
0.19	2.29	0.69	1.20	1.95	0.716	6.90	0.381
0.20	2.24	0.70	1.20	2.00	0.707	7.00	0.378
0.21	2.18	0.71	1.19	2.10	0.690	7.10	0.375
0.22	2.13	0.72	1.18	2.20	0.674	7.20	0.373
0.23	2.09	0.73	1.17	2.30	0.659	7.30	0.370
0.24	2.04	0.74	1.16	2.40	0.645	7.40	0.368
0.25	2.00	0.75	1.15	2.50	0.632	7.50	0.365
0.26	1.96	0.76	1.15	2.60	0.620	7.60	0.363
0.27	1.92	0.77	1.14	2.70	0.609	7.70	0.360
0.28	1.89	0.78	1.13	2.80	0.598	7.80	0.358
0.29	1.86	0.79	1.13	2.90	0.587	7.90	0.356
0.30	1.83	0.80	1.12	3.00	0.577	8.00	0.354
0.31	1.80	0.81	1.11	3.10	0.568	8.10	0.351
0.32	1.77	0.82	1.10	3.20	0.559	8.20	0.349
0.33	1.74	0.83	1.10	3.30	0.550	8.30	0.347
0.34	1.71	0.84	1.09	3.40	0.542	8.40	0.345
0.35	1.69	0.85	1.08	3.50	0.535	8.50	0.343
0.36	1.67	0.86	1.08	3.60	0.527	8.60	0.341
0.37	1.64	0.87	1.07	3.70	0.520	8.70	0.339
0.38	1.62	0.88	1.07	3.80	0.513	8.80	0.337
0.39	1.60	0.89	1.06	3.90	0.506	8.90	0.335
0.40	1.58	0.90	1.05	4.00	0.500	9.00	0.333
0.41	1.56	0.91	1.05	4.10	0.494	9.10	0.331
0.42	1.54	0.92	1.04	4.20	0.488	9.20	0.330
0.43	1.52	0.93	1.04	4.30	0.482	9.30	0.328
0.44	1.51	0.94	1.03	4.40	0.477	9.40	0.326
0.45	1.49	0.95	1.03	4.50	0.471	9.50	0.324
0.46	1.47	0.96	1.02	4.60	0.467	9.60	0.323
0.47	1.46	0.97	1.02	4.70	0.461	9.70	0.321
0.48	1.44	0.98	1.01	4.80	0.456	9.80	0.319
0.49	1.43	0.99	1.01	4.90	0.452	9.90	0.318
0.50	1.41	1.00	1.00	5.00	0.447	10.00	0.316

注意：如要求出U管制圖的管制界限，它是

$\overline{u}\pm3\sqrt{\dfrac{\overline{u}}{n}}=\overline{u}\pm3\sqrt{\overline{u}}\times\dfrac{1}{\sqrt{n}}$因此從表 8-10 求$3\sqrt{\overline{u}}$，從此表求$\dfrac{1}{\sqrt{n}}$作計算。

表 8-12　求出C管制圖管制界限的表

(求管制上限的表)				(求管制下限的表)	
$\bar{c}$	*UCL*	$\bar{c}$	*UCL*	$\bar{c}$	*LCL*
0.000 0.091	1	10.35 11.03	21	0.00 8.99	–
0.092 0.315	2	11.04 11.72	22	9.00 10.90	0
0.316 0.626	3	11.73 12.42	23	10.91 12.68	1
0.627 1.00	4	12.43 13.12	24	12.69 14.37	2
1.01 1.42	5	13.13 13.83	25	14.38 15.99	3
1.43 1.88	6	13.84 14.55	26	16.00 17.57	4
1.89 2.37	7	14.56 15.27	27	17.58 19.11	5
2.38 2.89	8	15.28 16.00	28	19.12 20.62	6
2.90 3.43	9	16.01 16.72	29	20.63 22.10	7
3.44 4.00	10	16.73 17.46	30	22.11 23.56	8
4.01 4.57	11	17.47 18.20	31	23.57 24.99	9
4.58 5.17	12	18.21 18.94	32		
5.18 5.78	13	18.95 19.68	33		
5.79 6.41	14	19.69 20.43	34		
6.42 7.04	15	20.44 21.19	35		
7.05 7.68	16	21.21 21.94	36		
7.69 8.33	17	21.95 22.70	37		
8.34 9.00	18	22.71 23.46	38		
9.01 9.67	19	23.47 24.23	39		
9.68 10.34	20	24.24 25.00	40		

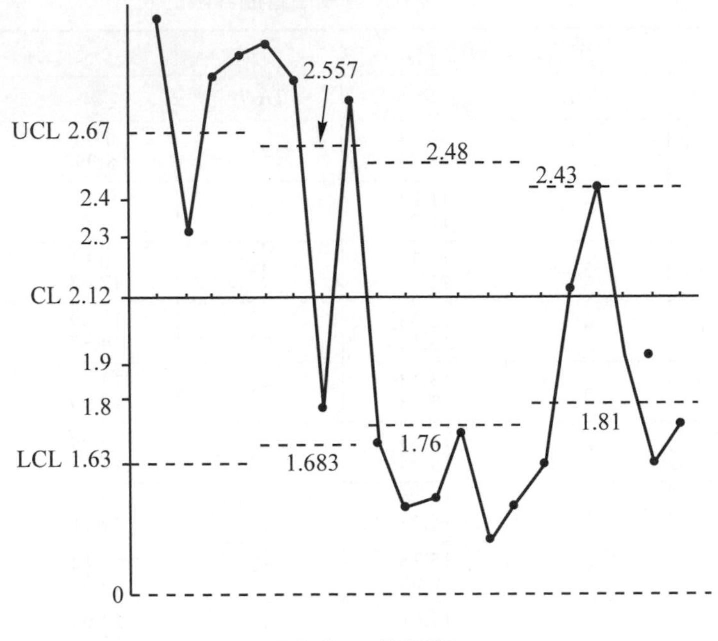

圖 8-6　*U*管制圖

本章所述及各節之計數值管制圖在製程管制上有相當高的價值，例如parato圖之應用，即須利用不良率管制圖，其餘特性要因的分析，又需缺點數的多寡來分析。

本章摘要

1. 工廠中有些產品之管制只能以計數值來管制，所以必須作計數值管制圖。
2. 每次抽取樣本數n不定時，採用不良率管制圖。
   每次抽取樣本數n一定時，採用不良數管制圖。
3. 不良率管制圖如LCL_p計算出來爲負時，以零計算。
4. 計數值管制圖有不良率管制圖、不良數管制圖、缺點數管制圖、單位缺點數管制圖。
5. 比方檢驗顏色、光滑度、堅韌度只能判斷合格與不合格，電燈泡亮與不亮，罐頭漏氣與不漏氣，電阻合格否，都必須以不良率或不良數管制圖。

習題

1. 計數值管制圖的功能如何？
2. 下列各情況應採用何種管制圖爲宜？
   (1) 鋼絲的拉力。
   (2) 膠布的污點數。
   (3) 鋼珠的硬度。
   (4) 鐵管的外徑及內徑。
   (5) 梨罐頭液汁糖的成份？
   (6) 每批布的跳線數？
   (7) 汽車烤漆的不良點數？
   (8) 鍋爐的壓力與溫度？
   (9) 紙張的厚度？
   (10) 棉紗的抗張力？
3. 說明使用不良率管制圖與不良數管制圖的異同？
4. 不良數或不良率管制圖中之樣本點代表什麼？若有樣本點超出管制上限時，表示有什麼變動？
5. 計算不良率管制圖之LCL常有出現負的機會，若$p = 0.025$時，抽樣數應爲多少才不會發生LCL爲負的現象？
6. 某工廠每半天隨機取樣100個樣本檢查產品的性能，今將一個月來(30天計)所檢查的結果，計算得不良率爲0.05，試計算其管制界限？
7. 某輪胎工廠生產機車外胎一批，預計20個工作天完工，今每天抽取樣本100個，其不良品數如下表，試用適用的品質管制圖加以管制？

表 8-13

組號	抽樣數	不良數	組號	抽樣數	不良數
1	100	21	11	100	12
2	100	19	12	100	13
3	100	18	13	100	16
4	100	15	14	100	11
5	100	11	15	100	9
6	100	9	16	100	12
7	100	14	17	100	10
8	100	18	18	100	8
9	100	7	19	100	6
10	100	9	20	100	5

8. 某工廠生產鐵鎚，柄部有橡膠套，因廠內無設備，必需託外生產，今配合廠內裝配生產需要，每天入庫一批數量不均，全數檢驗，如有破裂即爲不良品，其數據如下表，試作p管制圖。

表 8-14

組數	日期	樣本數	不良數	組數	日期	樣本數	不良數
1	5 月 2 日	1200	48	11	5 月 16 日	1080	142
2	3 日	1180	85	12	18 日	656	31
3	4 日	1080	85	13	19 日	987	72
4	5 日	920	67	14	20 日	1200	321
5	7 日	1260	110	15	21 日	1100	400
6	8 日	785	56	16	22 日	825	45
7	10 日	865	48	17	23 日	1260	84
8	12 日	1320	102	18	24 日	1120	108
9	13 日	1420	251	19	25 日	1085	121
10	14 日	895	63	20	26 日	865	49

9. 某生產電腦記憶板之電子工廠，其記憶板之線圈如有折痕、接頭不良、焊錫不良、或穿錯位置皆視爲一個缺點數，今檢查某種型式之記憶板，全數檢驗，每天檢驗100片，一個月來的缺點數如表 8-15，試作缺點數管制圖。

表 8-15

組數	日期	樣本數	缺點數	組數	日期	樣本數	缺點數
1	3 月 1 日	100	321	16	3 月 16 日	100	316
2	2 日	100	126	17	17 日	100	141
3	3 日	100	256	18	18 日	100	126
4	4 日	100	186	19	19 日	100	142
5	5 日	100	304	20	20 日	100	144
6	6 日	100	246	21	21 日	100	126
7	7 日	100	400	22	22 日	100	124
8	8 日	100	216	23	23 日	100	186
9	9 日	100	126	24	24 日	100	114
10	10 日	100	142	25	25 日	100	126
11	11 日	100	180	26	26 日	100	114
12	12 日	100	114	27	27 日	100	186
13	13 日	100	48	28	28 日	100	124
14	14 日	100	126	29	29 日	100	114
15	15 日	100	284	30	30 日	100	185

10. 電器工廠生產冰箱，其外部必須烤漆，但常有污點，經檢查 20 天冰箱，每天全數檢驗，獲得缺點數如表 8-16，試運用適當的管制圖加以管制。

表 8-16

組數	樣本數	缺點數	組數	樣本數	缺點數
1	48	92	11	48	136
2	72	124	12	55	165
3	58	135	13	60	180
4	58	168	14	70	142
5	60	132	15	70	158
6	60	148	16	60	134
7	80	126	17	60	156
8	75	214	18	100	216
9	75	205	19	75	186
10	45	126	20	85	174

11. 某工廠每天隨機選取產品 40 個為樣本，樣本大小相同，以檢查其產品特性，今將 30 天所檢查之結果統計得樣品總數為 1200 個，不良品總數為 56 個，試計算此項檢驗資料的中心管制線及上下管制界限。
12. 某廠每日隨機取樣 100 個樣本檢查產品之品質，今將 300 天檢查的結果計算其平均不良率為 0.05，試計算其管制界限。

9 章

• QUALITY CONTROL •

全面品質管制

全面品質管制(Total Quality Control)必須管理階層有決心來推動，除了管理階層參加品質訓練課程，組織品質推動委員會，參與品質的計畫與檢討外，當品質和別的目標衝突時，能將品質優先考慮。組織品質推動單位，由重要的地方開始，並且能達到兩項理念：

1. 培養員工自動自發、自我啓發、相互啓發的精神。
2. 提昇工作士氣，落實自主管理，提昇公司品質。

9-1 品管小組(品管圈)

一、品管小組之誕生

日本品質管制的技能與概念是第二次世界大戰後，由美國引進的，品質管制大致可分四階段：

1. 調查研究時期。
2. 導入統計方法的時期。
3. 以組織的力量加強品質管制的時期。
4. 品管小組時期。

在第二階段他們的教育對象是中階層人員，第三階段的對象是高階層人員，只有中高階層的人推行品管還不夠，必須動員全公司的人，包括現場人員，才能使品管工作發揮充分的效果，也才能使品管工作與現場工作，及整個企業的經營結爲一體。

要現場人員把品管工作貫徹到日常工作中，必須使他們先有正確觀念與方法，提高領班的領導能力，才能發生眞正效果，於是在 1960 年一月，日本科學技術連盟出版了一本世界首創的現場品質管制課本。到 1962 年 4 月該連盟品質管制雜誌編輯委員會，決定發行「現場與品管」雜誌，做爲現場品管啓蒙之用。

這份雜誌創刊時訂有下列方針：

1. 採用有益於教育、訓練現場工作人員之文章。
2. 價格要低廉到合乎現場工作人員能夠自費購買爲原則。
3. 鼓勵各現場以領班爲主，和在工作上有密切關係的同事組成小團體，稱爲「品管小組」(Quality Control Team，QCT)，以雜誌爲中心，互相啓發，務必使小組成爲現場品管活動的核心。

二、品管小組之組織

品管小組或稱品管圈(Quality Control Circle，QCC)，由於品管圈是爲了改善工廠產品品質爲主要工作，所以亦稱爲品質改善小組(Quality Improvement Team，QIT)。品管圈是一種運用腦力激盪會議方式以解決品管問題的小團體。此種活動是品質激勵的方法之一。總之，在同一工作地點，以自主的力量推行品質管制活動的小團體，這團體爲全公司品質管制活動的一環，不斷地實行自我啓發和互相啓發，活用品管技

術，推行工作場所的管理改善。

推行品管小組的組織活動有下列五點要點：

1. 品管圈的活動，由全體作業人員參加，係自動自發組成的，以領班或班長等基本幹部爲中心，每圈不超過二十人爲原則，若人數過多，檢討會無法自由發言，所以品管圈在企業界亦以團結圈稱呼。
2. 圈長應具備品管常識，須時常教育，訓練便能領導全體圈員、教育圈員。全廠品管圈成立時，經理或廠長指定研究改善目標。
3. 廠長、課長及品管人員，應對品管圈長教育協助，其圈長要有機會進修或參觀他廠。
4. 用柏拉圖不良解析圖分析，發現問題，並用特性要因分析問題。
5. 每隔一定時間，各品管圈間舉行討論，其品管圈的特性，由各圈聯合成立發表大會，並須造成圈員自由發言的氣氛。

三、品管小組之推行方法

1. 推行品管圈(小組)的工作內容

(1) 培養正確的觀念：品管小組活動雖是一種現場人員自主性活動，但它到底是公司內品管活動的一環，需要高階層人員的支持，中層幹部的領導與協助，因此推行之先，中高階層的人必須先有基本觀念。

下列方法有助於觀念的澄清：

① 選有關品管小組的文章及其活動報告。

② 參加品管圈大會、交流會、成果發表會等。

③ 觀摩品管圈活動成功的工廠。

④ 邀請專家到工廠專題演講。

(2) 對全體員工進行品管圈訓練：只有觀念沒有手段是不行的，人不但要在精神上給予鼓勵，在實質上要教予解決問題的方法，同時也讓他們參加外界的交流會。

(3) 確立制度：品管小組之活動爲應用腦力激盪術(Brain Storming)以群策群力的方法來解決問題，因此有關小組之組成、目標之選定、改善計劃的設定等，應予以制度化，透過制度與組織來強化品管圈活動。

(4) 組成示範小組：先在對品管小組有深刻認識的現場成立一個小組爲模範，以培養氣氛，誘導大家自動參加，再以細胞分裂的方法擴大到全廠。

(5) 正規化：等示範圈有了成果，圈活動漸漸普及，然後把細節部份訂下來，有關圈的登記方法、效果計算方法、獎勵方法、成果發表方法都須規定。

(6) 成果發表大會：成果發表大會，即整個品管圈活動的高潮，藉發表會各圈互相啓發學習，得到「參與」管理的樂趣，對加強同仁間的團結，現場士氣的提高有很大幫助。

(7) 維持與發展：隨著問題漸次被解決，卻面臨兩個問題：一是成果的維持不易，二是目標越來越難定，那麼當初的熱情就會冷下來。針對第一個問題，要將有效果的對策加以標準化，建立資料用管制圖或檢查表來管理。針對第二個問題，須重新對員工加以教育訓練，不斷灌輸觀念，不斷追求技術進步，使其有解決進一層問題的能力。

2. 品管圈的基本精神

品管圈是一種自發性，對公司充滿向心力，對工作充滿成就期待的活動，而且在人性互動上又必須互相包容、耐心相對、分享、融合，因此，它的最高境界是具有下列精神：

(1) 讓每一個員工認為工作有意義。

(2) 享受參與的樂趣。

(3) 滿足人生並能獲得成就感。

(4) 愉快的面對工作。

(5) 除了工作之外，亦能多元的自我成長。

如圖 9-1 是 QCC 的基本精神。

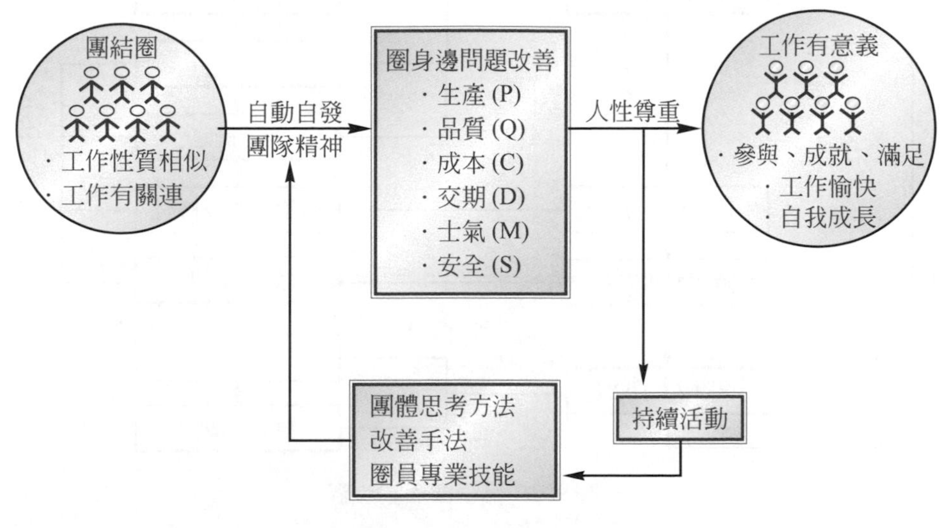

圖 9-1　QCC 基本精神

3. 品管圈活動步驟

品管圈組成之後，必須開始運作活動，針對部門內或工作崗位不良率高以及瓶頸的地方，找改進主題，然後按步就班推行品管圈活動，其一般步驟如圖 9-2。

四、品管小組解決問題的步驟

在品管圈活動經過腦力激盪及特性要因分析後，可以發現問題，問題出現，如果沒有後續的解決步驟，相同的問題會持續存在，改善遙遙無期，所以應以系列步驟及恆心耐心來解決問題。

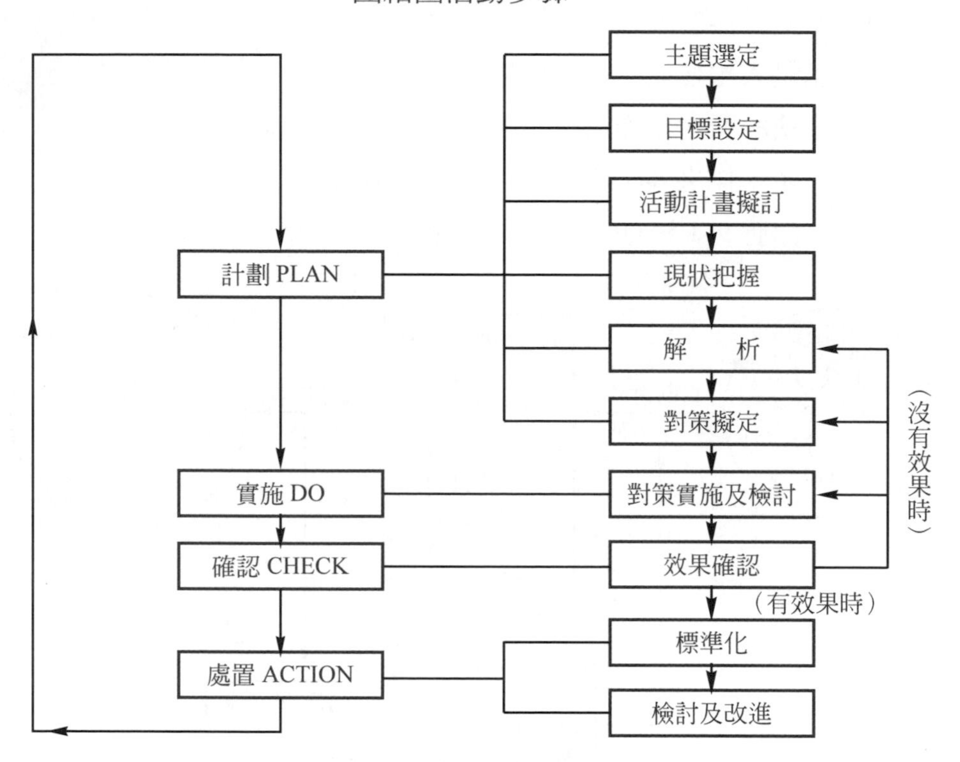

圖 9-2　品管圈活動步驟

1. 發現問題

　　日常生活中發生的問題很多，必須調查何種問題先提出解決較有效，此時需利用重點分析圖。

2. 發現有關問題的要因

　　有關問題的要因若發現，最好召集有關人員共同檢討，製作特性要因圖。

3. 調查影響較大的要因

　　調查特性要因圖所列舉的各項要因，看哪個因素影響問題大，原則上各項要因的資料搜取，畫重點分析圖，以求影響較大

的要因，若有搜集不易的資料或需費時很長才能搜集資料時，最好是集合有關人員以經驗判斷利用投票法決定。

4. 計劃對策

若已發現須改善重要原因時，先檢討如何改善才有效果，如需利用實驗計畫或高深統計方法時，須與品管課商量。

例如：

(1) 爲什麼必要？

(2) 目的是什麼？

(3) 在何處做最好？

(4) 在何時做最好？

(5) 誰做最適合？

(6) 如何做最好？

5. 實施

決定對策後，即開始實施，有必要時最好先搜集一下數據。

6. 調查結果

以實際數據調查實施結果，如果不佳的話，再重新檢討，直到順利爲止。

7. 標準化

實施結果良好時，對策利用到日常業務，此時定要標準化，若不標準化，定會發生問題。

標準化的做法如下：

(1) 規格、檢查標準、作業標準。

(2) 管制點一覽表。

(3) 製程管制點一覽表。

以上三項沒有的話，立刻製作，有的話必須時常檢討改訂。

8. 報告整理(綜合)

    實施計畫有效後，應將其全部整理後，向品管課報告，準備發表，並決定下一階段目標。

實施QCC活動，成果整理相當重要，可作爲資料存檔、成果發表、與友圈交流以及參加國家競賽，而且在整理成果的過程中，能夠督促員工如何做好各項品管工作，是一項很好的「做中學」活動。QCC成果整理可涵蓋下列內容要項，裝訂成冊及製作媒體。

QCC成果整理範例

1. 封面設計
2. 組的介紹

    組名：

    組長：

    組員：

    輔導員：

    所屬單位：

    活動期間：
3. 前言(公司簡介、成立小組的動機、組的介紹)
4. 主要作業流程簡介：(本組活動範圍標示)
5. 活動題目
6. 選定理由
7. 活動目標
8. 活動計畫表

表 9-1

項目 ＼ 週別 ＼ 月別													職責分配
	1	2	3	4	1	2	3	4	1	2	3	4	
1.成立小組													× × ×
2.選定題目													全體組員
3.定 目 標													× × ×
4.要因分析													× × ×
5.數據收集													× × ×
6.整理統計													× × ×
7.改善對策													× × ×
8.效果確認													× × ×
9.標 準 化													× × ×
10.效果比較													× × ×
11.資料整理													× × ×

----計畫線　　——實施進度線

9. 特性要因分析：(要因圈選並與查檢表項目配合)

10. 數據收集：(將所收集之查檢表數據列出，數據從查檢表設計後(現狀把握)到改善對策提出前，並於表格註明)

收集人：

收集期間：

收集週期：

收集時間：

收集方式：

每天檢查數亦應於表上表示出。

11. 柏拉圖分析：(針對上面所收集之數據作整理分析)

12. 改善對策

不良項目、原因分析、對策、提案人、實施計畫、負責人、實施經過與效果

(或用條文式寫出，可用圖示說明原情形及改善情形)

13. 效果確認(作層別、總推移圖及試行結果之檢討)

表 9-2

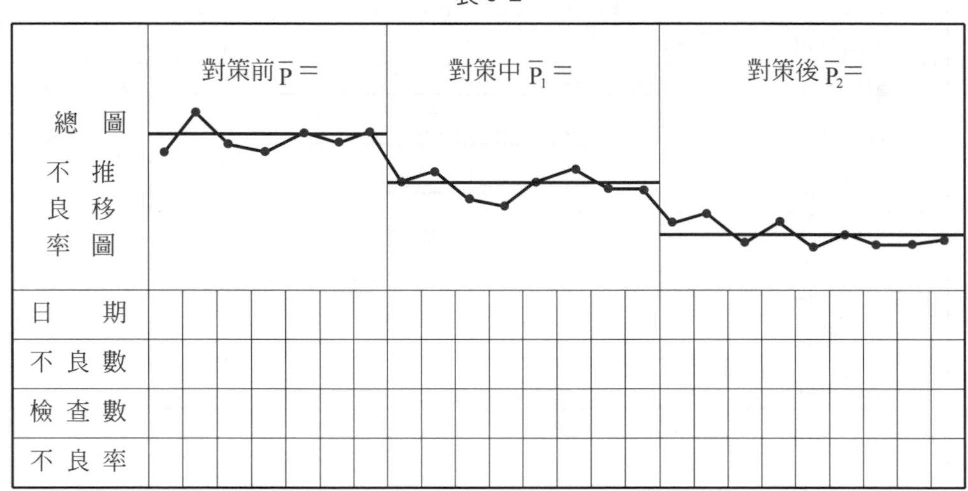

14. 成果檢討

改善前、後柏拉圖比較(收集期間總檢查數相同時可用不良數比較，如不相同，轉換成不良率比較)。

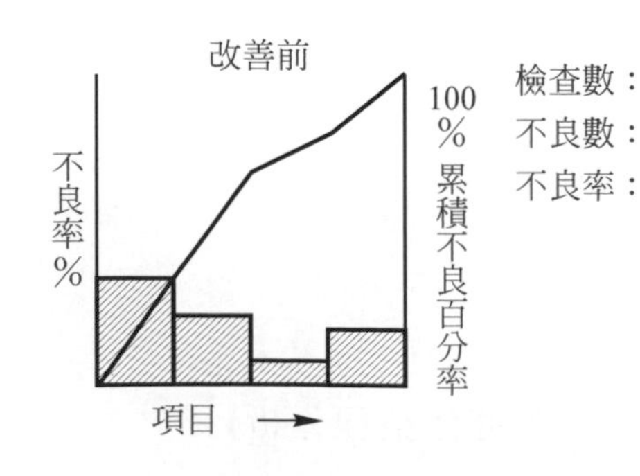

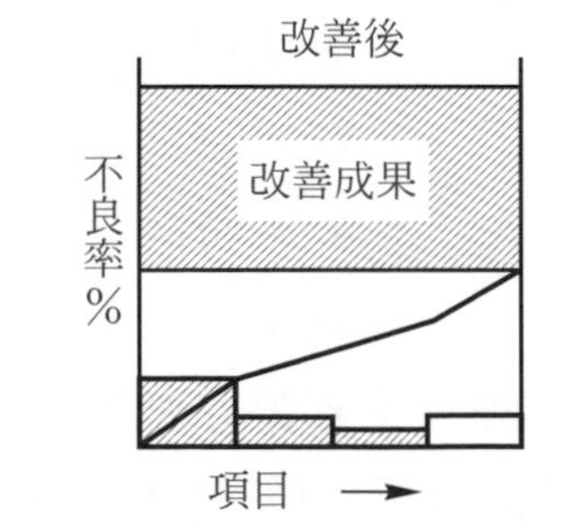

檢查數：

不良數：

不良率：

100 %

(1) 有形成果

① 不良率由________%降至________%，共降低________%。

② ❶節省工時×工資／小時。

❷單價×生產總數×$(\overline{P}_1-\overline{P}_2)$。

❸改善費用。

(本期活動成果＝❶＋❷－❸)。

(2) 無形成果

15. 標準化

16. 活動甘苦談

17. 下期活動目標(題目)(考慮可行性問題)

品管小組已是今日工廠生產改善與維持良好品質的一大動脈，生產的最前鋒是現場的工作人員，惟有他們跟品質發生最密切的關係，也惟有他們體驗工作中的問題最深刻，光靠品管單位或幹部注意品管是不夠的，**「找出問題，認識問題，解決問題，就是進步」**是工廠必需實施的觀念，而這些步驟的最首要「找出問題」則有賴於現場工作者之主動提出，因此，品管小組的存在是對工廠品質之正常化舉足輕重的，有眼光、有抱負的企業家都會重視品管小組、教育品管小組、推行品管小組的各類活動，使公司的品管工作更快速進入全面品管境界。

行政院自西元1981年即指示經濟部大力推行品管圈，並於1988年成立「全國團結圈活動推行中心」，並且舉辦第一屆「全國團結圈活動競賽」。重視品質改進推行的企業極為重視，並視團結圈活動競賽為促進廠內品質提昇的重要動力，以獲得團結圈競賽獎被視為績優企業機構為前瞻。圖9-3為企業年度QCC活動流程圖。

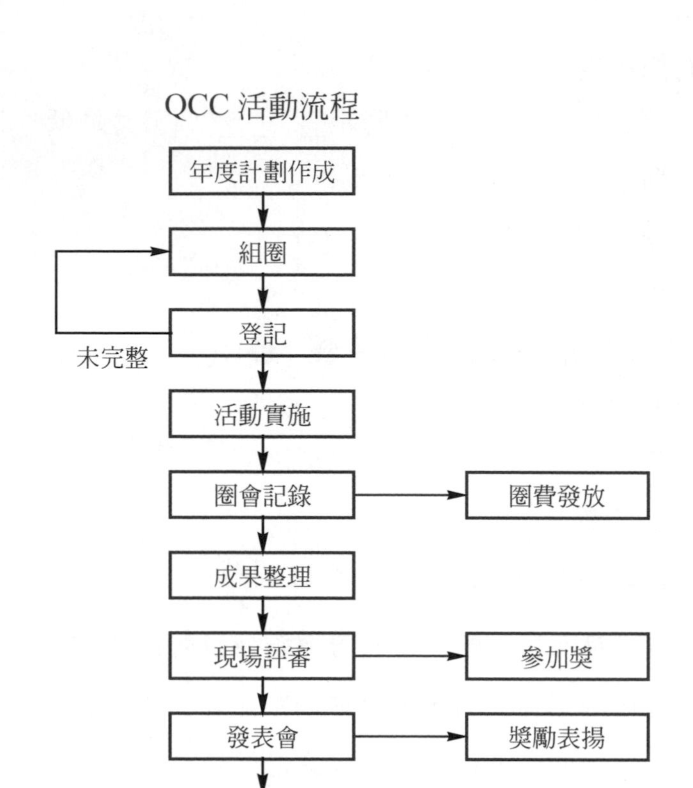

圖 9-3　企業推行 QCC 活動流程範例

9-2　新 QC 七大手法

一、親和圖法

1. 定義

親和圖法又稱為KJ法，該法能在混淆的狀態中找出問題點，並引導出解決的方案。也就是將針對主題所收集的語言資料，依

其相互間的親和性加以歸納統合，逐漸集中歸納它究竟具有何結構的手法。

2. 親和圖法的使用時機

⑴ 使模糊不清的問題明朗化，例如討論公司未來時，獲得整體性的架構。

⑵ 討論公司未曾經驗之問題時，藉此吸收全體人員的看法，並獲知全貌。

例如：市場調查、制定企業政策、開發新產品時。

⑶ 從事企業診斷，發掘問題，了解管理的現況及找出問題瓶頸。

⑷ 創造全員參與的企業環境，獲取全廠員工的看法。

⑸ 培育傑出的幹部人才。

認眞的實踐 KJ 法，會讓人有成就感，並讓參與人員漸漸的學會領導分析歸納方法。

3. 親和圖法製作步驟

⑴ 決定主題：適合 KJ 法解決的問題為

① 混沌不清的問題。

② 資料不全，必須將全體員工或幹部想法整理出來。

③ 打破原有觀念重新整理新想法。

④ 解決的對象相當複雜的問題。

⑤ 小組溝通問題時，想告訴其他許多人，讓大家都能了解的問題。

⑵ 語言資料的收集：可以利用個人思考、團體思考、文獻調查、面談、直接觀察、間接蒐集等方法來蒐集資料與情報。

⑶ 將收集之語言資料寫在卡片上：這個步驟是KJ法重要步驟，可與蒐集資料時同時進行，每一項語言情報寫在一張卡片上，每張卡片以 20 字以內為宜。

(4) 將卡片分組：收集好資料並製成卡片後，將之排列開來，小組反覆研讀，找出二張最具親近感的卡片為一組。

(5) 製作親和卡：將每組兩張卡片所想表達的意思寫在新的卡片紙上，用迴紋針夾在原來兩張卡片之上，最好用自黏紙(如便利貼)。

(6) 將新的卡片依(4)、(5)步驟重覆分組：可重複編成數組，最後彙集至 10 組以下為止。

(7) 將整理好的卡片，依親和關係排列，黏貼在桌面或大張模造紙上。

(8) 繪製親和圖：依(4)、(5)步驟反覆分組的小組、中組、大組依序展開後，畫其輪廓。

(9) 將作成的親和圖，口頭發表及作成報告。

如圖 9-4 為親和圖範例。

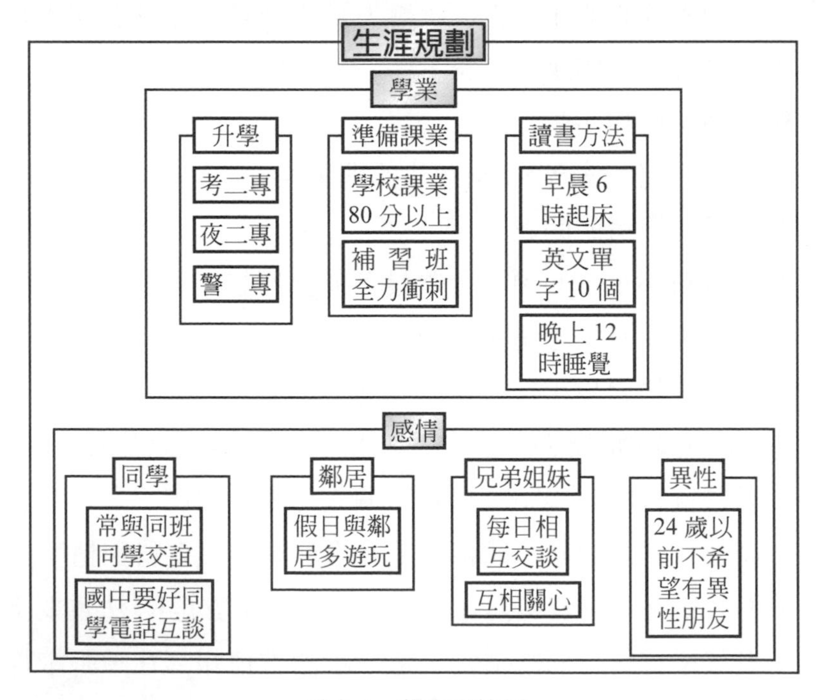

圖 9-4　親和圖範例

二、關連圖法

1. 定義

對於各種複雜性原因纏繞的問題，針對問題將原因群展開成一次、二次原因，使其因果關係明朗化，以找出主要的原因，如圖 9-5，也就是將問題點與該要因的因果關係，以箭頭串連顯示的圖，而運用此種圖形來解決問題的手段的方法稱爲關連圖法。

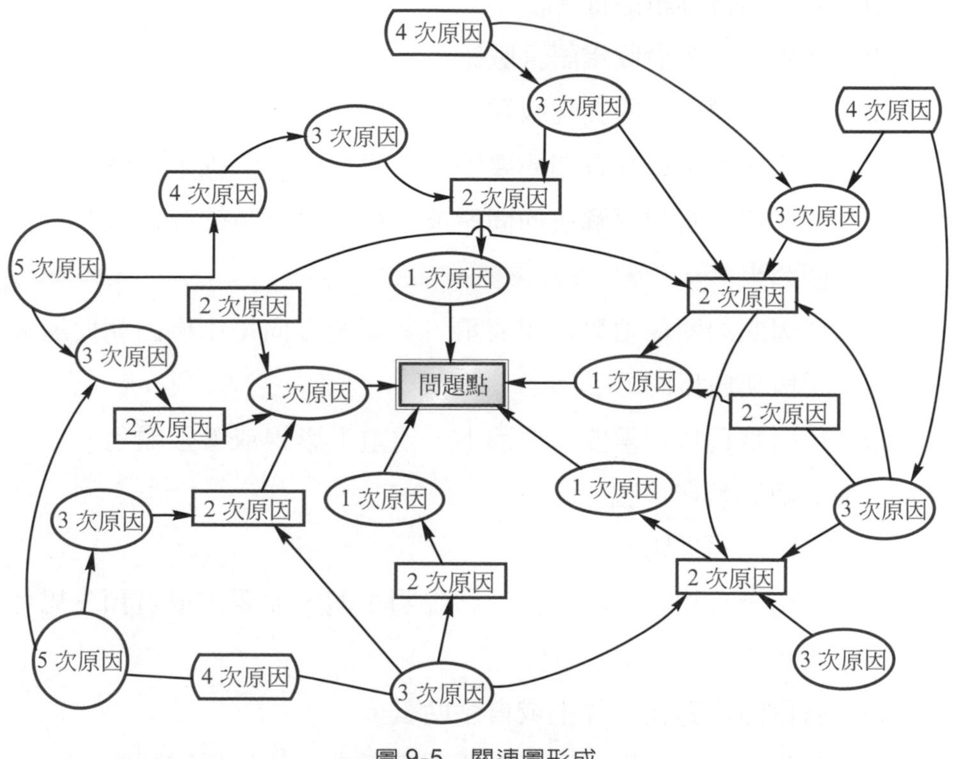

圖 9-5　關連圖形成

2. 關連圖的使用時機

(1) 品質保證(QA)之方針管理展開與決定。

(2) 推動全公司品管 CWQC(Company-wide Quality Control)可使公司的重點事項明確化及各職位應盡職責。

(3) 市場抱怨處理或不良品問題點掌握。

(4) 對製程改善然後提昇品質，如產品裝配線不良原因的關連圖等。

(5) 思考經濟環境變動、成本提高問題可作選定項目的關連圖。

(6) 凡採購物品的品管推展、交貨期問題控管及事務營業部門等業務的改善，皆可用關連圖來找尋答案。

3. 製作關連圖的基本原則

(1) 成員通常分組進行。

(2) 活用腦力激盪收集語言數據。

(3) 使用簡潔而短的文句敘述。

(4) 就問題點及以其有關的要因，都用 □ 的線框，然後適當配置。然後將想要解決的問題或目標，以有色的線框或雙重線框圈起來。

(5) 要因間的關係須以箭頭表示，其箭頭方向是由原因朝向結果，手段朝向目的。

(6) 被斷定為特別重要的要因上，須畫上影線或著上顏色。

4. 關連圖的製作步驟

(1) 決定問題主題。

(2) 找出所有相關原因，由主席說明主題，並要求成員預先思考，收集資料。

(3) 將原因群寫在卡片上或自黏貼紙。

(4) 整理卡片，以推理將因果關係相近之卡片加以歸類。

(5) 以箭頭連接原因、結果，盡量以「為什麼……」反覆思考，尋找因果關係。

(6) 檢討整體的內容，可以再三修正，將主題放在中間，必要時可再增加卡片。

⑺ 用箭頭連結問題主題與原因群，完成關連圖。

⑻ 將重要原因加以著色，寫出結論並作成報告。

如圖 9-6 爲尋找「爲何成人不閱讀」的原因，天下雜誌 2002 年 11 月 15 日出刊的教育特刊中調查，全國民眾閱讀率偏低，休閒活動最常做的活動，閱讀書籍的比例不到兩成，看電視、打電腦爲主的則比閱讀的人口多了一倍，經過分析，並以關連圖表示，結論是「沒有時間規劃」、「無法專心」、「不了解終身學習的重要」及「不知閱讀是生活的準備」是國人不重視並培養閱讀習慣的原因。

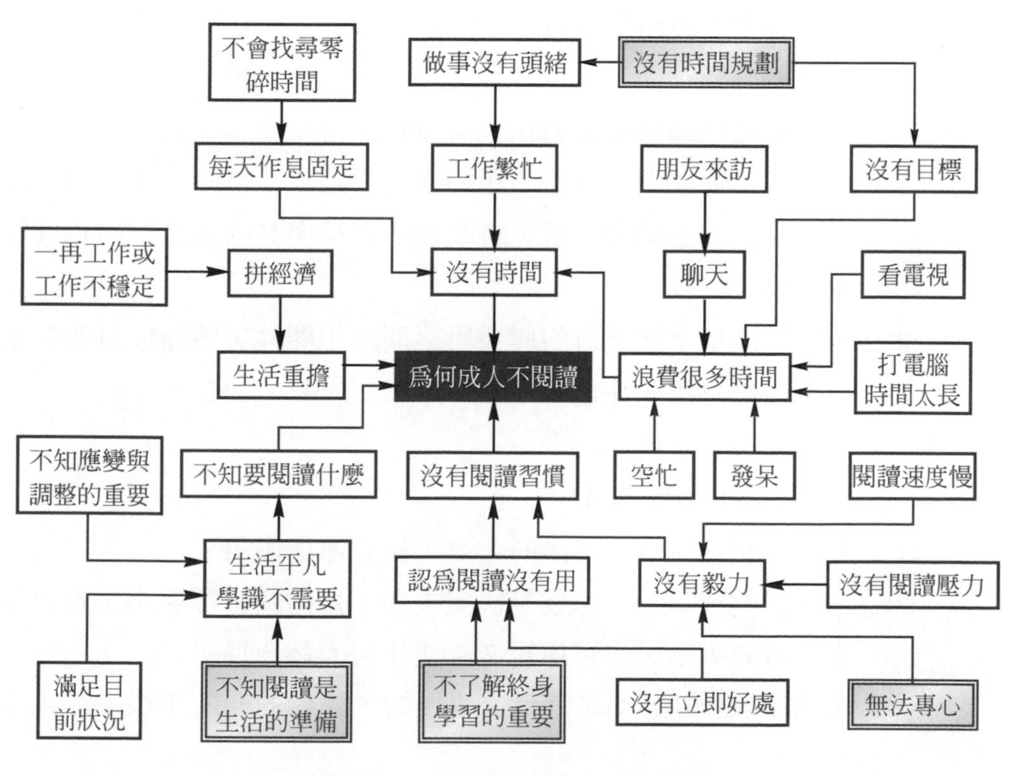

圖 9-6 「成人為何不閱讀」關連圖

三、系統圖法

1. 定義

系統圖法係為達成目標或解決問題，以「目的—手段」系列做有系統的展開，以尋找出最適當手段的方法。

2. 系統圖法的使用時機

⑴ 與特性要因圖配合使用，使其活用並更具體表示。

⑵ 目標、方針及實施項目的展開。

⑶ 所有改善問題的展開，如生產力提高策略、新產品開發的設計品質、部門管理機能明確化之策略、降低不良率的策略、及減少顧客抱怨策略等問題。

3. 系統圖的分類

系統圖根據使用的方法，可分為：

⑴ 構成要素展開型：係將問題的構成要素以「目的—手段」的關係展開，注重的是分析，將改善的對策與其內容之間的相關性顯示出來。

⑵ 對策展開型：顯示目的與手段之間的相關性，將達成目的的所有手段均寫出，注重的是改善。

4. 系統圖的製作步驟

系統圖的製作步驟：

⑴ 集合具相關經驗或知識的人員，組成運作小組。

⑵ 決定目的或目標，也就是決定主題。目的或目標原則上都以簡潔的方式表示，也可用短文，使任何人都一目了然。

⑶ 提出手段(策略)：先選定達成目的、目標的一次手段，記入卡片中。

⑷ 第二次展開：將一次手段當成目的，選定達成此目的之二次手段，也記入資料卡片中。

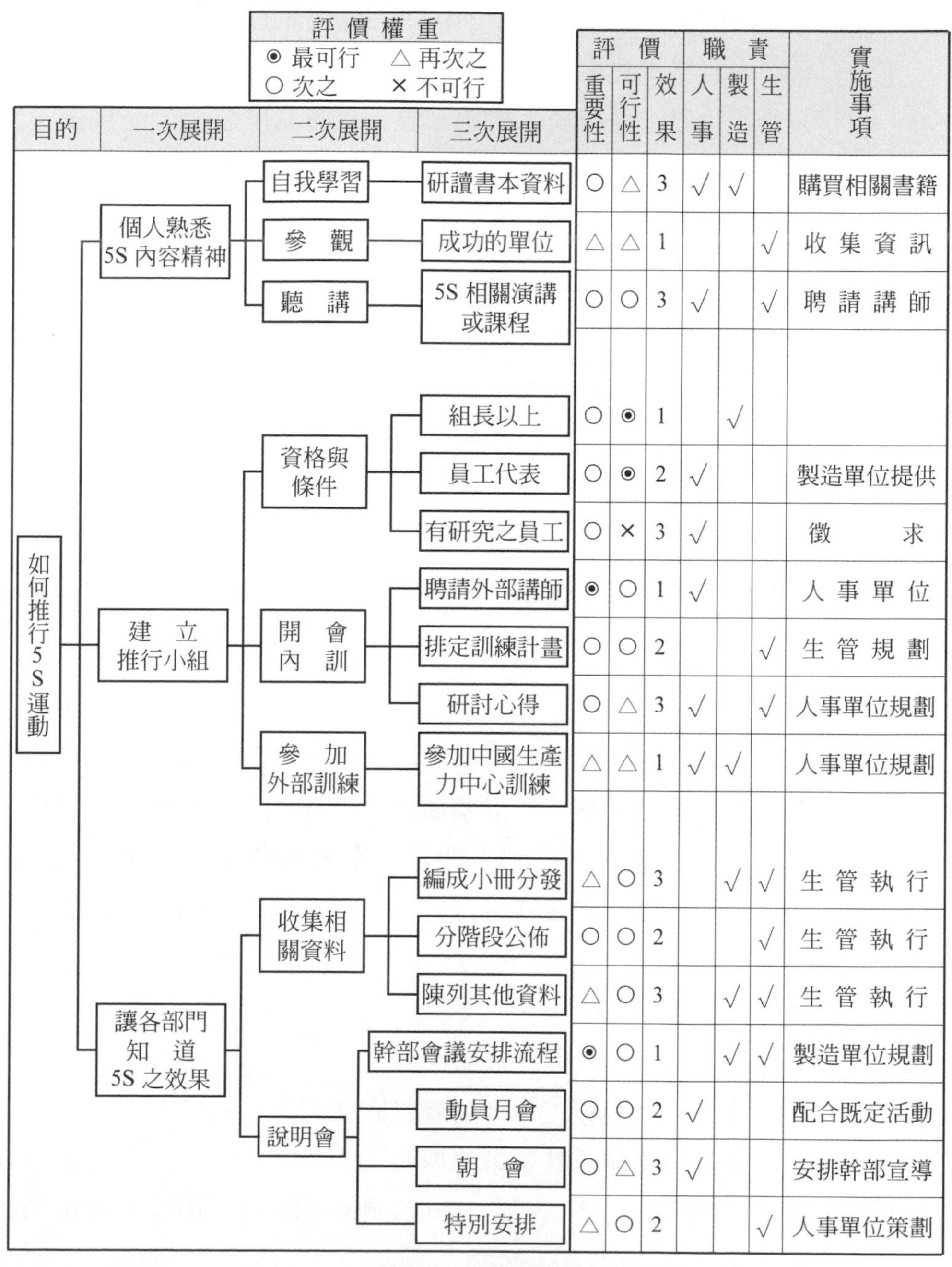

評價權重

⊙ 最可行　△ 再次之
○ 次之　× 不可行

目的	一次展開	二次展開	三次展開	評價：重要性	評價：可行性	評價：效果	職責：人事	職責：製造	職責：生管	實施事項
如何推行5S運動	個人熟悉5S內容精神	自我學習	研讀書本資料	○	△	3	√	√		購買相關書籍
		參觀	成功的單位	△	△	1			√	收集資訊
		聽講	5S相關演講或課程	○	○	3	√		√	聘請講師
	建立推行小組	資格與條件	組長以上	○	⊙	1		√		
			員工代表	○	⊙	2	√			製造單位提供
			有研究之員工	○	×	3	√			徵求
		開會內訓	聘請外部講師	⊙	○	1	√			人事單位
			排定訓練計畫	○	○	2			√	生管規劃
			研討心得	○	△	3	√		√	人事單位規劃
		參加外部訓練	參加中國生產力中心訓練	△	△	1	√	√		人事單位規劃
	讓各部門知道5S之效果	收集相關資料	編成小冊分發	△	○	3		√	√	生管執行
			分階段公佈	○	○	2			√	生管執行
			陳列其他資料	△	○	3		√	√	生管執行
		說明會	幹部會議安排流程	⊙	○	1		√	√	製造單位規劃
			動員月會	○	○	2	√			配合既定活動
			朝會	○	△	3	√			安排幹部宣導
			特別安排	△	○	2			√	人事單位策劃

圖 9-7　系統圖範例

(5) 同樣的展開到三次、四次手段，直到可實行具體的水準爲止，皆記入資料卡片中。

(6) 製作「手段」評價表：經過全體人員討論同意後，將最後一次展開的各個手段依其效果、可行性、重要度等條件，分別評價。其評價方法可用○、△、×或1、2、3等方式來表示。其後並將責任分級及實施項目塡入。

(7) 將卡片與評價表貼在大紙上，再集合小組全員檢查一次，是否有遺漏或需要修正之處。

(8) 完成系統圖製作：以線連接「目的—手段」的關係，最後於圖旁記入有關的履歷，如主題、日期、成員……等。

(9) 評價最高次的手段，選定實施方案，作成實施計畫。

如圖9-7爲系統圖之範例。

四、PDPC法(過程決定計畫圖法)

1. 定義

PDPC法是英文原名Process Decision Program Chart的縮寫，中文稱爲「過程決定計畫圖法」。所謂PDPC法係針對爲了達成目標的計畫，所遇到之問題，事先預測種種不利事態或結果，將過程的特性以各種可行方法，盡量導向預期理想狀態的一種方法。

2. PDPC法的使用時機

(1) 新產品、新技術的開發計畫。

(2) 目標管理實施過程工作進度管制圖使用。

(3) 重大事故的預測及其對策的擬定。

(4) CWQC(全公司品質管制，Company-wide Quality Control)活動實施計畫的擬定。

3. PDPC 法的種類

(1) 逐次展開型：將計畫之進展過程中所出現的種種問題，憑著適當的判斷與充實的計畫來處理，以達成目標，稱爲逐次展開型。

(2) 強制連結型：小事故不加以解決，可能造成死亡事故之類的重大災害，則由各種角度預測事態可能發生的不良結果去預測可能性，訂定避免造成重大事態的對象。

4. PDPC 法的製作步驟

在製作PDPC法時並無特定的規則，只要能隨著時間順序的變化，來預測會產生何種狀況，並針對狀況提出因應對策，將對象之過程顯示於圖表上即可，因此，運作成員如果具經驗者組成更佳。

在PDPC法製作中，依次展開型與強制連結型基本理論是相同的。

(1) PDPC 法常用記號及其意義。

表 9-3

記　　號	意　　義
▣	表示主題、目標
▭	對策、手段、欲實施的事項
▢	表狀態，做做看就明白之事項
◇	表決策之重點
→	表時間的經過或事態之進行
------➔	表資訊提供網路或不確定事項之引導路徑
⬭	最終結論(結果、目標)

⑵ 將主題及預計目標寫在卡片上，主題卡置於紙的上方，目標卡置於下方。

⑶ 從計畫開始到達成目標爲主，將必要的方案、設想的狀態，分別記入卡片上，並在主題及目標兩卡片中間，將方案卡片依時間序列來排列，作出一個達成目標的可能途徑，用箭形線連結。

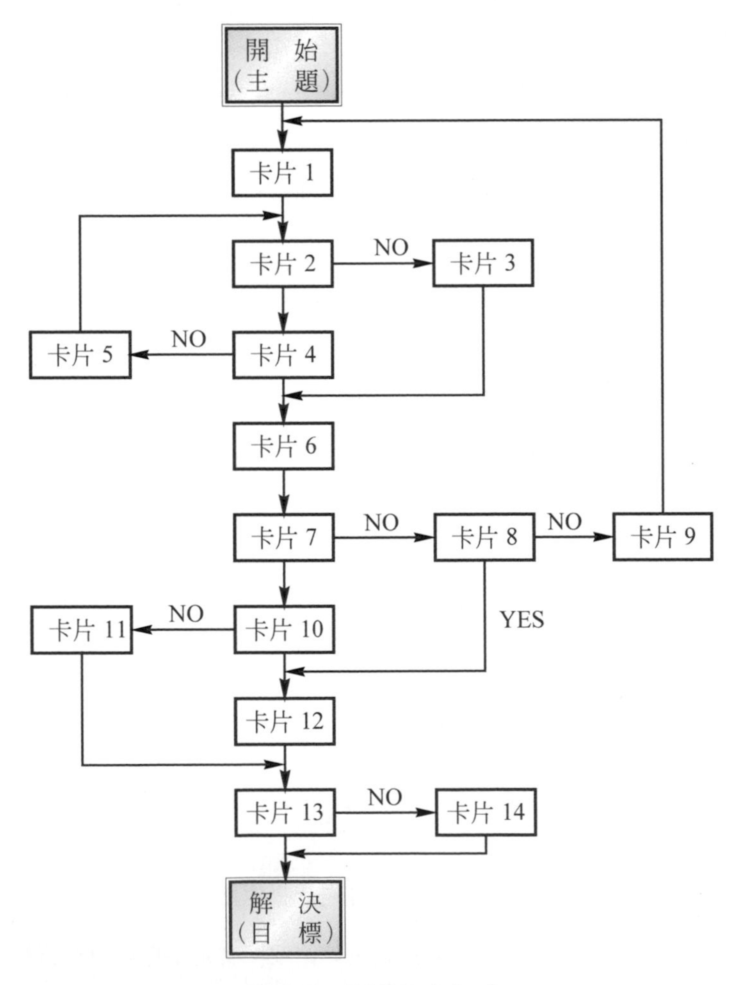

圖 9-8　PDPC 之作成

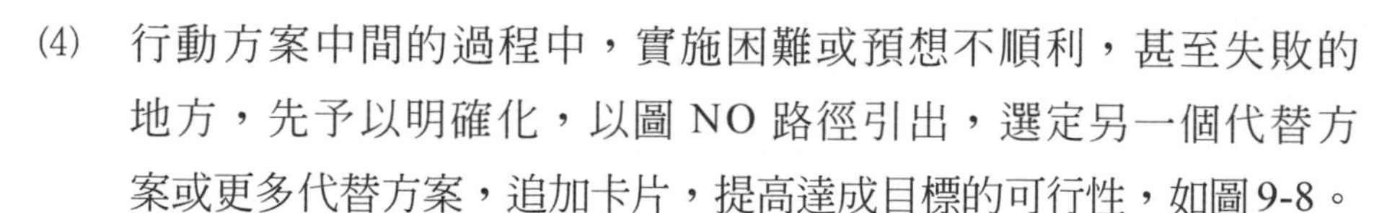

⑷ 行動方案中間的過程中，實施困難或預想不順利，甚至失敗的地方，先予以明確化，以圖 NO 路徑引出，選定另一個代替方案或更多代替方案，追加卡片，提高達成目標的可行性，如圖 9-8。

⑸ 從計畫開始到達成目標之間，將卡片依時間順序排列，作出達成目標的可能途徑，並用箭頭連結之。如果一個途徑所得到的情報，對其他途徑有所影響時應加以檢討，並以虛線來連結相互關連的事實。

⑹ 由組員進行檢查 PDPC 圖是否有遺漏之處。

⑺ 將卡片貼在模造紙上，並將某些路徑所構成之過程，以細線框起來紀錄負責單位之名稱。

如圖 9-9 爲 PDPC 法之範例。

五、矩陣圖法

1. 定義

　　所謂矩陣圖法就是利用多元性思考，一般以二元性排列，從問題或決策的事項中找出成對的因素，分析出問題之所在、問題型態及問題原因，找出二元性相對因素，掌握代表二元的行與列之間的相互關係，獲得解決問題的構想。

2. 矩陣圖法的使用時機

⑴ 擬訂公司系列產品的開發。

⑵ 可以強化品質特性、測定項目、測試儀器間關係明確化。

⑶ 製程中數種不良現象具有某些共同原因，可以利用矩陣圖來了解其間關係。

⑷ 開發專業時，了解與公司現有技術間的關連。

⑸ 爲了累積眾人的經驗，在短時間內整理出問題的頭緒或決策的重點。

⑹ 爲了了解問題潛伏的因素，可以利用矩陣圖多次元方式觀察。

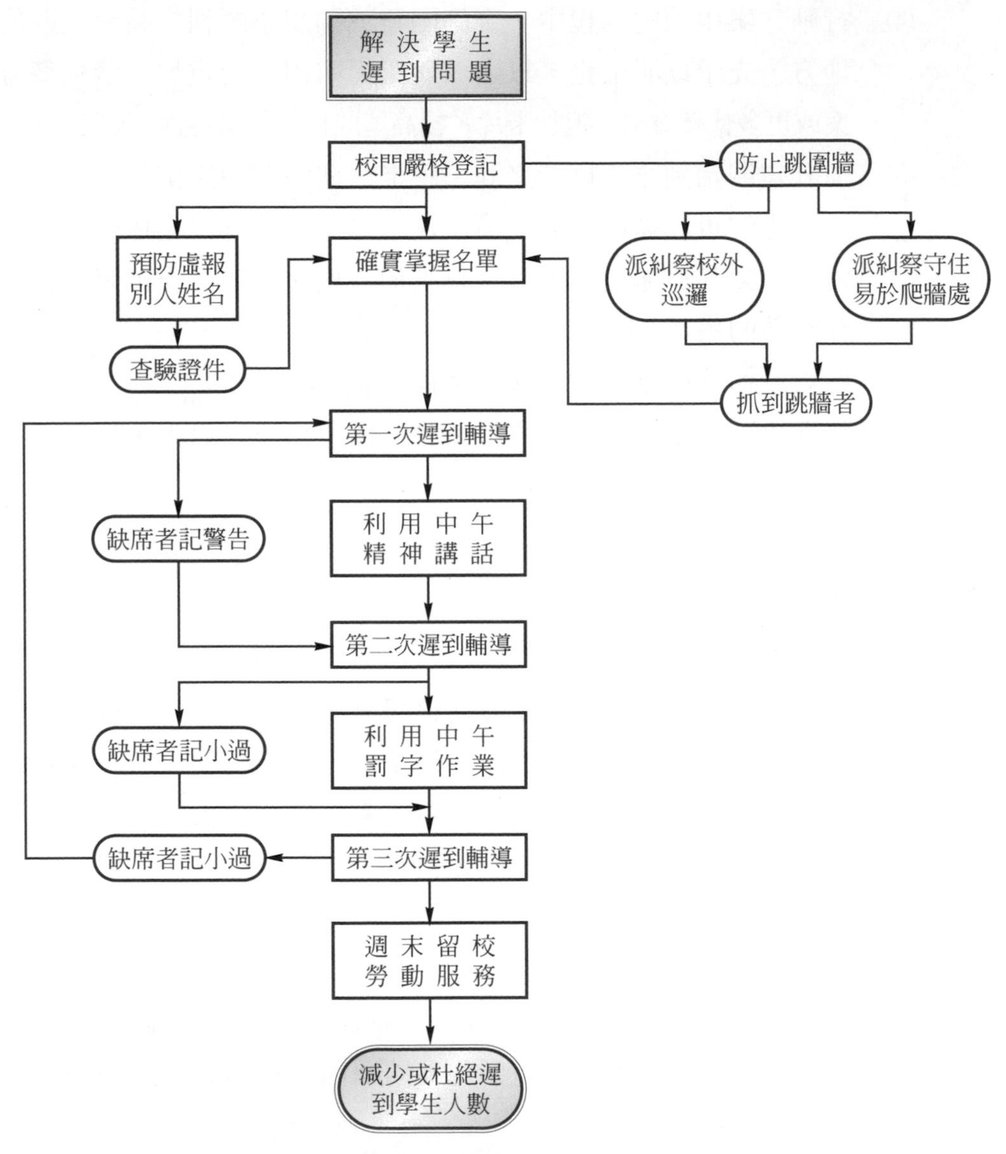

圖 9-9　PDPC 法之範例

3. 矩陣圖的種類

矩陣圖種類依其因素群分爲L型、T型、Y型、X型及P型，一般以L型使用最多，T型、Y型次之。

(1) L型矩陣圖($A \times B$)：L型矩陣圖可用於表達目的與對策之間的對應關係，也可用來表達結果與原因的關連性，是最基本也是最普遍的矩陣圖，如圖 9-10。

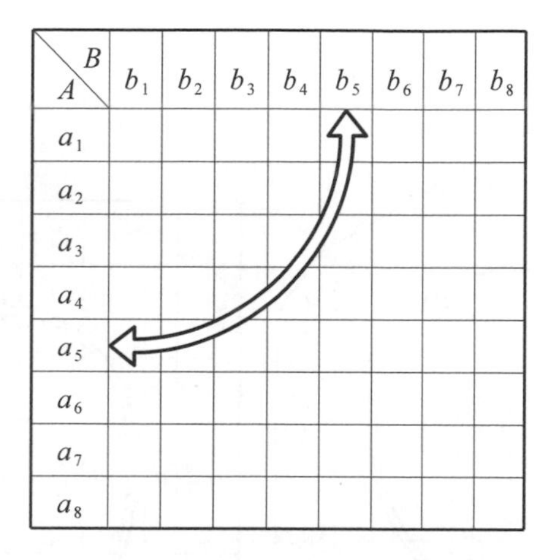

圖 9-10 L型矩陣圖

(2) T型矩陣圖：T型矩陣圖是用來表示A、B兩組事件及AC兩組事件，兩者之間的關係，由兩個L型矩陣圖合併而得，如圖 9-11。

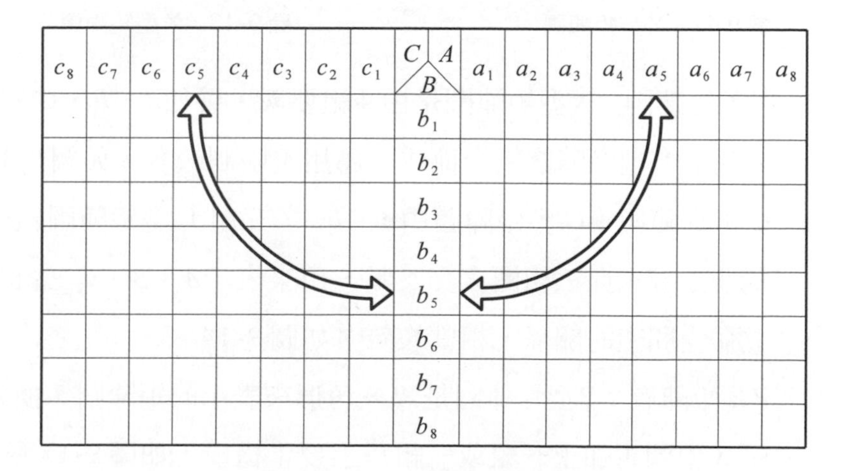

圖 9-11 T型矩陣圖

(3) Y 型矩陣圖：Y 型矩陣圖是由三個 L 型矩陣圖所組合而成，分別由X、Y軸要素對應；Y、Z軸要素對應與X、Z軸要素對應的L型矩陣圖，T型矩陣圖是平面圖形，Y型矩陣圖是立體圖形，如圖 9-12。

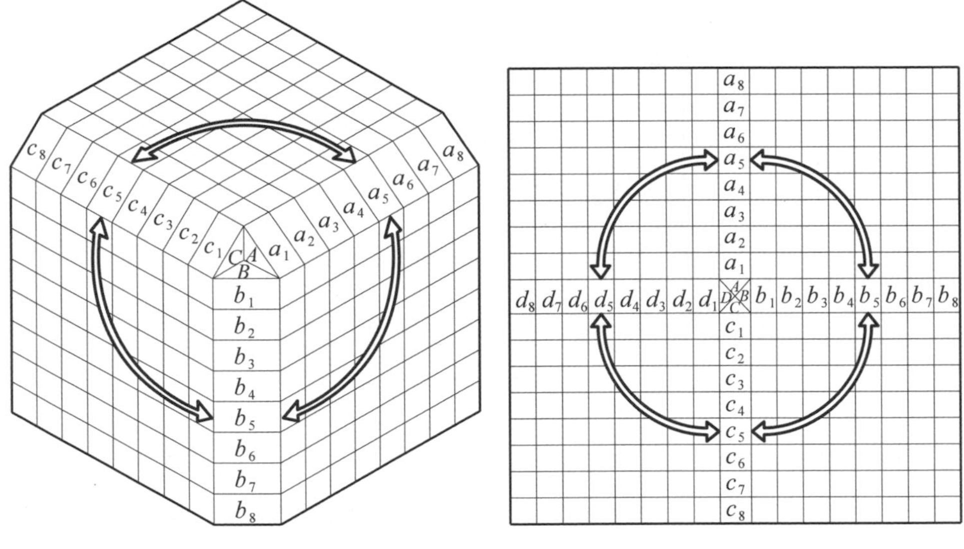

圖 9-12　Y 型矩陣圖

圖 9-13　X 型矩陣圖

(4) X型矩陣圖：X型矩陣圖是由 4 組要素，譬如A、B、C、D相互對應的L型矩陣圖組合而成，應用上限制較多，如圖 9-13。

(5) C 型矩陣圖：C 型矩陣圖由A、B、C三組 L 型矩陣圖組成，其構想是尋求此三組圖之交叉點，用來表示A、B、C三組事件的立體空間上的關係，相當複雜，如圖 9-14。

(6) P型矩陣圖：P型矩陣圖是以多角形來表示的矩陣圖，換句話說是X型圖再加上一組或一組以上要素構成，如圖 9-15。

X、C、P 型矩陣圖甚少使用。

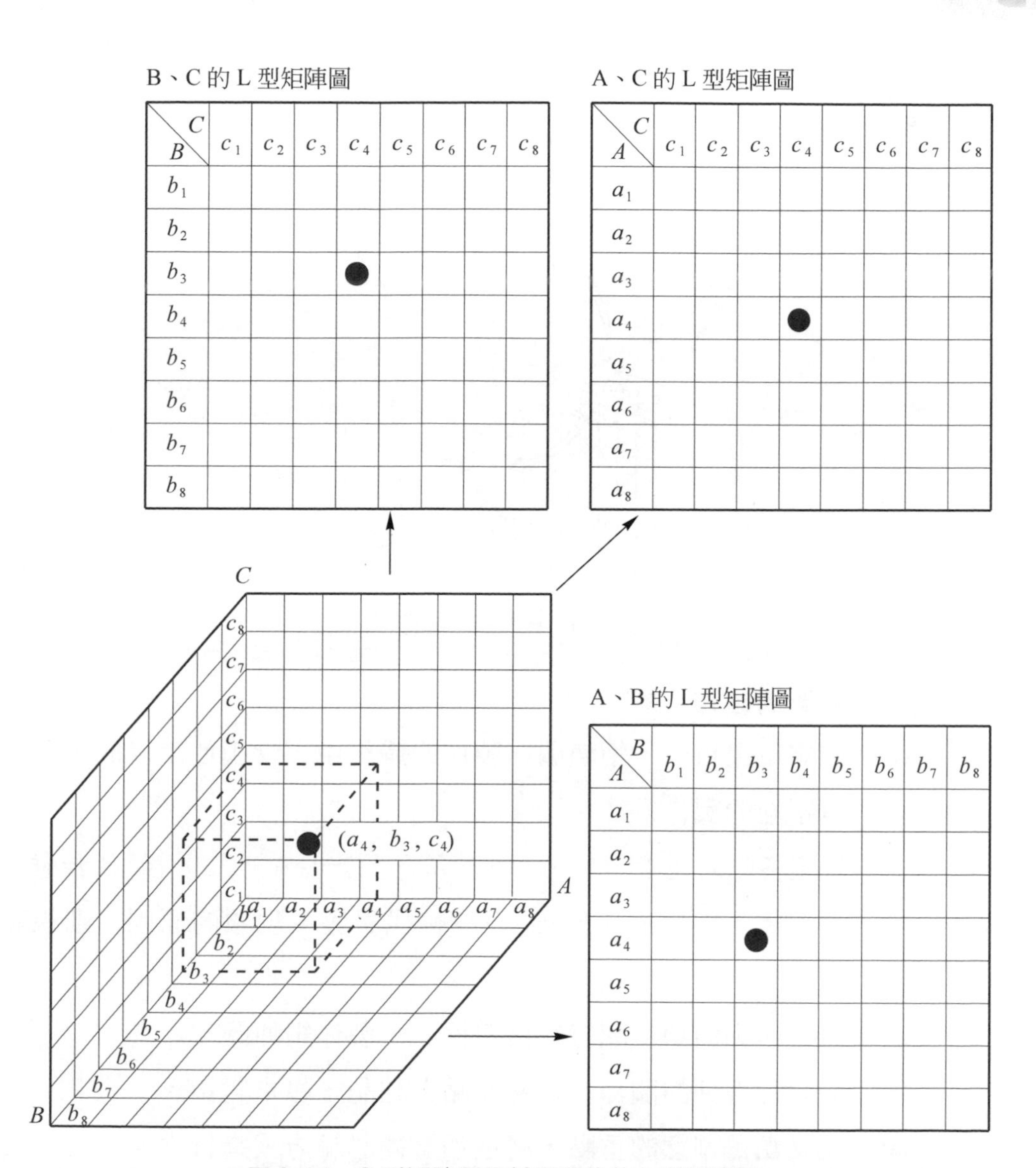

圖 9-14　C 型矩陣圖及其展開後的 L 型矩陣圖

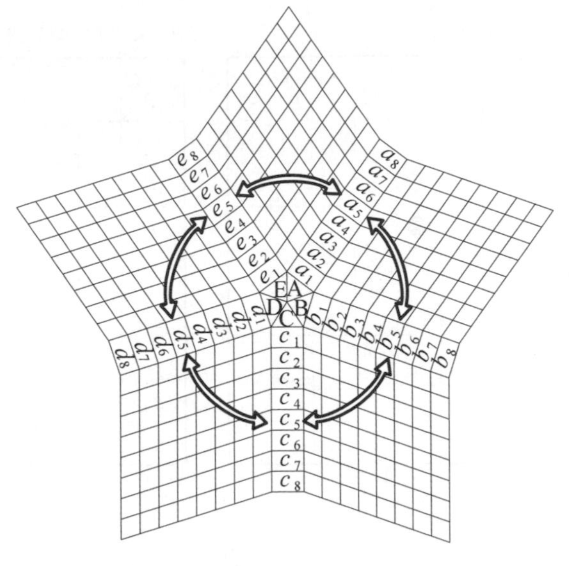

圖 9-15　P 型矩陣圖(五角形)

4. 矩陣圖的製作步驟

(1) 確定使用目的，矩陣圖在製作的過程中，常因使用目的不同而有不同的製作方法。

(2) 決定各軸的要素，X_1、X_2、$\cdots X_n$，Y_1、Y_2、$\cdots Y_n$，若X代表發生的現象，則視爲現象軸。若Y軸代表發生現象的原因，則視爲原因軸。

(3) 將行與列的項目配置在白報紙上，製作矩陣圖。

(4) 針對行與列的關係，在交叉點上註記，尋求對策。

(5) 交叉點是創意的重點，應透過全體討論方式進行之。

5. 矩陣圖範例

圖 9-16 爲工廠以 L 型矩陣圖分析關鍵流程Y軸與成功關鍵因素 CSF(Critical Successful Factor) X 軸之影響性。

關係 CSF / 流程	優秀人才	品質要求	時間性	人員訓練	人員要求	供應商	配合性	人際關係	機械精度	明確性	穩定性	影響性權重	重要順序
業務接單	△		◎				◎	◎		◎		13	3
客戶確認			◎				◎			◎		9	5
生產跟催		◎	◎		○	◎	◎	○		○	◎	21	1
備料	○		◎			◎	◎					11	4
加工精確度	◎	◎		◎	◎				◎		○	17	2
組立精度	◎	◎		◎	◎		○				◎	17	2
												88	

註：◎3 分　○2 分　△1 分

圖 9-16　關鍵流程之成功因素矩陣圖

圖 9-17 爲公司經營策略規劃，以 X 型矩陣圖分析之範例。

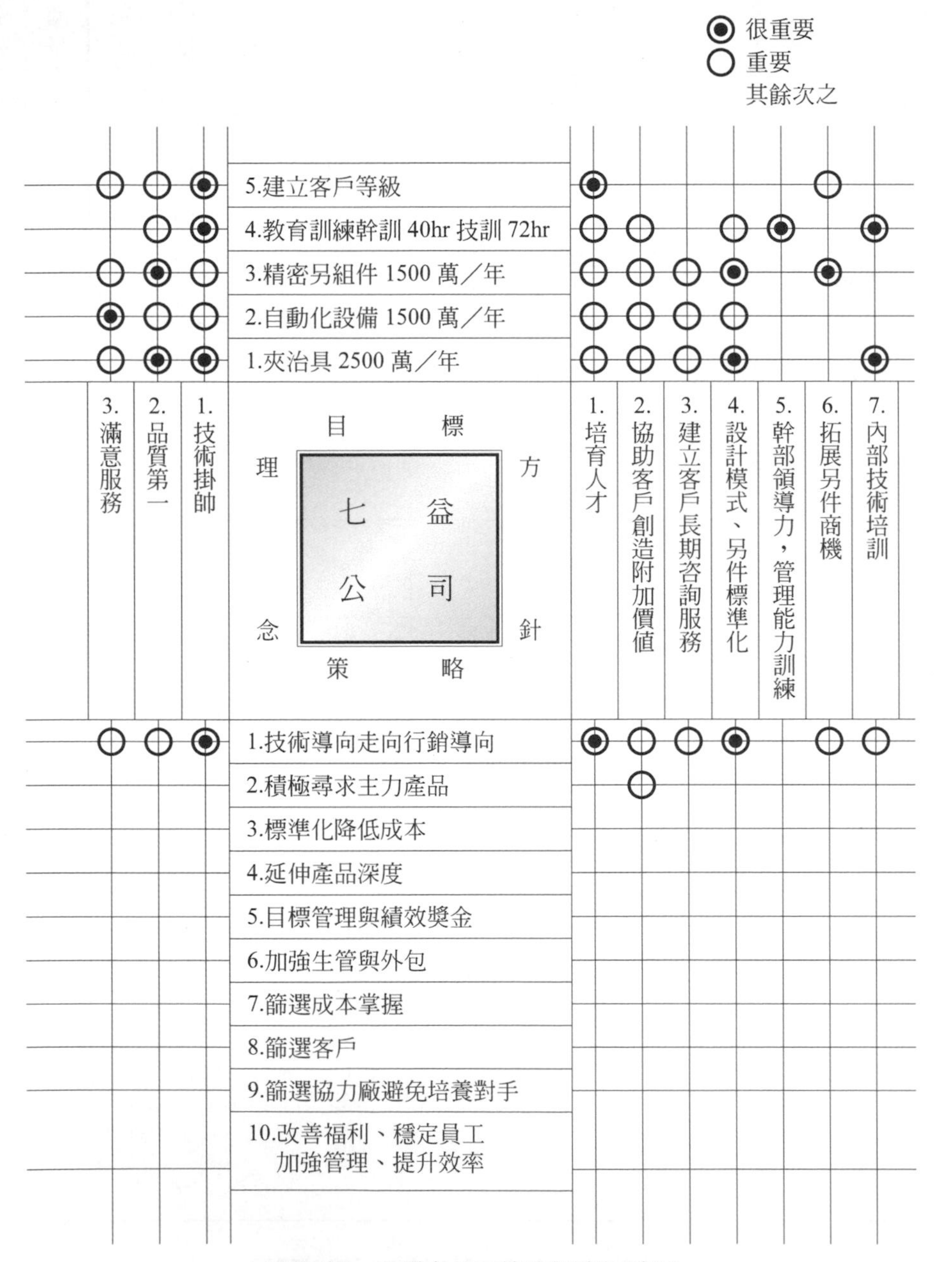

圖 9-17　X 型之公司策略規畫矩陣圖

六、矩陣解析法

1. 定義

矩陣解析法又稱爲主成分分析法，是將已知龐大資料，經過整理、計算、判斷、解析得出結果，以決定新產品開發重點的一種手法，它是一種數值資料解析法。

2. 矩陣解析法使用時機

(1) 複雜性要因的工程解析。

(2) 從多量的資料中解析不良要因。

(3) 市場調查資料中，解析後了解顧客要求的品質。

(4) 複雜的品質評價。

3. 矩陣解析法製作步驟

茲有某公司主管 5 人對 4 種汽車之性能及外觀作分析，來評價顧客對汽車的哪些重點特別在意，以爲研究出新一代車型之參考。其步驟爲：

(1) 收集資料，並整理成矩陣：如表 9-4 爲 $ABCD$ 四種車型之型錄整理，表 9-5 爲 5 位主管對 4 部車子的評價。

表 9-4

車	*A*	*B*	*C*	*D*
全長	長	短	短	長
全寬	寬	窄	窄	寬
動力方向盤	有	有	有	無
座椅	跑車座	平車座	平車座	跑車座
價格	高	低	低	高

表 9-5　　　　3分佳 2分中等 1分劣

車	A	B	C	D
王總經理	3	2	3	2
張副總經理	1	3	2	3
王經理	2	1	2	1
徐經理	3	2	3	2
劉經理	1	2	1	3

(2) 求各車間之相關係數

$$\text{相關係數 } r=\frac{\Sigma(X_i-\overline{X})(Y_i-\overline{Y})}{\sqrt{\Sigma(X_i-\overline{X})^2\Sigma(Y_i-\overline{Y})^2}}$$

傳統算法可列表先個別求(X_i-X)、(Y_i-Y)，再求$(X_i-\overline{X})$、$(Y_i-\overline{Y})$，代X求$\overline{Y}$。

X是代數符號，i表示1,2,3,…，今汽車代號爲A、B、C、D ∴代號爲A_i、B_i、C_i、D_i，現今之計算已有軟體以電腦計算之。

① 先A車與B、C、D之相關係數r

表 9-6 爲A與B車相關係數之解析及計算。

表 9-6

	A_i	$(A_i-\overline{A})$	$(A_i-\overline{A})^2$	B_i	$(B_i-\overline{B})$	$(B_i-\overline{B})^2$	$(A_i-\overline{A})(B_i-\overline{B})$	$\Sigma A_i=10$，$\overline{A}=\frac{10}{5}=2$ $\Sigma B_i=10$，$\overline{B}=\frac{10}{5}=2$ $r=\frac{-1}{\sqrt{4\times2}}=-0.35$ (A與B車之相關係數)
	3	1	1	2	0	0	0	
	1	−1	1	3	1	1	−1	
	2	0	0	1	−1	1	0	
	3	1	1	2	0	0	0	
	1	−1	1	2	0	0	0	
Σ	10	0	4	10	0	2	−1	

表 9-7 爲A與C車相關係數之求法。

表 9-7

	A_i	$(A_i-\overline{A})$	$(A_i-\overline{A})^2$	C_i	$(C_i-\overline{C})$	$(C_i-\overline{C})^2$	$(A_i-\overline{A})(C_i-\overline{C})$
	3	1	1	3	0.8	0.64	0.8
	1	−1	1	2	−0.2	0.04	0.2
	2	0	0	2	−0.2	0.04	0
	3	1	1	3	0.8	0.64	0.8
	1	−1	1	1	−1.2	1.44	1.2
Σ	10	0	4	11	0	2.8	3

$$\overline{A}=\frac{10}{5}=2$$

$$\overline{C}=\frac{11}{5}=2.2$$

$$r=\frac{\Sigma(A_i-\overline{A})(C_i-\overline{C})}{\sqrt{\Sigma(A_i-\overline{A})^2\Sigma(C_i-\overline{C})^2}}=\frac{3}{\sqrt{4\times2.8}}=\frac{3}{3.346}=0.896\doteqdot0.9$$

⑶ 餘類推，各車間之相關係數作成矩陣圖，如表 9-8。

表 9-8

	A	B	C	D
A	1	−0.35	0.90	−0.60
B	−0.35	1	0.00	0.85
C	0.90	0.00	1	−0.43
D	−0.60	0.85	−0.43	1

⑷ 判斷

（2 個向量相疊）

完全正相關　有些正相關　完全負相關　有些負相關　沒有相關

$r=1$　30°　$r=0.866$　$r=-1$　120°　$r=-0.5$　90°　$r=0$

由表 9-8 中，A、C，$r = 0.9$，B、D，$r = 0.85$ 顯示強烈的正相關，而A、D，$r = -0.60$ 顯示有些微的負相關。

就AC、BD中由於爲正相關，故取相同之項目。可知道"流線型"及 TURBO(動力性能)爲消費者所想要的。而AD爲負相關，故取不同者，其資料如AC、BD般，即此項調查顯示了"流線型"及"TURBO"主導了汽車的銷售，如表 9-9。

表 9-9

	$A \cdot C$	$B \cdot D$	$A \cdot D$
全長			
全寬			
動力方向盤	◎		×
座椅			
價格			
流線型	◎	△	×
備件			
TURBO	◎	△	×

矩陣圖解析法計算相當複雜且易錯誤，尚有固有値、貢獻率、累積貢獻率等之計算，如要深入須研讀其它有關專書。

七、箭形圖解法

1. 定義

所謂箭形圖解法就是運用箭形圖解，訂定計畫進行上的最適宜的日程計畫，並有效地管理該進度方法。

箭形圖解法和運用在日程計畫與管理的「計畫評核術PERT」是同樣的手法。

2. 箭形圖解法的使用時機

⑴ 生產的日程計畫。

⑵ 作業工程的改善或改變程序時間的縮減。

3. 箭形圖解的表示方法

⑴ 實線箭頭⟶：表示實施計畫所需的作業及需要的時間，但箭頭長短並不是按時間長短的比例來表示。

⑵ 圓圈記號◯：圈在工作的起點與終點，代表著工作與工作間的接點，相鄰兩個結合點只能代表一件作業的開始與結束之點。

⑶ 虛線箭號-------►：稱爲「dummy」，它並非實際作業，亦即模擬作業，虛線本身並不代表一件具體有形的作業，僅表示作業的順序關係。

⑷ 圓圈記號內的數字：圓圈記號內的數字，稱爲結合點號碼，工作結束之點的數值，要比工作開始之點的數值大，如圖 9-18，作業*A*可用(1,3)表示，而模擬作業*C*則用(2,3)表示。

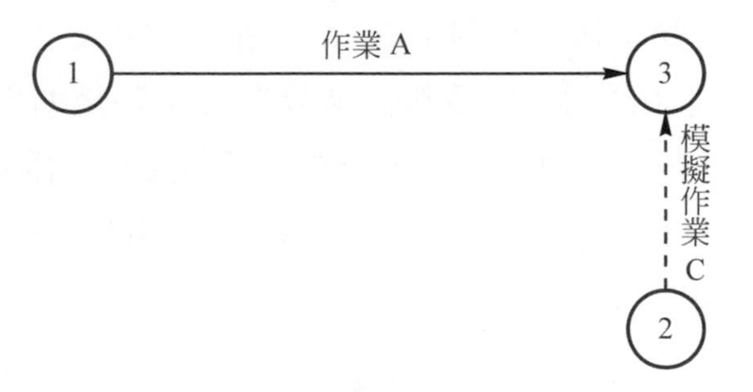

圖 9-18　箭頭圖之圖示

⑸ 先行作業與後續作業：如果作業*A*尚未完成，則作業*B*無法進行，則*A*是*B*的先行作業，*B*是*A*的後續作業。如圖 9-19，*A*之後爲*B*、*B*之後爲*C*作業……。

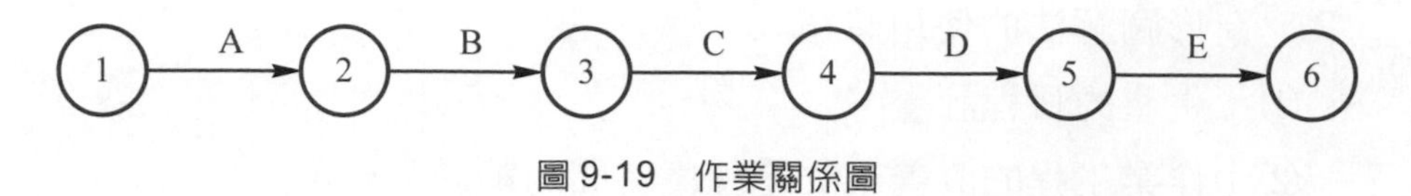

圖 9-19　作業關係圖

(6) 並行作業的表示：兩作業在相同的時間帶同時進行，稱之為並行作業，如圖 9-20 並行作業之表示法。(a)圖中②稱為分歧點，(b)圖中③稱為合流點。

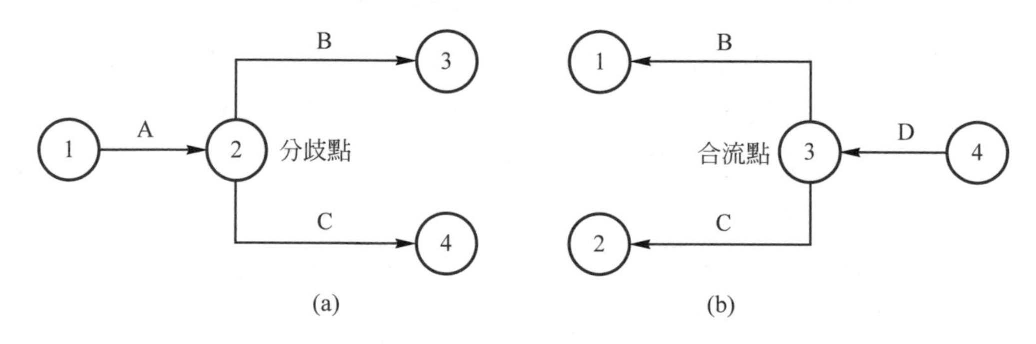

圖 9-20　並行作業表示法

(7) 虛線的表示法：一對結合點號碼，只能表示一個作業，如圖 9-21 是錯誤的，因為無法區分作業(1,2)是A作業或B作業。如果使用虛線，則能表達各作業，虛線連結之兩結合點代表模擬作業，也就是假想作業，如圖 9-22，各圖之表示就不會犯與圖 9-21 相同的錯誤。

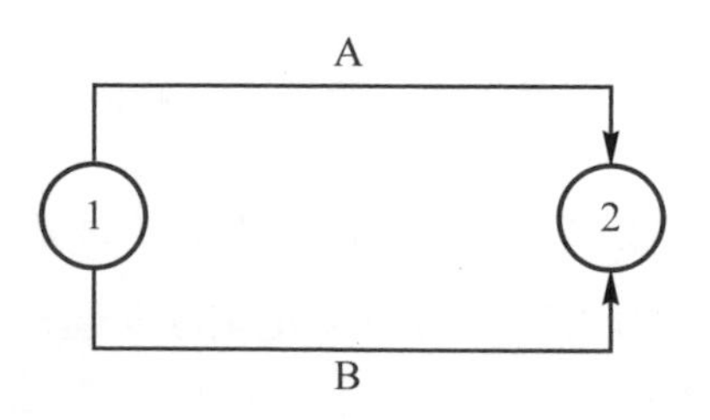

圖 9-21　錯誤的結合點表示法

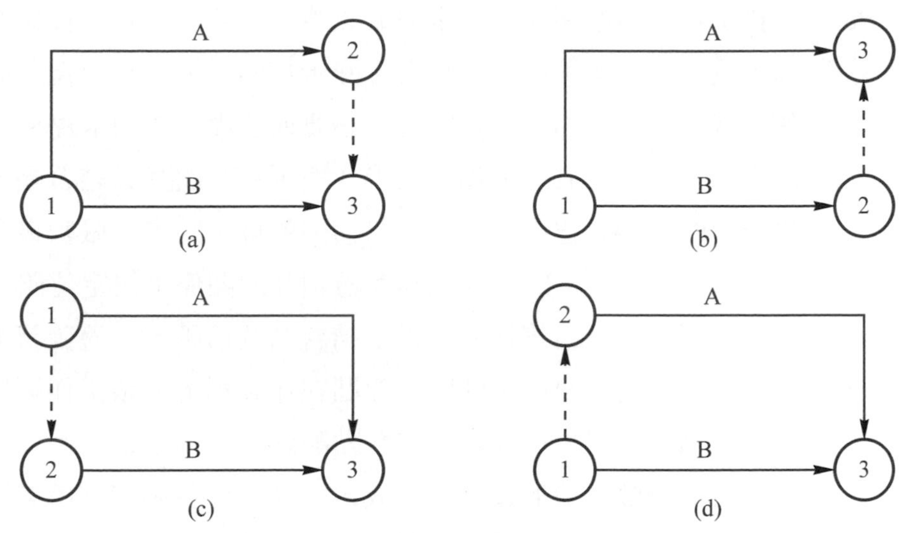

圖 9-22　虛線使用法

又如圖9-23，*A*、*B*、*C*、*D*四個作業系統，無法只以實線表示時，可用虛線來表示，其關係爲*C*的先行作業是*A*、*B*，*D*的先行作業是*B*。

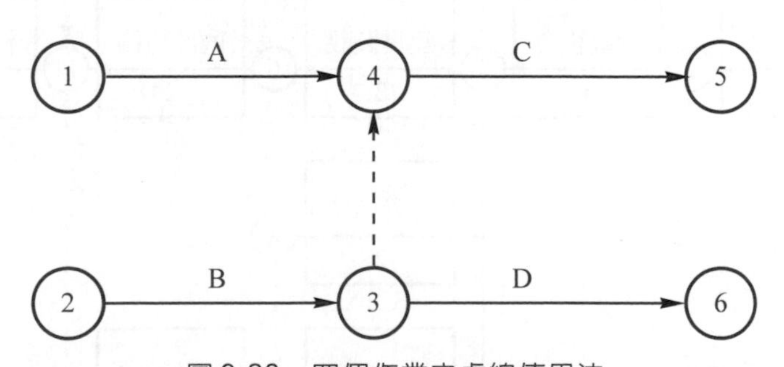

圖 9-23　四個作業之虛線使用法

4. 箭形圖解法的步驟

(1) 列舉工作：決定主題：藉共同討論，將必要的工作寫在作業紙上。

(2) 製作工作卡片：先在卡片中央畫一道線，將工作名稱寫在該線的上半部份。

⑶ 安排工作卡的順序：工作卡完成以後，接著就先行、後續的關係，或並行作業等的順序來安排好卡片的位置。若有遺漏的工作，就在此時追加，而且捨棄不必要或重複工作的卡片。

⑷ 決定工作卡的位置：因爲會在卡片與卡片之間加入結合點，所以排列的時候要空出間隔卡，以橫列所排出的卡片張數最多的一列爲基準。上下的卡片也要考慮相互的關係來決定位置。

⑸ 作成箭頭圖：用鉛筆輕輕地畫上結合點及箭頭，一邊確認卡片的位置，若沒有變動，就將卡片貼在作業紙上。依工作順序畫上結合點與箭頭，然後寫上結合點號碼。

⑹ 估計所需日數：箭形圖大致完成後，就估計各個作業所需的日數，並將它寫在工作卡片下欄空白的部份。

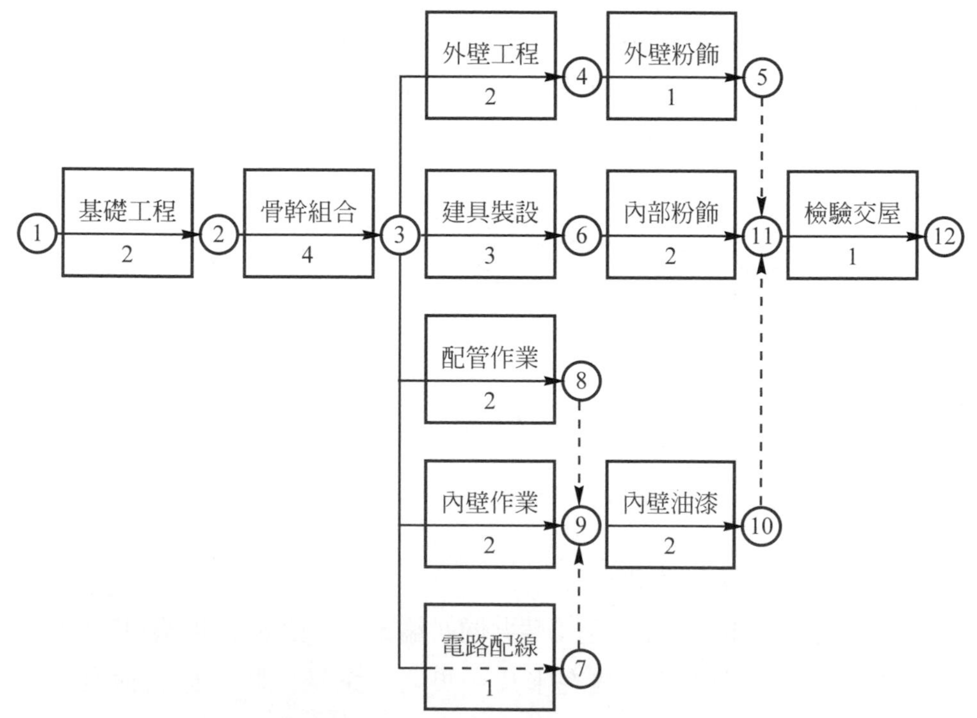

圖 9-24 建設公司樣品屋計畫之箭形圖

5. 箭形圖解法之優點

(1) 以箭頭來表示作業的相互關連，所以能夠防止工作的疏漏。

(2) 計畫的全貌可以一目了然，能夠掌握整體進度。

(3) 狀況變化時，如縮短日程亦能及時應變。

(4) 日程的調整在短時間內有效地進行。

圖 9-24 為建設公司建樣品屋之箭形圖範例。

9-3 5S 推行與品管

一、整理整頓 5S 制度

工廠佈置與物料搬運主要目的在於協助生產工作順暢，而設備的維護正是保持生產力的要件之一，企業界為做好現場管理工作，整理整頓工作是第一步要做的事，藉 5S 工作，以做為全面品質管理和全員生產保養的先期基礎，那麼什麼是 5S 制度呢？

1. 5S 定義

(1) 整理(Seiri)：將工廠的物品區分為要用與不要用的。

(2) 整頓(Seiton)：要的物品定出位置擺設。

(3) 清掃(Seiso)：不要的物品，清除打掃乾淨。

(4) 清潔(Seiectsu)：工廠時時保持在整潔的狀態。

(5) 修身(Shitsuke)：要每一位員工養成良好習慣，並且遵守規定、規則，做到以工廠為家的境界。

2. 5S 的關連圖

所以工廠實施 5S 活動，不只是把物品擺整齊而已，而是要在其過程中，把「力行」、「徹底」、「革新」和「人性」等要素加入，變成一種直覺(Sense)，變成公司企業文化與企業特質的一部份。

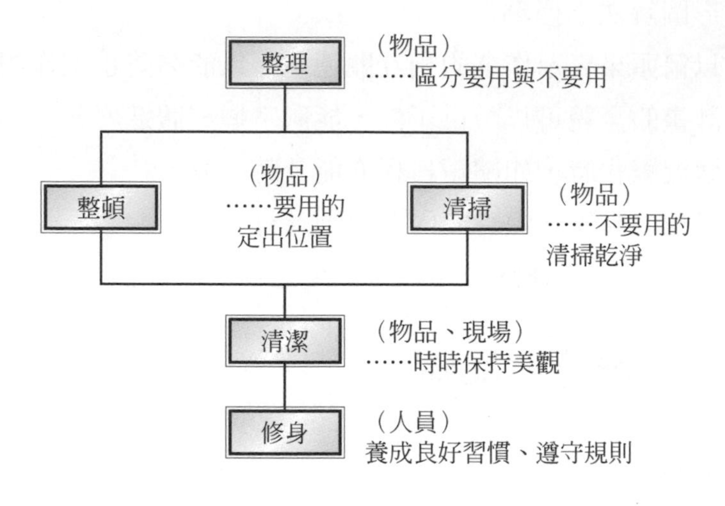

圖 9-25　5S 關連圖

3. 5S 的效益

一般實施 5S 活動的公司，必須制定 5S 的內容，並且輔以競賽，並設定獎懲辦法，來強化員工共識及貫徹執行，當然，推行委員會必須藉一連串對員工的訓練、宣導、先期活動、觀察、整理、定位、競賽活動來完成 5S，如果能夠成功的推動 5S 活動，公司陸續推動人事、生產、品管、物料等各項制度，也會十分順利，業績自然會成長。

在企業推行 TQC、CWQC 及 TQA 制度時，如果能夠配合推行 5S 活動，將能收事半功倍之效。

4. 企業 5S 的推行方法

企業推行 5S 必須有一定的步驟，否則半途而廢者比比皆是，其方法爲：

(1) 先建立幹部對 5S 運動的共識。

(2) 對全公司員工進行 5S 宣導。

⑶ 與工廠改善目標之連結。

⑷ 選擇示範單位，率先實施5S。

⑸ 成立5S運動推進組織，擬定推進計畫。

⑹ 明確畫分全公司各部門5S責任區域並公佈之。

⑺ 由高階主管率同各部門主管親自巡迴廠區檢查5S。

⑻ 運用定點照相。

⑼ 運用團體活動。

⑽ 進行5S運動榮譽競賽以擴大維持效果。

9-4 提案改善制度

公司推行品質保證(T.Q.A)必須由員工自動自發來提昇產品及各項工作服務品質，除了Q.C.C活動外，推行提案改善制度，對公司品質的提昇有相當大的助益。

1. 定義

　　公司各級人員，對任何製程或足以改善管理、增加效率、提昇品質及降低成本之建議，透過所屬單位或個人提出問題所在、改善辦法之建議，稱為提案改善。上軌道的公司，都設有提案改善獎勵制度，鼓勵全公司員工積極為公司各項效率、品質而貢獻經驗與智慧。

2. 提案改善之項目

　　公司提案改善並不單單為了產品品質，不過由於公司的管理環環相扣，各部門息息相關，因此，提案改善項目就包羅萬象，下列為一般公司鼓勵員工之提案改善項目：

⑴ 管理方法之改進事項。

⑵ 製造技術、操作方法作業程序及機械之改進事項。

(3) 品質之改進事項。

(4) 設備之新設計或修改事項。

(5) 新產品之開發及製品與包裝之改進事項。

(6) 原物料之節省，廢料之利用及其他成本降低事項。

(7) 工廠安全事項。

(8) 機器設備保養事項。

(9) 有利於公司之興革事項等。

3. 提案改善之處理要點

(1) 欲提案者填寫提案表，其範例如表9-10及表9-11。

表9-10 提案表(一)

類別		單位	組 組 圈	日期	年 月 日	姓名		編號	

案由		編號			
說明內容	不夠時請寫在背面				
改善成果記載					
直屬主管意見					
改善組		獎金			

表 9-11　提案表(二)

提案人									
單位	課　　組	姓名		蓋章		總號		提出	年　月　日
案由：									
說明：　　　　No.________									
預期效果： 應用範圍： 改善後可繼續使用程度：									
提案類別(請在適當的空格作「√」)									

提案目標＼提案內容		編號	項目		編號	項目		編號	項目
		1	諸管理之改善		8	剔除無效工作		15	節省原物料
		2	提高事務效率		9	改善檢查方法		16	改善資材
		3	簡化工程		10	改善製品外觀		17	節省消耗品
		4	簡化工作		11	改善安全、衛生設備		18	材料蓄存搬運之改善
		5	改善作業方法		12	機械配置之改善		19	資料管理之改善
		6	節省作業時間		13	機械操作之改善		20	其他
		7	加工之合理化		14	工具治具之保養			

※本表得經由直屬單位初審後提出　　課長　　組長　　(領班)班長

(2) 公司必須成立提案審查委員會來審理各項提案。

(3) 公司並設置提案獎勵辦法，一般凡提出提案即給予鼓勵金，若提案實施後，收到預期以上之效果，經委員會判定者，另給予獎金。

(4) 爲鼓勵各單位踴躍提案，公司另訂提案比賽辦法，頒發個人及團體獎金，以動員全公司員工爲公司的品質及效率改進而努力。

4. 公司追求高品質，期望能做到品質保證，提案改善制度的推行，有相當大的幫助。

9-5 製程能力分析

在實施品質管制後，我們仍需知道製程能力是否足夠，也就是製品是否符合顧客的需求，因此，爲了了解製程及改善製程，製程能力分析對管理階層來說相當重要。

製程能力評估必須在製程穩定後才能實施，亦即$\overline{X}$-R管制圖顯示製程已在統計管制狀態下，而且持續有 30 個以上的樣組已在統計管制下最好。

製程能力評估以

1. 製程準確度C_a。
2. 製程精密度C_p
3. 製程能力綜合指數C_pk

來加以分析，不過這些數值只給我們一個粗略的估計值而已，因爲

1. 有抽樣誤差存在。
2. 沒有一個製程可以做到100%在統計管制狀態下。
3. 沒有任何製品批爲完全之常態分配。

因此，所有製程能力分析的結果必須很小心考慮，而且以很保守謹慎的態度去分析。

一、製程準確度C_a(Capability of Accuracy)

各工程的規格中心值設定的目的，就是希望各工程製造出來的各個產品的實績值，能以規格中心爲中心，呈左右對稱的常態分配，而製造也應以規格中心值爲目標。若從生產過程中所獲得的資料其實績平均值($\overline{X}$)與規格中心值(μ)之間偏差的程度，稱爲製程準確度C_a。其計算方法爲

$$C_a = \frac{\text{實績中心值} - \text{規格中心值}}{\text{規格容許差}}\% = \frac{(\overline{X} - \mu)}{T/2}\%$$

$$T(\text{規格公差}) = S_U - S_L = \text{規格上限} - \text{規格下限}$$

由上式可知當μ與$\overline{X}$之差愈小時，C_a值也愈小，也就是品質愈接近規格要求的水準；C_a值是負時，表示實績值偏低，C_a值是正時則實績值偏高。在單邊規格時，亦即只有規格上限S_U或只有規格下限S_L時，因沒有規格中心值故不能計算C_a，不同的C_a值分爲等級來評定製程能力，如表9-12爲C_a值之等級。

表 9-12　Ca 值之分級基準

等級	C_a值	處　　置
A	$\lvert C_a\rvert \le 12.5\%$	繼續維持現狀
B	$12.5\% < \lvert C_a\rvert \le 25\%$	盡可能改進爲A級
C	$25\% < \lvert C_a\rvert \le 50\%$	應立即檢討改善
D	$50\% < \lvert C_a\rvert$	應採取緊急措施，全面檢討，必要時停止生產

例題 9.1　有一生產容器物工廠，其產品必須浸錫，錫槽溫度之控制影響容器物之品質，抽驗辦法爲每小時兩次，得數據如表9-13，規格標準爲250±15℃，試判斷其製程能力。

表 9-13

X	$X-\overline{X}$	$(X-\overline{X})^2$	X	$X-\overline{X}$	$(X-\overline{X})^2$
260	3.3	10.89	259	2.3	5.29
257	0.3	0.09	257	0.3	0.09
256	−0.7	0.49	255	−1.7	2.89
254	−2.7	7.29	261	4.3	18.49
257	0.3	0.09	258	1.3	1.69
257	0.3	0.09	254	−2.7	7.29
255	−1.7	2.89	255	−1.7	2.89
255	−1.7	2.89	257	0.3	0.09
257	0.3	0.09	258	1.3	1.69
258	1.3	1.69	256	−0.7	0.49
254	−2.7	7.29	255	−1.7	2.89
256	−0.7	0.49	259	2.3	5.29
258	1.3	1.69			
		Σ	6418		85.05
		$\overline{X}$	256.7		

解 $\Sigma X = X_1 + \cdots + X_{25} = 6418$

$\overline{X} = \dfrac{6418}{25} = 256.72 \doteqdot 256.7$

$\sigma = \sqrt{\dfrac{\Sigma(X-\overline{X})^2}{n}} = \sqrt{\dfrac{85.05}{25}} = 1.84$

$\therefore \mathrm{Ca} = \dfrac{\overline{X}-\mu}{T/2} = \dfrac{256.7-250}{30/2} = \dfrac{6.7}{15} = 0.447 = 44.7\%$

$25\% < C_a < 50\%$ $\therefore C$等級

二、製程精密度C_p(Capability of Precision)

1. $C_p=\dfrac{規格容許差}{3\hat{\sigma}}=\dfrac{規格公差/2}{3\hat{\sigma}}=\dfrac{規格公差}{6\hat{\sigma}}=\dfrac{T}{6\hat{\sigma}}$

   $\hat{\sigma}$＝製程實績標準差。

2. 若是單邊規格時

   $C_p=\dfrac{S_U-\overline{X}}{3\hat{\sigma}}$或$C_p=\dfrac{\overline{X}-S_L}{3\hat{\sigma}}$ (S_U：規格上限，S_L：規格下限)。

表9-14爲C_p值之等級評定標準。

表 9-14

等級	C_p值	處置
A	$1.33\leq C_p$	繼續維持現狀
B	$1.00\leq C_p<1.33$	盡可能改進爲A級
C	$0.83\leq C_p<1.0$	應立即檢討改進
D	$C_p<0.83$	應採取緊急措施，全面檢討，必要時停止生產

同例題9.1中計算得$\hat{\sigma}=1.84$

$\therefore C_p=\dfrac{T}{6\hat{\sigma}}=\dfrac{30}{6\times1.84}=2.71>1.33$　$\therefore$評定爲A等級

C_p與C_a之不同點是C_a值愈小愈好、C_p值則愈大愈好。

三、製程能力綜合指數C_pk [k：Coefficient(係數)]

計算公式爲二

1. $C_pk=(1-|C_a|)\cdot C_p$

   $\therefore$當$C_a=0$時，則$C_pk=C_p$。

2. $C_pk=\dfrac{Z_{\min}}{3}=\dfrac{S_U-\overline{X}}{3\hat{\sigma}}$或$=\dfrac{-(S_L-\overline{X})}{3\hat{\sigma}}$的最小值。

式中，Z表示製程平均值($\overline{X}$)至規格界限的距離除以製程標準差所得到的數值。Z_{min}即取最小值。

若單邊規格時，Cpk即以Cp值的絕對值計之。

例9.1中$C_pk=(1-|C_a|)\cdot C_p=(1-0.447)\times 2.71=1.5$，$C_pk>1.33$以表9-15之評定爲$A$級，表示製程能力足夠。

表9-15　製程能力綜合指數分級基準

等級	Cpk值	處　　置
A	$1.33\leq C_pk$	製程能力足夠
B	$1.0\leq C_pk<1.33$	能力尚可，應再努力
C	$C_pk<1.0$	應加以改善

製程能力綜合指數計算出來以後，繪製管制圖之樣本取樣數目之基本原則如表9-16，而其管制方法如表9-17所示。

表9-16　管制圖抽樣的基本原則

	重要尺寸		次要尺寸	
製程能力綜合指數	管制方法	取樣頻率	管制方法	取樣頻率
1.0以下	檢驗	全檢	檢驗	全檢
1.0～1.33	管制圖	高	管制圖	中
1.33～1.66	管制圖 檢查表	中 高	查檢表	中
1.66～2.0	管制圖 檢查表	低 中	查檢表	低
＞2.0	視情形需要			

表 9-17　管制方法

取樣頻率	管制圖	查檢表
高	1～2 小時	15～30 分
中	4～8 小時	每小時
低	每班次	2 小時

本章摘要

1. 要現場人員把品質工作貫徹到日常生活中，必須使他們先有正確觀念與方法。
2. 推行品管小組(Quality Control Team，QCT)是自主品管的組織之一。
3. 品管小組，或稱品管圈，在企業界稱爲團結圈，每圈以不超過20人爲原則。
4. 品管小組爲應用腦力激盪術來解決問題。
5. 品管圈之成果包括有形成果：不良率下降、節省工時工資及改善費用。無形效果：公司形象、擴大業績。
6. 企業能「找出問題、認識問題、解決問題」就是進步。而「找出問題」有賴現場工作者主動提出。
7. 企業以參加經濟部推動之品管圈競賽爲促進企業形象的重要工作。
8. 新 QC 七大手法爲親和圖法、關連圖法、系統圖法、PDPC法、矩陣圖法、矩陣解析法、箭形圖解法。
9. 關連圖之要因間以箭頭表示，箭頭方向由原因朝向結果，手段朝向目的。
10. 系統圖係以「目的—手段」系列做有系統的展開。
11. 矩陣圖法有L型、T型、X型、Y型、P型及C型，一般以L型使用最多，T型、Y型次 ，X、C、P型甚少使用。
12. L型矩陣圖可用於表達目的與對策之間的對應關係，也可用來表達結果與原因的關連性。
13. 5S是指企業進行整理、整頓、清掃、清潔及修身的管理工作。

14. 提案改善制度是鼓勵員工貢獻經驗與智慧的管理制度。
15. 製程能力分析必須在製程穩定後才能實施。
16. 製程能力評估以(1)製程準確度C_a(2)製程精密度C_p(3)製程能力綜合指數C_pk來加以分析。
17. 製程準確度C_a值愈小時，表示品質愈接近規格要求的水準。
18. 計算公式與評價方法。

表 9-18

<table>
<tr><th rowspan="2"></th><th rowspan="2">評價項目</th><th colspan="2">計算公式</th><th colspan="3">評價方法</th></tr>
<tr><th>雙邊規格</th><th>單邊規格</th><th>分級基準</th><th>等級</th><th>處置</th></tr>
<tr><td>C_a</td><td>準確度
(比較製程平均值與規格中心值一致的情形)</td><td>$C_a=\frac{\overline{X}-\mu}{T/2}$ %</td><td>無</td><td>$\lvert C_a\rvert \leqq 12.5\%$
$12.5\% < \lvert C_a\rvert \leqq 25\%$
$25\% < \lvert C_a\rvert \leqq 50\%$
$50\% < \lvert C_a\rvert$</td><td>A
B
C
D</td><td>繼續維持現狀
盡可能改進爲A級
應立即檢討改善
應採取緊急措施，全面檢討，必要時停止生產</td></tr>
<tr><td>C_p</td><td>精密度
(比較製程變異寬度與規格公差範圍相差之情形)</td><td>$C_p=\frac{T}{6\hat{\sigma}}$</td><td>$C_p=\frac{S_U-\overline{X}}{3\hat{\sigma}}$
或
$C_p=\frac{\overline{X}-S_L}{3\hat{\sigma}}$</td><td>$1.33 \leqq C_p$
$1.00 \leqq C_p < 1.33$
$0.83 \leqq C_p < 1.00$
$C_p < 0.83$</td><td>A
B
C
D</td><td>與C_a同</td></tr>
<tr><td>C_pk</td><td>製程能力指數
(總合C_a與C_p二值之指數)
有兩種公式可以求得</td><td>①$C_pk=(1-\lvert C_a\rvert)\cdot C_p$
當$C_a=0$時
$C_pk=C_p$
②$C_pk=\frac{Z_{\min}}{3}$
$=\frac{S_U-\overline{X}}{3\hat{\sigma}}$
或 $=\frac{-(S_L-\overline{X})}{3\hat{\sigma}}$
的最小值</td><td>C_pk即以C_p值計，但需取絕對值</td><td>$1.33 \leqq C_pk$
$1.0 \leqq C_pk < 1.33$
$C_pk < 1.0$</td><td>A
B
C</td><td>製程能力足夠
能力尚可，應再努力
應加以改善</td></tr>
</table>

μ：規格中心值　$\hat{\sigma}$：製程估計標準差　SL：規格界限
$\overline{X}$：製程平均值　T：規格公差$=S_U$(規格上限)$-S_L$(規格下限)

習題

1. 企業欲推動品質，並組織推動委員會，須建立之理念如何？
2. 推行品管小組的組織活動要點有哪些？
3. 推行品管圈的工作內容包括哪些？
4. 品管圈的基本精神如何？
5. 品管圈解決問題的步驟？
6. QC 新七大手法是什麼？
7. 解釋親和圖法？
8. 親和圖法的使用時機？
9. 親和圖的製作步驟爲何？
10. 關連圖法之定義如何？
11. 關連圖的使用時機？
12. 製作關連圖的基本原則爲何？
13. 何謂系統圖法？
14. 系統圖的使用時機？
15. 系統圖有哪二種類別？
16. PDPC 法之定義爲何？
17. PDPC 法的使用時機？
18. 解釋矩陣圖法？
19. 矩陣圖法的使用時機？
20. 品管學會出版之月刊第 22 卷第 4 期有 L 型的矩陣圖例子如下：*A* 公司有 6 位主管：董事長、總經理、協理、經理、課長、股長，他們的名字爲(不按順序)大山、大河、小花、小美、大雄、小麗。已知相互間的關係如下，請問上列名字各當什麼職務？

大山：未婚，男　　大河：董事長的鄰居，男

小花：股長的同學，未婚，女　　小美：已婚，女

大雄：25歲，男　　小麗：未婚，女

總經理：董事長的孫子，男　　課長：協理的女婿

21. 試述矩陣解析法之定義？
22. 矩陣解析法之使用時機？
23. 箭形圖解法之定義如何？
24. 試述箭形圖解法之使用時機？
25. 箭形圖法之優點有哪些？
26. 簡述5S的內容與定義？
27. 5S的關連圖如何？
28. 企業推行5S的步驟其方法如何？
29. 解釋提案改善制度？
30. 公司提案改善的項目包含哪些？
31. 製程能力分析之時機有何限制？
32. 解釋C_a、C_p及C_pk之定義？
33. 如表9-19爲某工廠實施銲線，其金球推力規格爲60g±20，今每天每台銲機抽測一次，每次5球，得數據如表9-19，試繪$\overline{X}$-R管制圖及計算C_a、C_p及C_pk值。

表9-19

組數	X_1	X_2	X_3	X_4	X_5	組數	X_1	X_2	X_3	X_4	X_5
1	55	61	50	57	58	9	59	54	54	57	59
2	53	52	54	58	49	10	58	56	52	46	47
3	78	77	93	84	79	11	57	56	56	55	57

表 9-19 (續)

組數	X_1	X_2	X_3	X_4	X_5	組數	X_1	X_2	X_3	X_4	X_5
4	50	60	50	50	60	12	58	64	69	65	65
5	55	55	60	55	57	13	67	65	72	64	65
6	58	66	63	68	59	14	58	51	54	61	53
7	57	62	49	56	61	15	52	44	52	48	48
8	52	52	54	52	47	16	59	52	54	55	56

10 章

• QUALITY CONTROL •

管理與改善

任何產品，一旦投入生產線，無不希望以最經濟、最有效率來完成它，並且做出合乎品質要求的產品。為了達到這個目標，我們必須實施管制。在前面幾章，我們已介紹各種品質上的管制方法，但是，那些只止於在「找出問題」的階段。工業生產，除了「找出問題」外，尚需「認識問題」，進而「解決問題」、「獲得進步」，所以，找出問題、認識問題、解決問題，是工廠求進步的三部曲，必須經常不斷的去實施。

品質管制的作業程序為圖 10-1。品質的管制方法可應用前面章節介紹的 QC 手法，如圖 10-2。

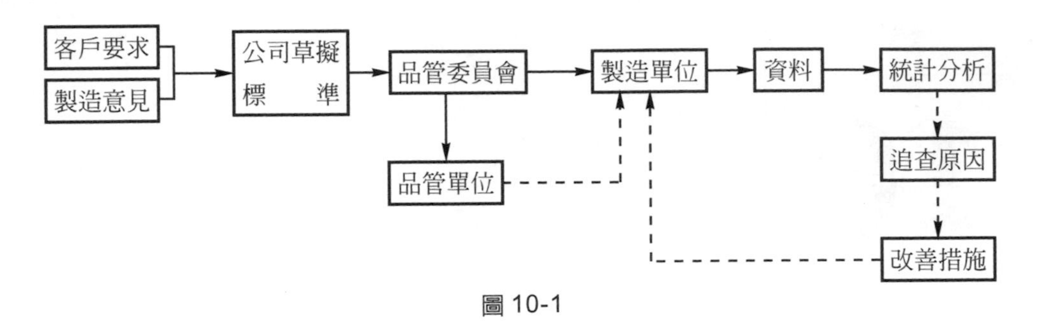

圖 10-1

改善程序＼品質技術		親和圖	關連圖	系統圖	矩陣圖	箭形圖	PDPC	查檢表	層別法	柏拉圖	特性要因圖	直立圖	管制圖	散佈圖
1.	問題確認	v						v		v		v		
2.	原因分析		v	v					v		v	v		v
3.	對策分析、擬訂			v	v									
4.	計畫訂定					v	v							
5.	追蹤檢討									v		v	v	
6.	模式建立	v	v	v	v	v	v	v	v	v	v	v	v	v

圖 10-2　QC 手法之應用

10-1 方針管理

所謂方針管理，是指「以方針去管理」企業裡的經營活動，將企業經營的方向、目標、政策如圖 10-3，由上而下傳達給每一位員工，每一位員工則根據計畫去從事活動，將結果加以評價、檢討、再予回饋，並利用計畫、執行、查核、改善處置的管理循環方法，提高企業的業績，當然包括品質水準。

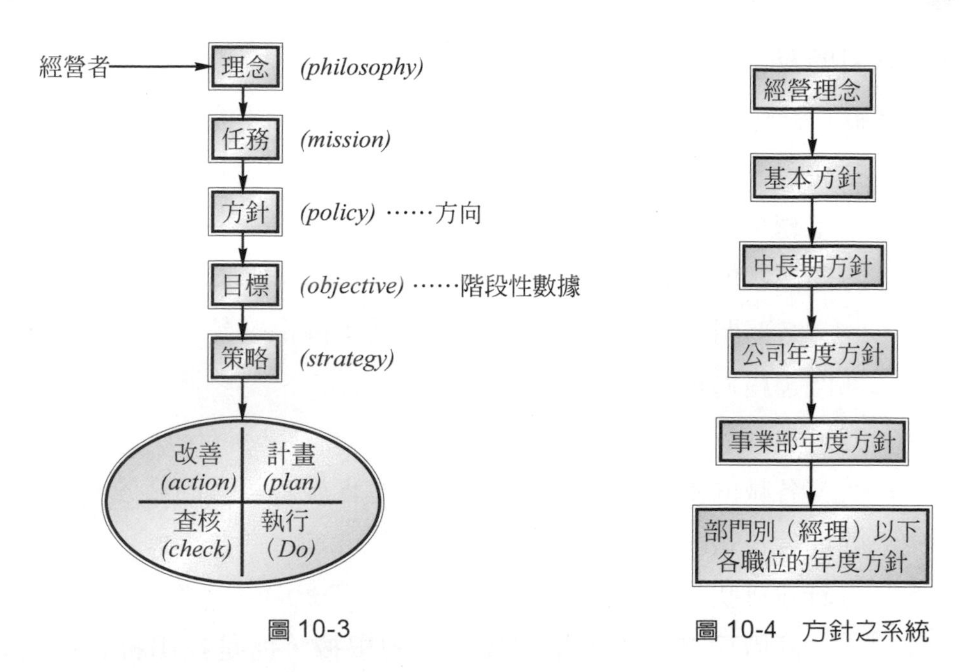

圖 10-3

圖 10-4　方針之系統

一、企業擬訂方針之系統

方針由上而下，一般爲一年以上之企業經營方針，並且展開到每個職位的部門方針，圖 10-4 爲方針之系統。

二、企業部門別方針展開之 QC 矩陣圖

方針	方針	—	—	—	—	—	教育訓練
—	—	—	—	—	—	—	方法
—	—	—	—	—	—	—	製程檢驗
—	—	—	—	—	—	—	改善
—	—	—	—	方針	—	—	獎勵
—	—	—	—	—	—	—	安全衛生、環保
—	—	—	—	—	—	—	成本
企畫	市調	設計	進料	製造	成品	服務	

圖 10-5　QC 矩陣圖

三、方針管理的步驟

實施方針管理來改善品質，要依循下列步驟，才能順利進行。

1. 檢討過去業績，確認中長期計畫及方針，選定年度主題。
2. 設定總經理年度方針，傳達到各部門。
3. 各部門推展方針

   各部門均分配有目標和策略，爲了確保經營目標及策略，各部門需經過檢討、溝通，取得共識。
4. 方針執行

   各職位依據方針管理計畫推行，實施時每天的績效必須設立管理板及報表。
5. 方針達成狀況按月、季檢核評價

   評價檢核目的不是尋找指責的根據，而是找出推行中的缺點，以採取修正行動，一般以按月評價最佳。
6. 最高階層診斷

   部門主管半年一次，總經理每年(或半年)實施 QC 診斷。在實施方針管理過程中，偶而會遇上外在環境起了大變化，此時必須加以修正方針及實施主題，才能符合實際，高階層診斷的目的是適時與下層溝通並作修正、追加及變更。

   高階層 QC 診斷是經營層與實施部門溝通的場合，也是促進 TQC 的必要條件。

10-2 *QC Story*

一、定義

在 PDCA 管理循環的第四階段改善行動(Action)是一項相當重要的工作。在改善活動上，當目標達成、活動結束時，務必將活動之經過與

所得到的結果歸納成文章，並呈給上級，此歸納整理方法稱爲「QC Story」之做法，所以QC Story是指將公司的各項管制及改善工作，歸納成文章內容，沒有一定的形式，可作爲各單位教育訓練的題材，其實是延伸「計畫–執行–檢討–改善處置」管理循環。

二、運用 QC Story 的步驟

1. 選定主題：決定主題之前，找出問題，一般以關鍵問題優先。
2. 掌握現狀及設定目標：收集現狀之事實，然後分析要突破的對象，訂定目標提供目標值及期限。
3. 擬定活動計畫：決定實施事項，決定日程及分工事項等。
4. 造成結果之原因分析：已呈現事實之特定值，去找出原因，並解析原因，然後決定對象項目。
5. 對策之檢討及實施：對策必須一再檢討調整，然後定案，如：提出對策的項目，檢討對策的具體化，確認對策的內容。對等實施後，亦一併檢討實施方法之可行性。
6. 效果的確認：實施後，確認對等結果，與目標值作一比較，並條列或作圖提出成果。
7. 標準化及管理的落實：獲得績效的管理方法或工作方法，必須製定標準化之制度。

而最重要的是管理的落實，使相關人員徹底的了解，進行教育訓練，並長期追蹤實施之情形。

10-3 標準化

一、定義

在公司或工廠內，爲材料、零件、製品之購買、製造、檢查、管制等工作，而訂定之標準、規格、作業程序等稱爲公司的標準。若設定標

準並加以活用的組織行爲，稱爲標準化。標準化是實行於公司之生產、管理等方面時，稱爲公司標準化。

在品質管制常用的標準化，其注重在「抑止惡化、再防發生」。它是事先製作技術、作業等標準，然後依據這些規定不斷的修正缺點，並在改善後修訂標準，方能累積公司的技術，提昇公司的水準。

二、標準化的重要性

菲吉巴姆博士(A.V. Feigenbaum)在其所著T.Q.C一書內說管制是一種管理的工具，包含四個步驟：

1. 訂立標準。
2. 鑑定符合標準的程度(即各種測定與檢查工作)。
3. 異狀之追查與糾正。
4. 根據異狀的原因，修改舊標準，訂定新標準。

因此，標準的釐訂是品管工作的第一要件，一個生產單位若有標準，則各種管理將呈現一種井然有序的現象，例如材料的驗收根據材料的規格標準則材料的品質易於管制，業務標準使得每人各得其所，分層負責。並且，標準化是一種資產，是一本字典，人人可查，老員工因故不做了，新的工作人員將能很快的依據標準進入狀況。而且，最重要的是經過了異狀的追查與糾正後，新標準化的出現，是提高品質最具體的決策，有賴各生產單位去實施。

三、標準化與改善

管理工作就是「作業標準的維持與改善」

維持：維持現有技術、管理與作業標準的活動。

改善：要求管理人員不斷的評估、改進現有標準的活動，且盡可能地予以改善。

標準化是改善的目標與動力，其工作包含：

1. 維持：企業首先必須保持目前的水準，才能繼續追求更進步的品質，製造生產過程中的「異常處理」亦是維持目前水準的工作範圍內。

(1) 督促遵守標準。

① 訂定可以遵守的標準。

② 指導作業人員時，應說給他聽、做給他看及看他做對了沒有。

③ 幹部多利用「觀察」方法，找出不合標準的地方。

④ 每一位員工應養成「詢問」原因的習慣。

如果無法達成標準，應積極主動詢問原因並尋求協助，如果有很多不易遵守標準操作的作業，卻不願、不敢把實情傳達出來，維持標準將緣木求魚，無法達到。

(2) 異常狀況之處理。

① 異常當然偏離標準，發現後應迅速報告：日常檢查或品檢項目內之異常較易被發現，但不在檢查、確認項目的異常最應積極去發掘。

② 發現異常，應馬上作要因解析。

③ 處理緊急措施，除了停工外，並應「立即呈報」的原則。

2. 改善

產品的開發持著漸進的觀點，強調持續性的改善，則將令顧客接受的產品更滿意。

改善再改善，必須做到：

(1) 打破現狀。

(2) 持續運用管理循環PDPA。

(3) 訂定年度方針管理。

則企業才會持續的進步。

而企業要能「持續改善」，透過提案制度來進行，效果奇佳。提案制度強調「士氣」與「全員參與」，可以提高員工的「問題意識」，並且讓每位員工追求工作變得更容易更有價值爲目標，一旦提案確認並且獲得效果，馬上訂定新的標準。

四、以標準化的程序進行改善

改善就是解決目前的問題，追求標準化的程序能夠幫助解決問題，促進改善，圖 10-5 即說明以標準化程序來改善問題。

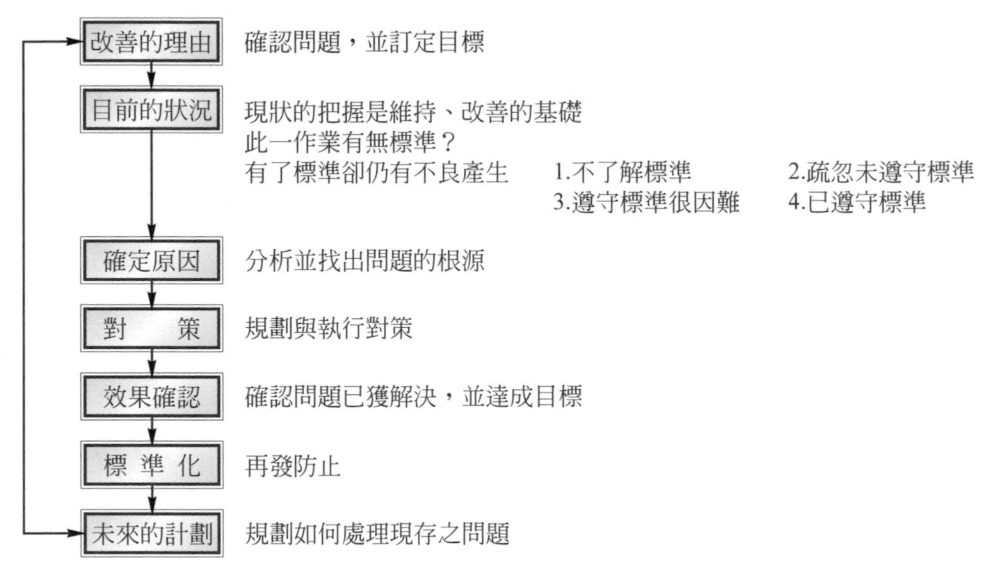

圖 10-5　以標準化程序進行改善問題

五、標準化之推行

由圖 10-5 可知標準化對改善及解決問題有幫助，企業藉標準化來改善，其推行步驟如下：

1. 確立公司之經營目標

    產品之品質水準定位如何？當然與價格定位及市場區隔有關。

2. 建立推進組織

　　可分爲專責機構或成立標準化委員會之專案組織。

3. 標準化體系的建立

　　擬訂公司標準化體系，也擬訂標準之制定辦法(包含模式及編定準則)。

4. 標準文件之現狀調查

　　爲充分了解現狀，應對公司標準化的文件作現狀調查。

5. 整理過去的資料

　　將過去的資料整理、分析，及現在的狀況，作爲訂定標準的依據。而訂定作業標準，須以現狀爲主、理想爲輔，找出最適當的條件。

6. 與團體、國家、國際標準比較

　　公司標準應參考上述標準訂定，不可有矛盾之處。

7. 作成暫訂之標準並試行

　　試行期間3～6個月，如有不合理的現象或不易做到的地方，應該加以改善。

8. 頒佈正式標準

　　係透過經營層之授權以頒行正式標準，並透過教育、訓練讓相關人員徹底了解並執行。

9. P.D.C.A的管理循環

　　維持、改善再改善的循環須能確實的運作。

10-4 改善就是進步

任何工業生產，求進步是每一從業員的基本希望，但是單靠堅強的意念，是不夠的，必需有具體的措施，才能發揮實效。因此，生產中改

善的步驟可分爲：

1. 尋找問題(利用統計方法、管制圖、檢驗來發現異狀)。
2. 認識問題(利用柏拉圖、特性要因圖分析問題的原因，及其它QC手法)。
3. 解決問題(製成新的標準化、分配執行單位改善)。

經過尋找問題、認識問題、解決問題，一個公司的最後成果就是進步，進步代表一種價值，公司的價值地位提高後，獲得廣大客戶的支持，其業務自然而然的發達起來。

本章摘要

1. 找出問題、認識問題、解決問題是工廠求進步的三步曲。
2. 方針管理包含方向、目標、策略及 PDCA。
3. PDCA 循環是

4. 方針由上而下，一般爲一年以上之企業經營方針。
5. 高階層 QC 診斷是經營層與實施部門溝通的最佳場合。
6. QC Story 是延伸PDCA 循環之改善行動，將改善行動整理成文章，作爲教育訓練之教材。
7. 品質管制常用的標準化，其注重在「抑止惡化、再防發生」。
8. 標準的釐訂是品管工作的第一步。
9. 管理工作就是「作業標準與改善」。
10. 企業對產品的開發應包含持續性的改善。
11. 改善就是進步，進步代表一種價值。

習題

1. 試繪工廠品質管制的作業程序？
2. 解釋方針管理？並述其流程？
3. 企業如何擬訂方針之系統？
4. 方針管理的步驟如何？
5. 何謂 QC Story？其功用是什麼？
6. 運用 QC Story 之步驟有哪些？
7. 品質管制工作實施標準化的重要性是什麼？
8. 維持企業目前的技術水準，其工作範圍如何？
9. 持續性的對產品作改善，措施有哪些？
10. 以標準化進行改善的程序爲何？
11. 標準化應如何在企業內推行？

11 章

• QUALITY CONTROL •

品質保證

品質管制的終極目標是廠商的產品在客戶的心目中品質是一種保證，要達到廠商產品能在市場上建立「品質保證」的企業形象，除了生產廠商全體員工建立品質意識，運用前幾章所述之品質管制制度及手法，自主性的管理自身在企業內的工作，並朝「無缺點」生產邁進。此外，取得國際市場認同的標準及簽證是必須的目標，ISO 9000 系列之品質管理與品質保證系統是現今世界市場普遍認同的國際品質標準。

11-1 *ISO 9000* 系列品質保證制度

一、概述

國際標準組織(The International Organization for Standardization)，簡稱 ISO，成立於 1947 年 2 月 23 日，總部設於瑞士(Switzerland)日內

瓦(Geneva)。ISO 由因第二次世界大戰在 1942 年暫停運作的國際標準協會(ISA)，於戰後(1946 年)招聚 25 個國家之代表在倫敦(Lodon)會商創立。

國際標準組織ISO的任務是協助國際標準之制訂與推廣，以促進標準化的發展；目的是使國際間貨物與服務容易交易，並且在科學、技術、經濟上的活動等領域合作發展。

ISO 9000系列之品質管理與品質保證系統指導綱要，係國際標準組織 ISO 於1987年3月所制訂，目前各國均紛紛採用此標準，並積極加以推動。ISO 9000 系列是規範品質管理和品質保證之標準化。而 ISO 14000則為規範環境管理方面之標準。

二、ISO 機構之組織架構

ISO 機構係國際性組織，且為國際標準化機構，因此具有相當代表性，為非政府機構，在瑞士境內具法人人格；ISO會員一半以上係政府機關或以公法規定之法人組織，每個國家只有一個機關具有會員資格。

ISO 機構之組織架構，如圖 11-1。

三、ISO 系列之組成架構

ISO 9000系列品質管理與品質保證系統標準中，依據產品之銷售方式，將品質系統分為兩種類型。一種類型是產品市場銷售環境適用的品質系統，稱為品質管理體系，它是企業內部人員為實施品質管理而建立的。ISO 9004 品質管理與品質系統——指導綱要，即是該類體系之標準。另一種類型是產品訂貨契約銷售環境適用的品質保證模式，這類體系是賣方(生產企業)為取得買方(顧客)對品質信任而建立的，它可提供買方對企業品質保證能力進行評價使用，ISO 9001、ISO 9002、ISO 9003是三類不同產品的品質保證系統模式。圖 11-2 為ISO 9000 系列之組成架構。

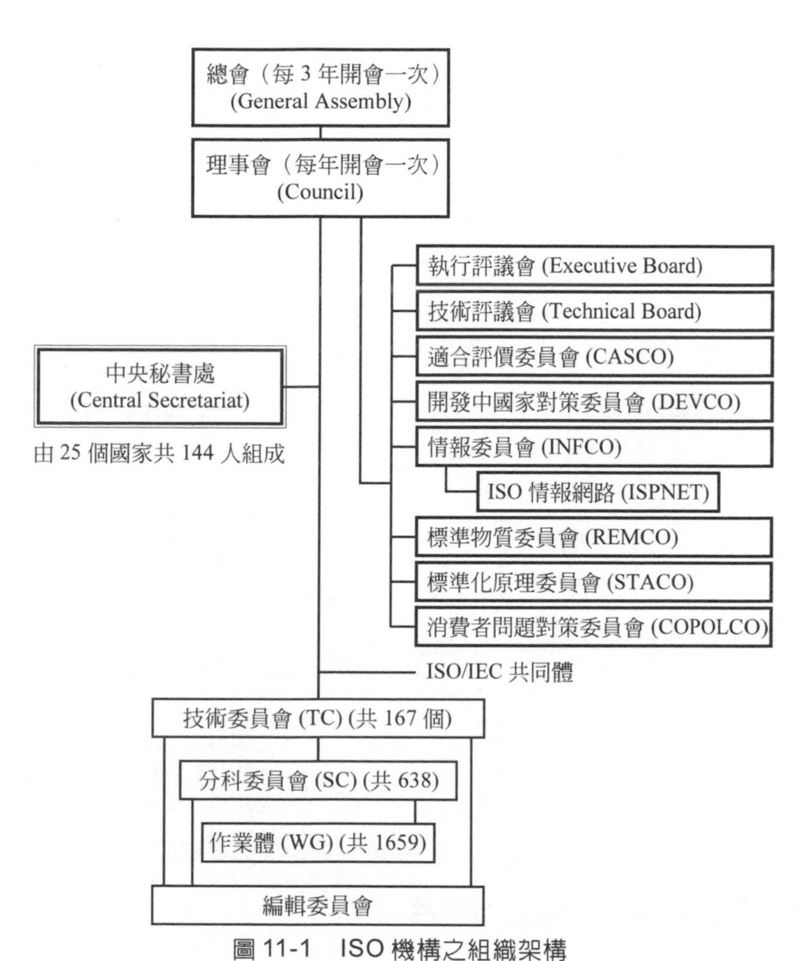

圖 11-1　ISO 機構之組織架構

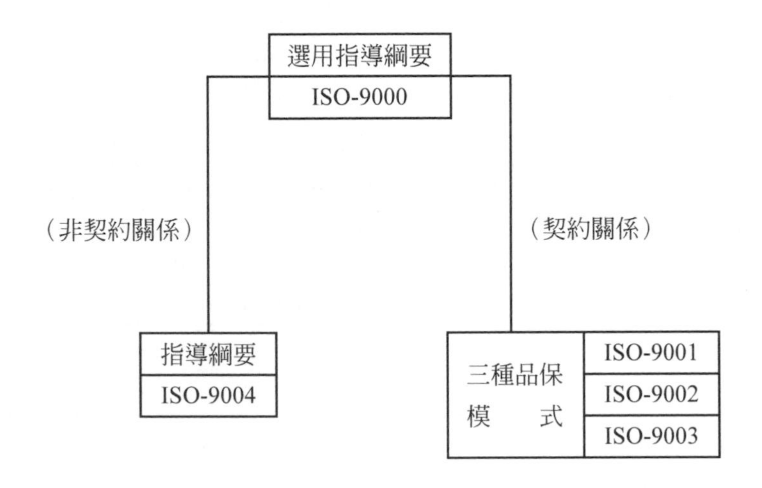

圖 11-2　ISO 9000 系列之組成架構

四、ISO 9000 系列之特點與效益

1. ISO 9000 系列之特點

   (1) 概念淺顯、結構系統化：其內容規定非爲少數廠商而訂，亦非讓多數廠商難以達成之特殊要求。僅係將一般性品質觀念，以一種有組織的形式作書面規定，並分列章節以利遵循。

   (2) 可供功能不同，規模不等之廠商使用。

   (3) 適用於製造業與服務業。

   (4) 提供品質管理／保證之架構，尚需配合品質技術及產品或服務之技術規範實施。

⑸ 視需要得裁量增刪品質要素。

2. ISO 9000/CNS 12680系列之效益

⑴ 管理層面

① 品質保證與品管評估

❶ 建立品質保證之模式。

❷ 中心廠評估衛星廠。

❸ 採購商評估供應商。

② 品質管理

❶ 把品質設計與製造出來：由孕育產品需要到達成顧客滿意，在品質環圈各個階段築入品質，強調事先防患重於事後補救。

❷ 系統化管理、降低成本、提高品質：妥善規範全面品質管理、全程掌握生產系統，建立與實施周全而系統化之程序，避免因重新規劃、重新設計、重新加工、修理、廢棄所造成的人力、物力、及時間上之資源浪費。

⑵ 行銷面

① 促進顧客滿意

❶ 品質

❷ 安全

❸ 價格

② 提高產品競爭力

❶ 建立低成本、高品質的實力

❷ 符合國際標準，提高商譽

③ 因應國外採購要求

❶ 政府法規

❷ 採購商要求

④ 排除貿易障礙

⑤ 分散外銷市場

⑥ 有利相互認證簡化驗貨

⑦ 減輕產品責任

❶ 積極面：據 ISO 9000 系列建立與實施品質制度，有助於依據所定目標達成預期品質，履行提供顧客滿意之品質與安全的責任。

❷ 消極面：藉完善品質制度之建立與實施，及其記錄之保存，減輕產品責任。

五、ISO 9000 系列品質體系對照表

1. ISO 9000 系列組成適用狀況

如表 11-1 爲 ISO 9000 系列組成之適用狀況。

表 11-1

代碼	內容簡述	備註
ISO 9000	ISO 9000 系列的介紹品質管理與品質保證標準：選用之指導綱要。	
ISO 9001	品質制度：設計／開發、生產裝置與售後服務工作等之品質保證模式。	適用於外部評鑑告訴我們應該做什麼 WHAT TO DO？
ISO 9002	品質制度：生產與裝置中之品質保證模式。	
ISO 9003	品質制度：最終檢驗與測試中之品質保證模式。	
ISO 9004	品質管理與品質制度要項：指導綱要。	適用於內部評鑑 HOW TO DO？如何去做才能符合 ISO 9001(9002、9003)之要求

2. ISO 9004和ISO 9001、9002、9003之對應

如表11-2，即爲ISO 9000系列品質體系對照表。

表11-2

ISO 9004中條款(或子目)編號	名稱	相對條款編號(或子目編號)於		
		ISO 9001	ISO 9002	ISO 9003
4	管理責任	4.1 ●	4.1 ◐	4.1 ○
5	品質系統規則	4.2 ●	4.2 ●	4.3 ◐
5.4	品質系統稽查(內部)	4.17 ●	4.16 ◐	—
6	經濟性——品質有關成本之考慮	—		—
7	行銷之品質(合約審查)	4.3 ●	4.3 ●	—
8	規格與設計之品質(設計管制)	4.4 ●	—	—
9	採購品質(採購)	4.6 ●	4.5 ●	—
10	生產品質(製程管制)	4.9 ●	4.8 ●	—
11	生產管制		4.8 ●	—
11.2	物料管制與追溯性(產品鑑別與追溯性)	4.8 ●	4.7 ●	4.4 ◐
11.7	驗證狀況之管制(檢驗與測試狀況)	4.12 ●	4.11 ●	4.7 ◐
12	產品驗證(檢驗與測試)	4.10 ●	4.9 ●	4.5 ◐
13	測試設備之管制(檢驗、量測與試驗設備)	4.11 ●	4.10 ●	4.6 ◐
14	不符合之措施(不合格產品之管制)	4.13 ●	4.12 ●	4.8 ◐
15	矯正措施	4.14 ●	4.13 ●	—
16	運搬與生產之職能(運搬、儲存、包裝與交貨)	4.15 ●	4.14 ●	4.9 ◐
16.2	售後服務	4.19 ●	—	—
17	品質文件與記錄(文件管制)	4.5 ●	4.4 ●	4.3 ◐
17.3	品質記錄	4.16 ●	4.15 ●	4.10 ◐
18	人事(訓練)	4.18 ●	4.17 ◐	4.11 ○
19	產品安全與責任	—	—	—
20	統計方法之應用(統計技術)	4.20 ●	4.18 ●	4.12 ◐
—	採購者提供之產品	4.7 ●	4.6 ●	—

六、ISO 9000 系列之內容綱要

在第五節表中說明 ISO 9000系列之內容簡述，本節列出 ISO 系列之內容綱要。

表 11-3

ISO 8402 品質：詞彙	ISO 9000 品質管理與品質保證標準：選用之指導綱要
緒論 範圍與應用場合 參考資料 名詞與定義 1. 品質 2. 等級 3. 品質環圈與品質螺旋 4. 品質政策 5. 品質管理 6. 品質保證 7. 品質管制 8. 品質系統 9. 品質計畫 10. 品質稽核 11. 品質監督 12. 品質系統審查 13. 設計審查 14. 檢驗 15. 追溯性 16. 特准；放棄追訴 17. 生產特許；差異特許 18. 可靠度 19. 產品責任；服務責任 20. 不符合 21. 缺點 22. 規格	0 緒論 1 適用範圍 2 參考資料 3 定義 3.1 品質政策 3.2 品質管理 3.3 品質系統 3.4 品質管制 3.5 品質保證 4 主要觀念 5 品質系統狀況之特性 6 品質系統國際標準之類別 7 以品質管理爲目的之品質系統國際標準之使用 8 以合約爲目的之品質系統國際標準之使用 8.1 概述 8.2 品質保證模式之選擇 8.3 展示成效與文書處理 8.4 簽約前之評鑑 8.5 擬訂合約方面 附件：品質系統要項對照表

表 11-4

ISO 9001 品質系統：設計／發展，生產，安裝與售後服務之品質保證模式	ISO 9002 品管系統：生產與安裝之品質保證模式
0　緒論	0　緒論……
1　適用範圍	1　適用範圍
1.1　範圍	1.1　範圍……
1.2　適用場合	1.2　適用場合
2　參考資料	2　參考資料……
3　定義	3　定義……
4　品質系統之要求	4　品質系統要求
4.1　管理責任	4.1　管理責任
4.2　品質系統	4.2　品質系統
4.3　合約審查	4.3　合約審查
4.4　設計管制	4.4　文件管制
4.5　文件管制	4.5　採購……
4.6　採購	4.6　採購者所供應之產品……
4.7　採購者所供應之產品	4.7　產品之鑑別與追溯性……
4.8　產品之鑑別與追溯性	4.8　製程管制……
4.9　製程管制	4.9　檢驗與測試
4.10　檢驗與測試	4.10　檢驗、量測與試驗設備……
4.11　檢驗、量測與試驗設備	4.11　檢驗與測試狀況……
4.12　檢驗與測試狀況	4.12　不合格品之管制……
4.13　不合格品之管制	4.13　矯正措施……
4.14　矯正措施	4.14　運搬、儲存、包裝與交貨
4.15　運搬、儲存、包裝與交貨	4.15　品質記錄……
4.16　品質記錄	4.16　內部品質稽核
4.17　內部品質稽核	4.17　訓練……
4.18　訓練	4.18　統計技術……
4.19　售後服務	
4.20　統計技術	

表 11-5

ISO 9003 品質系統：最終檢驗與測試之品質保證模式	ISO 9004 品質管理與品質系統要項：指導綱要
0 緒論	0 緒論
1 適用範圍	0.1 概述
1.1 範圍	0.2 組織目標
1.2 適用場合	0.3 滿足公司／顧客之要求
2 參考資料	0.4 風險成本與利潤
3 定義	1 適用範圍及場合
4 品質系統之要求	2 參考資料
4.1 管理責任	3 定義
4.2 品質系統	3.1 組織
4.3 文件管制	3.2 公司
4.4 產品之鑑別	3.3 社會要求
4.5 檢驗與測試	3.4 顧客
4.6 檢驗、量測與試驗設備	4 管理責任
4.7 檢驗與測試狀況	4.1 概述
4.8 不合格品之管制	4.2 品質政策
4.9 運搬、儲存、包裝與交貨	4.3 品質目標
4.10 品質記錄	4.4 品質系統
4.11 訓練	5 品質系統原理
4.12 統計技術	5.1 品質環圈
	5.2 品質系統之架構
	5.3 系統之文書處理
	5.4 品質系統之稽核
	5.5 品質管理系統之檢討與評估
	6 經濟性：品質有關成本之考慮
	6.1 概述
	6.2 選擇適當要素
	6.3 品質有關成本之類別
	6.4 管理可見性
	7 行銷品質
	7.1 行銷要求
	7.2 產品簡述
	7.3 顧客回饋資訊
	8 規格及設計之品質
	8.1 規格及設計對品質之助益

表 11-6

8.2 設計規劃與目標(專案計畫之界定)	13.3 供應商之量測管制
8.3 產品測試與量測	13.4 矯正措施
8.4 設計之合格性與確認	13.5 外界之測試
8.5 設計審查	14 不合格之措施
8.6 設計基本與生產放行	14.1 概述
8.7 市場現狀檢討	14.2 鑑定
8.8 設計變更管制(形體管理)	14.3 隔離
8.9 設計合格之再確認	14.4 檢討
9 採購品質	14.5 處置
9.1 概述	14.6 書面(管制)作業
9.2 規格、圖樣與採購訂單之要求	14.7 再發之預防
9.3 合格供應商之選擇	15 矯正措施
9.4 品質保證之協定	15.1 概述
9.5 驗證方法之協定	15.2 職責之指派
9.6 解決品質糾紛之條款	15.3 重要性之評估
9.7 接收檢驗計畫與管制	15.4 可能原因之調查
9.8 接收品質記錄	15.5 問題之分析
10 生產品質	15.6 預防措施
10.1 生產管制規劃	15.7 製程管制
10.2 製程能力	15.8 不合格品之處置
10.3 補給品、公共設施與環境	15.9 永久性之變更
11 生產管制	16 搬運與生產後之職責
11.1 概述	16.1 運搬、儲存、識別、包裝、安裝與交貨
11.2 物料管制與追溯性	16.2 售後服務
11.3 設備之管制與維護	16.3 市場報告與產品監督
11.4 特殊製程	17 品質文件與記錄
11.5 文件管制	17.1 概述……
11.6 製程變更管制	17.2 品質文件……
11.7 驗證狀況之管制	17.3 品質記錄……
11.8 不合格物料之管制	18 人事……
12 產品驗證	18.1 訓練……
12.1 進廠物料與零組件	18.2 資格……
12.2 製程中檢驗	18.3 激勵措施……
12.3 成品驗證	19 產品安全與責任
13 測試設備之管制	20 統計方法之應用
13.1 量測管制	20.1 適用範圍……
13.2 管制之要素	20.2 統計技術……

七、ISO 9001 條款附錄

ISO 9000 系列品質保證條款，ISO 組織有出版手冊，今附錄 ISO 9001 之條款以及依據條款廠商應執行及檢核之作業要點，依據ISO 9001 之內容綱要 0～3 爲基本要項，本節從綱要第 4：品質系統之要求開始節錄及敘述。

表 11-7

項　　目	範圍／內容	作業要點
4.1 管理責任 4.1.1 品質政策	明訂對品質之政策、目標、承諾，並推行於各階層，明瞭、實施及維持	1. 經營者明文化且簽名並公告之 2. 運用員工手冊、海報等文宣及各型會議活動來執行
4.1.2 組織	1. 凡影響品質之管理、執行及驗證工作之所有人員其權責及相互關係均應予規定 2. 確保資源與人員來完成驗證工作 · 產品與程序階段之檢驗、測試及監督 · 品質系統或產品之稽核 3. 指派一位管理代表，確保 ISO 標準之實施與維持	1. 公司組織表與部門職掌及權責劃分(品保部應屬執行階層) 2. 品保部與生產部應分隔 3. 可成立品保委員會來規範品保機能 4. 特定人員訓練並考評授證 5. 驗證硬體與系統應完備 6. 稽核由與工作無關人士擔任 7. 不得爲生產部門主管 8. 層次越高越好
4.1.3 管理審查	適當期間審查品質系統以確保持續的適切性與有效性	1. 制定規章、定期實施 2. 納入管理者之責任來評核 3. 審查記錄要保存，對評估效果，提供採取必要之措施
4.2 品質系統	制訂並維持一書面品質系統作爲確保產品符合所規定要求之手段	1. 品保手冊之編訂，應含下列 a. 品質政策／方針 b. 管理責任 c. 品質方案、範圍 d. 手冊編訂、更改之規定 e. 參考資料 2. 品質方案應包含各流程、作業程序，工作說明書、表格、技術手冊、安全規則等 3. 品質記錄之應用

表 11-7 (續)

項　　目	範圍／內容	作業要點
4.3 合約審查	制訂及維持合約檢討及此等業務協調之程序	*1.* 採購單、開標文件、合約、證明書、試驗條件等皆應注意合法性與書面化的被雙方確認與保存 *2.* 簽訂前，應會簽相關單位以確立有能力完成 *3.* 若簽約後，執行中有異議，仍應與採購單位做適當之溝通
4.4 設計管制 4.4.1 概述	制訂及維持各項程序以管制及驗證產品之設計	*1.* 編訂設計手冊 *2.* 明定各作業之職責，並確實執行(可設研發委員會)
4.4.2 設計與開發規劃	訂各項計畫，明訂每一設計與開發作業之職責並適時調整之	*1.* 研發設計流程體系建立與展開 *2.* 參與設計與驗證人員，應爲合格人員及適當之資源 *3.* 設計成長過程應書面化記錄並應用 **DR** 來化解界面問題
4.4.3 設計輸入	設計要求事項，應予以鑑定書面化，並選擇、審查以求適當	*1.* 應用合約、說明書來確立需求 *2.* **QFD**／工法展開來審查需求與公司能力之比較
4.4.4 設計輸出	設計輸出須明文規定並要求計算及分析之方式表達	*1.* 滿足輸入之設計要求與參考標準 *2.* 注意法規之要求 *3.* 注意產品安全與責任事項 *4.* 可靠度、維護性等指標應用
4.4.5 設計驗證	規劃、制定、明文規定並指派合格的人員擔當，注意 a. 設計之完整性 b. 合約之一致性 c. 成本分析	*1.* 制定品質水準與標準資料 *2.* DR 之應用／時間之控制跟催 *3.* 實體機能試驗，展示並作比較與分析 *4.* 合格人員應書面化來界定之 *5.* 應有製程能力符合生產設備規格之證明
4.4.6 設計更改	所有更改與修訂之鑑定文書處理及適切檢討其核准事宜	*1.* 設變法之制訂，應考慮所有相關部門，及權責單位 *2.* 不合格項目，迅速分析、確立並採改正行動，防止再發

表 11-7 (續)

項　　目	範圍／內容	作業要點
4.5 文件管制 4.5.1 文件核發	制訂及維持各種作業程序，以管制 ISO 要求有關之所有文件與數據： 1. 圖樣 2. 規格 3. 藍圖 4. 檢驗說明書 5. 試驗程序 6. 工作說明書 7. 作業規範 8. 品質手冊 9. 操作程序 10. 品質保證程序	1. 由權責人員對其適切性予審查及簽核批准 2. 各項文件能適時、適所、適宜的被保存於各需求之工作點 3. 過時無效文件應被剔除 4. 公司應有專責人員來管理文件業務
4.5.2 文件更改與修訂	上述文件須更改或修訂者應指定專人，並由原審查單位來執行	1. 注意文件日期與簽名 2. 已變更之文件應被適切的銷毀及置放
4.6 採購 4.6.1 概述	須確保所採購之產品能符合規定要求	1. 專案採購應有採購計畫
4.6.2 分包商之評估	選擇適宜之分包商，且應確保分包商之品質管制是有效的	1. 分包商評鑑選擇辦法 2. 分包商之交易條件整理、分析且適時採取因應措施 3. 分包商之品質水準提升計畫與輔導 4. 分包商最好爲 ISO 認證廠商
4.6.3 採購資料	採購文件所含資料應含型式／等級／規格／圖樣及相關技術資料並適切審查之	1. 採購作業流程內含內部控制規畫 2. 採購驗證方法之協議 3. 解決品質爭議之條款
4.6.4 採購產品之驗證	採購人員之驗證，未能免除供應商拒收或允收之責任，亦不能做爲包商品質管制之證樣	1. 可藉合約規定在貨源地，由採購或代表來驗貨 2. 對大廠產品或成本高無法驗證之產品，可依符合規定要求之收樣驗證

表 11-7 (續)

項　　目	範圍／內容	作業要點
4.7 採購者提供之產品	制訂及維持驗證、儲存及維護之程序，並將產品狀況予以記錄，並反應採購人員	1. 此類產品之責任，採購者不能免除，故仍應照一般辦理但在標示追溯上予以區分
4.8 產品之鑑別與追溯性	制訂及維持各項程序，於生產、交貨及安裝等階段中，運用適當之資源來鑑別產品，當規定要求須要追溯性時產品或批次應有獨特之標識	1. 成品檢驗／出貨檢驗及安裝作業中，皆應核對圖樣規格等確認產品之符合規格 2. 檢驗報告可能與標識卡合格章貼附在產品上 3. 標識卡應記載No.批次及日期與限用(保證)期間等，並能確保回收時仍可辨認
4.9 製程管制 4.9.1 概述	鑑定及規劃直接影響品質之生產，以及若有安裝過程者，須確保此等過程係於管制情況下完成	1. QC 工程表之建立並實施之 2. 工作技藝標準，以書面或樣品標準予以規定 3. 設備預防保養計畫 4. 建立能追溯至原材料品質狀況之管制系統 5. 應有生產計劃與管制系統
4.9.2 特殊製程	如焊接、熱處理等製程之結果無法驗證，需要持續監督或照書面程序以確保達成規定要求事項	1. 確保該製程設備，環境保持正常狀況 2. 人員應有充分訓練及評核 3. 提供適時之作業相關資訊
4.10 檢驗與測試 4.10.1 接收檢驗與測試	驗證須依照品質計畫或書面規定程序辦理，未驗收者不能使用急件先放行者，應標示記載以防該批不良時，可立即回收處理	1. 建立進料檢驗辦法 2. 規劃檢驗區，且合格品應有標示 3. 進料件，盡可能要求貨源供應者之出貨單或檢驗報告 4. 急件放行應經權責人員簽署並立即速件補驗
4.10.2 製程檢驗與測試	依品質計畫或明定之程序要求，以檢驗測試與鑑別產品，對不符合規格品應予鑑別處理	1. S.P.C 之應用與落實要求 2. 對不符合或未驗證之物件不應至下工程 3. 規畫對不合格之處理權責人員 4. 確實對不合格品下對策，並掌握該產品之行蹤

表 11-7 (續)

項　　目	範圍／內容	作業要點
4.10.3 最終檢驗與測試	要求所有包括產品接收或製程中在製品之檢驗與測試，均依品質計畫或書面程序來實施，且數樣符合規定要求，未經上述作業或不合格不得發出產品	1. 檢訂製程 100%檢驗站，成品入庫、出庫檢驗作業辦法 2. 合格品應標示及開立驗證記錄 3. 不合格品應跟蹤至適宜之處理
4.10.4 檢驗檢測記錄	建立及維持檢驗與測試記錄檔案	1. 分類蒐集，按品別、批別等來分析與保存，最佳爲電腦化
4.11 檢驗、量測與試驗設備	凡用於檢驗、量測與試驗之設備，不論自我或外借，均應予管制、校正及維護，以證明產品符合規定之要求，且須確保量測之不確定度爲已知，且符合所需之量測能力	1. 選擇適當之設備來滿足作業需求 2. 校正必須與國家標準器追溯 3. 制定儀器管理作業辦法 4. 定期校正，並將記錄維持，且標示合格器 5. 對不準器之已往量測結果事件進行有效性評估 6. 應建立量測中心(室)，以確保量測環境，運搬不致影響其準確度與適用性
4.12 檢驗與測試狀況	產品檢驗與測試之狀況須以標記，藉以區分合格品與不合格品，必要時整個流程中之標記皆應保留	1. 產品應予標示 2. 各標示之簽核人員應爲授權擔當者，他人無效 3. 可採一單到底之管制卡設計來配合規格需求
4.13 不合格產品之管制	製訂及維持各種作業程序，使不符合規定要求之產品，得以預防其疏忽使用或安裝並對此類產品應予標記、隔離等均須有所管制	1. 不合格品應有書面來反應相關單位予適切之處理 2. 不合格品之檢討責任，處置視權責規定來執行 3. 應考慮產品安全與責任 4. 經處置之加工件應重以檢驗並特別跟蹤或標示
4.14 矯正措施	對調查不合格產品發生之原因及分析原因予以預防再發生所需之矯正措施予以制訂書面化並維持之	1. 問題解決模式之應用 2. 對機能、成本、可靠度與顧客之滿意度等，潛在影響加以評估 3. 確立改善效果後，應對原作業程序以變更及採取預防措施

表 11-7 (續)

項　　目	範圍／內容	作業要點
4.15 搬運、儲存、包裝與交貨	制訂書面化及維持產品之搬運、儲存、包裝與交貨之作業程序	1. 慎選搬運方式來防止產品之損傷或劣化 2. 倉儲之安全、保護，並先進先出且定期抽驗以達有效管制 3. 包裝應加以標示、說明書、確保至供應商時不會產生混淆等 4. 包裝材料與方式，應有運輸環境之測試 5. 產品標誌不得因本階段而造成回收時無法鑑別
4.16 品質記錄	制訂及維持各項品質記錄之識別、蒐集、編目、建檔、儲存、保養、維護與處置等作業程序 a.檢驗報告 b.試驗數據 c.合格報告 d.效能確認報告 e.稽核報告 f.材料審查報告 g.校正數據 h.品質成本報告	1. 檔案管理之應用，力求調閱方便，且避免遺失 2. 保留年限應規定之，視產品之保證期間爲基
4.17 內部品質稽核	建立能驗證品質業務是否符合規劃之安排及決定品質系統之有效性的稽核綜合系統	1. 建立稽核計畫及定期展開，且依書面程序來實施 2. 高階人員對品質系統了解 3. 稽核人員應有經驗，客觀性且不得爲稽核領域者 4. 缺失應提報該區主管來改善並對其跟催效果
4.18 訓練	對影響品質活動之所有人員提供訓練，對特定人員予以審查資格	1. 應用人力資源規劃及品質方案來確立訓練需求 2. **OJT** 應充分應用 3. 新進人員之遴選與訓練 4. 特定人員應予以考試、面談、操作來審查，未合格者不得擔任該項工作

表 11-7 (續)

項目	範圍／內容	作業要點
4.19 售後服務	制訂與維持各項程序以執行與驗證其服務可達成規定要求事項	1.確立合約內容之服務需求與內容 2.服務所需之文、治具設備等籌備 3.服務人員之訓練育成與建立修理手冊 4.服務品質資訊回饋系統之建立
4.20 統計技術	制訂程序，用以鑑別爲驗證製程能力與產品特性之允收所需之適切統計技術 a.市場分析 e.品質水準 b.產品設計 f.數據分析 c.可靠度 g.問題解析 d.製程能力	1. S.P.C 2.可靠度工程 3. Q.F.D 4.實驗計畫法 5. Q.C.T 手法

附註：(1) DR(Design Review)設計審查
(2) QFD(Quality Function Deployment)品質機能展開
(3) SPC(Statistical Process Control)統計製程管制
(4) OJT(On Job Train)工作訓練
(5) QCT(Quality Control Team)品管小組

11-2 企業建立 *ISO 9000* 國際標準實務

建立 ISO 9000 系列國際標準，相當於「國際標準組織」對各企業品質保證之最低要求。企業爲求每一階段的工作制度化、書面化，導入 ISO 9000 品質管理系統，企業如能在建構 ISO 品質制度過程中，建立正確的品質觀念，改進企業的組織及品質管理制度；在取得 ISO 認證後，並能持續將品保制度納入正軌運行，則能強化企業產品品質提昇與標準化，在市場上具有競爭力。

一、企業推動 ISO 品質管理系統之原則

企業推動 ISO 9000 系列標準管理系統時，必須配合企業文化，擬訂自身的品質政策，方能竟其功效。一般原則有八點：

1. 以市場爲導向，以顧客爲關注焦點
2. 領導作用

   領導作用的管理哲學：

   ⑴ 企圖心－客戶滿意爲依歸。

   ⑵ 方向性－品質方針與品質目標之制定及調整改進。

   ⑶ 資源－人員、環境、儀器、設備等之運用及維護。

   ⑷ 管理－品質系統、管理審查及品質規範之落實執行。
3. 全員參與

   工作意願＋工作能力＋工作目標是全員參與的信念。
4. 過程方法

   上一個過程的輸出，就是下一個過程的輸入。
5. 管理的系統方法

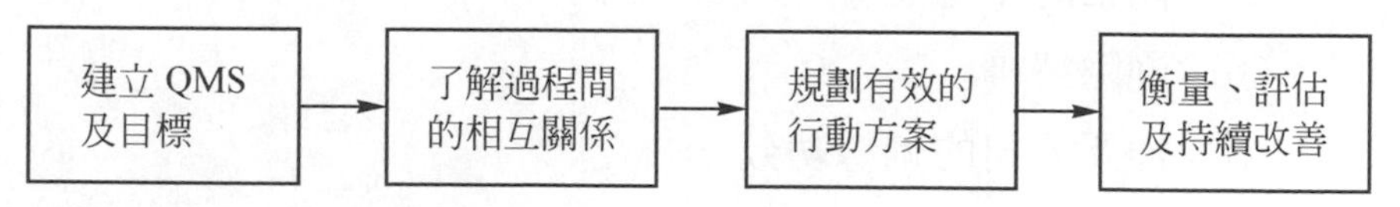

   QMS：Quality Manage System（品質管理系統）
6. 持續改進
7. 基於事實的決策辦法

   正確的品質記錄→報表分析→品質決策
8. 與協力廠商互利的原則

二、企業對動 ISO 品質管理系統的優點

企業推動ISO品質管理系統固然是爲了取得認證通過，但是藉推動的過程及改善，能獲得四個提昇及四個降低。

1. 四個提昇

(1) 提昇產品與服務品質

(2) 提昇組織整體聲譽及形象

(3) 提昇工作與生產效率

(4) 提昇人員素質及向心力

2. 四個降低

(1) 降低經營成本

(2) 降低顧客審核的精力與費用

(3) 降低內部溝通障礙

(4) 降低採購漏洞

三、企業推動 ISO 品質管理系統的助力與阻力

企業界在推動ISO制度時，有成功與失敗的案例。

1. 其助力爲

(1) 主管的企圖心

(2) 同仁的榮譽感

(3) 團隊精神

(4) 顧問公司的輔導功效

2. 其阻力爲

(1) 同仁抗拒心理

(2) 慣例與習慣

(3) 推動時程過於緊迫

(4) 官僚體系，效率打折

四、企業推動 ISO 9000 品質系統的步驟

企業在推動 ISO 9000 品質系統前，公司內部已有自己的品質管理辦法，ISO9000 制度之推動，原則上是建立在原有的品質作業下，將文

件作系統的整合規範、增添及強化，以符合ISO 9000精神：

該說的要說到—有缺點即應提出

說到的要寫到—文件化及書面化

寫到的要做到—落實、持續改進、達到目標

企業推動ISO 9000品質管理制度一般聘請顧問公司輔導，其步驟如下：

1. 推動準備階段

了解公司現況、診斷現場品質管理制度、推動組織架構及工作職責研討、文宣政令等。

2. 教育訓練階段

基礎知識培訓（ISO 9000導入與推動訓練課程、ISO 9000條文釋義）、作業流程檢討、文件編號及規畫、品質目標管理（依據顧客滿意度）等。

3. 制度規劃階段

ISO 9000強調以文件品質管理，有四層文件要求：

(1) 品質手冊訂定

(2) 作業程序文件

(3) 標準作業規範及檢驗辦法

(4) 品質檢查與管制記錄

所有文件皆須原始文件，不得私自影印，一般以有色的蓋章爲識別。

4. ISO 9000品質管理體系之執行

ISO 9000制度所有文件規範準備告一段落後，即在企業內開始試行，試行後之缺失隨時檢討並予以改善。

企業內部須作稽核並作顧客滿意度調查；定期作管理層審查，持續改善，確定ISO 9000制度之運作已臻成熟。

5. 驗證階段

企業在執行 ISO 9000 制度一段時間後，已備齊文件，且公司幹部之品質管理已成熟，即向認證機構提出認證申請。認證機構展開評審認證，提出缺失，並複評通過後，由ISO國際組織頒證。

6. 系統維護

企業通過 ISO 9000 認證以後，必須持續進步改善，作系統維護更新，確保公司的品質。

11-3 品質保證所運用的其他關鍵技術

企業除了積極實施 ISO 9000 系列品質制度，並獲得認證通過，以獲取客戶對企業產品之品質保證信心外，尚有下列關鍵技術之運用，如品質機能展開，田口式品質工程以及可靠度工程，不過由於這些手法與技術屬於較專業且難度高複雜之技術，必須研讀專書，本書僅略作介紹，如有必要時，讀者再作深入研讀。

一、品質機能展開(Quality Function Deployment，QFD)

品質機能展開(廣義)指的是「品質展開」及「品質機能展開」(狹義)之總稱。

1. 品質展開(Quality Deployment，QD)

(1) 定義：焦點在產品，就是運用有系統的技術方法，從掌握顧客的需求，轉換成代用特性，來訂定「產品」或「服務」之設計品質的標準，然後再將設計品質有系統地展開到各個機能零件或服務項目的品質，以及製造工程各「要素」或服務過程各「要素」的相互關係上，使產品或服務在事前就完成品質保證，符合顧客要求。

⑵ 品質展開的方式：品質展開每一階段均用矩陣來表達「什麼」(What)與「如何」(How)之間的關係。換句話說，「什麼」表示目的，「如何」表示手段，How much(多少)表示目標，則放在矩陣的底部，如圖 11-3。

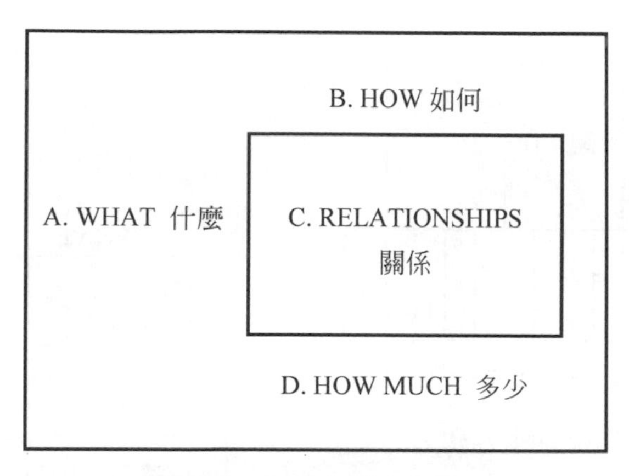

圖 11-3　QFD 矩陣分析模式

接著將各階段的「如何」(How)及「多少」(How much)展開至下一階段之「什麼」(What)，如此反應由矩陣分析而展開至下一階段，最後展開至製程之管制方法，確保各個階段之要求、管制皆符合顧客之要求，如圖 11-4。

2. 品質機能的展開(狹義)

⑴ 定義：焦點在工作及組織方面，運用結構化的技術方法，將形成品質保證的職能或業務，依目的、手段系列作步驟別的細部展開，使得經由組織中業務機能的展開，完成品質保證活動，確保顧客的需求得到滿足。

⑵ 品質機能展開的系統：由日本、美國及台灣中國生產力中心發表之品質機能展開系統有下列 4 種：

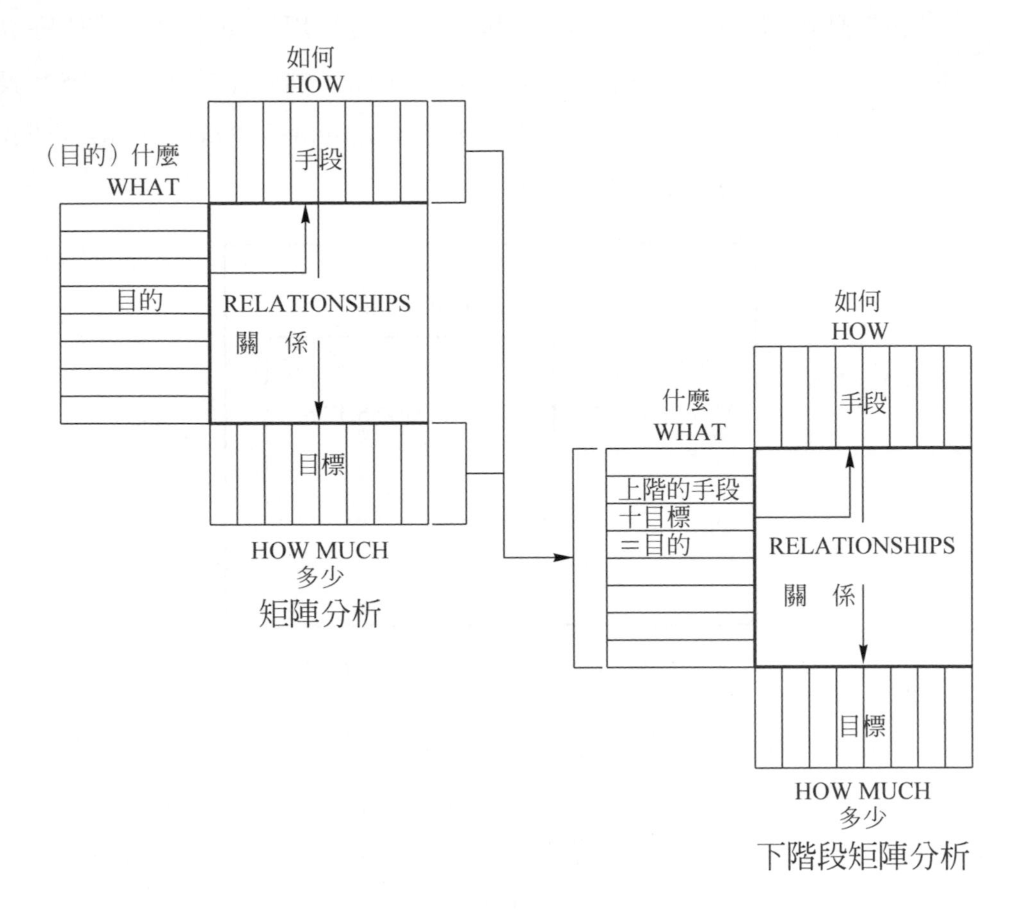

圖 11-4　階段矩陣分析

① 赤尾洋二系統：赤尾法(Ako Method)

1983 年赤尾以組立工程爲中心的製造業爲例，將品質展開、技術展開、成本展開、可靠度展開結合成爲「綜合性的品質展開」，共分爲 4 階段、8 重點、27 步驟，如表 11-8 之範例。其後於 1988 年赤尾再度修正爲 3 階段、27 步驟。

表 11-8　赤尾法範例

階段	重點	步驟	作法
設定企劃品質	一、要求品質展開	1.	決定對象產品
		2.	把握市場情報，並作成要求品質展開表
		3.	與他公司比較分析，並設定銷售重點(Sales Point)
	二、品質要素展開	4.	製作品質要素展開表
		5.	與他公司品質特性，可靠度比較分析
		6.	製作品質表
		7.	抱怨(claim)分析
		8.	設定企畫品質
		9.	決定開發的評價
固有技術展開與設定設計品質	三、固有技術展開	10.	製作機能展開表
	四、次系統展開	11.	製作次系統展開表
		12.	抱怨、品質特性、可靠度、PL及成本分析
		13.	設定設計品質，重要保安零件與重要機能零件之選定

階段	重點	步驟	作法
		14.	實施 VE、FMEA 以改善
		15.	設定品質評價項目
		16.	設計審查
詳細設計與生產展開	五、零件展開	17.	製作零件展開表
	六、加工法展開	18.	加工法研究與加工法展開
	七、工程展開	19.	工程管理點之展開(作成QC工程計畫表)
		20.	設定品質標準、作業標準、檢查標準
		21.	設計審查、試作品評價
初期流動工程管理展開	八、製造現場展開	22.	製作 QC 工程表
		23.	以逆機能展開追加工程管理點
		24.	重點管理
		25.	外購、協力廠展開
		26.	積極的解析要因模式改變反映於次期開發
		27.	期開發

② 四階段系統(4-Phase System)：以福原證(Akashi Fu-Kuhara)爲主的應用系統，將品質機能展開分成產品計畫、產品設計、製程計畫及製程控制計畫四個階段。

❶ 階段一：產品計畫

將顧客的需求轉換成以公司本身專業術語敘述的工程或設計要求。

❷ 階段二：產品設計

將設計需求轉換成產品次系統的規格及零件特性。

❸ 階段三：製程計畫

選擇生產製程及方法以滿足關鍵零件規格。

❹ 階段四：製程控制計畫

針對使用的生產製程選擇控制方法。

圖 11-5 爲四階段品質機能展開的方法。

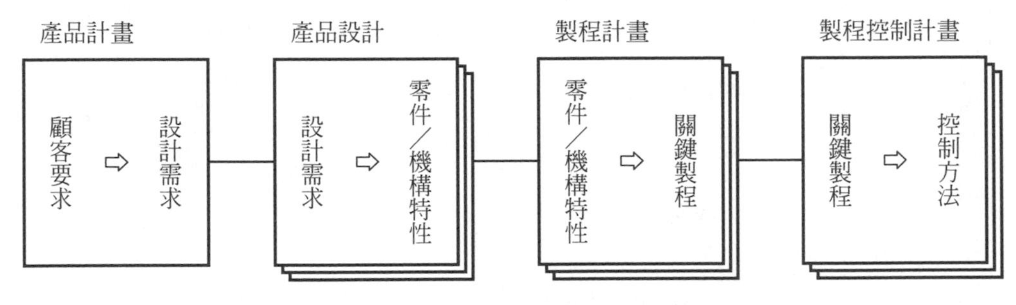

圖 11-5 四階段品質機能展開

③ 矩陣關係系統(Matrix of Matrices)：美國Bob King於 1987 年提出，全系統以 30 個展開分析表構成。

④ CPC(中國生產力中心)系統：1990 年由中國生產力中心QFD 研發小組完成，分爲品質展開、技術展開、成本展開及可靠度展開四個部份，並以品質展開、機能展開、機構展開、零件展開及製程展開爲其進行之階段。

二、田口式品質工程

田口玄一博士創立田口式品質工程，其

1. 目的

$$生產力提昇=\frac{產出(\text{Output})\rightarrow \max}{成本(\text{Input})\rightarrow \min}=\frac{Q(\max)}{C(\min)}$$

即產出能夠愈大、成本愈小，則表示生產力提昇。

而產生Q要愈大，可以以「損失」代替，但「損失」要愈小。

所以

$$生產力=Q(以「損失」代替\rightarrow \text{Min})+C(\min)$$
$$=\frac{A_0}{\triangle_0^2}\sigma^2+C\rightarrow \min$$
$$\left(\frac{A_0}{\triangle_0^2}：變化係數\right)。$$

2. 內容(手段)

⑴ Off Line對策(田口線外品質工程)

主要考慮σ^2能愈小(min)

C亦能愈小(min)。

⑵ On Line對策(田口線上品質工程)

主要考慮：Q與C取得平衡

$(Q+C)\rightarrow \min$。

3. 田口式品質工程之四大主張

⑴ 成本的觀念最重要(生產必付出的損失)。

⑵ 不影響品質，是不可能降低成本(降低成本會影響品質)？

⑶ 不提高成本而可提昇品質(參數設計)。

⑷ 提昇品質可使成本降低(最終目標)。

所以強調針對源流下對策，即是「技術開發」。

三、可靠度工程

1. 定義

(1) JIS的定義：

① 信賴性：「表示某系統、機器或元件對時間穩定性的程度或性質」。

② 信賴度：「表示某系統、機器或元件在特定條件及時間下，能發揮其機能的機率」。

(2) MIL-STD-721定義

① 可靠度：「某裝置在規定的使用條件下，於規定的期間內，能發揮其特定功能的機率」。

② 考慮要素：

❶ 機率(Probability)

❷ 達成規定的機能(Intended Function)

❸ 規定時間(Specified Interval)

❹ 規定條件(Stated Conditions)

所以可靠度廣義的定義是可靠性＋可維護性⇒可用性。

2. 可靠度的必要性

產品的品質雖然首重外觀、性能、規格標準等要素，但是消費市場的千變萬化，不論消費者水準、市場時空以及生產者競爭之因素，產品的可靠度已列入品質保證的範疇。所以，可靠度的必要性爲：

(1) 產品日漸複雜、精密度高的衝擊。

(2) 自動化生產的衝擊。

(3) 消費者主義的抬頭及產品對社會應負的責任。

(4) 企業出廠後產品應有的品質保證。

⑸ 愈來愈講求研究開發時效。

3. 可靠度的表示方法

可靠度的表示方法可以

⑴ 公式計算。

⑵ 時間試驗法(連續故障的平均時間為指標)。

⑶ 統計分配法。

⑷ 可靠性目標之計畫擬定。

⑸ 企業建立可靠性系統(兼論品管各階段可靠性工作)。

⑹ 可靠性試驗(性能試驗+耐用試驗+耐久試驗)。

⑺ 可靠度抽樣計畫(量產零件的進料檢查)。

本章摘要

1. ISO 9000系列之品質管理是目前世界市場認同的國際品質標準。
2. 台灣於民國79年3月將ISO 9000系列轉訂為CNS 12680-12684中國國家標準。
3. ISO機構為國際性組織，每個國家只有一個機關具有會員資格。
4. ISO 9004是品質管理的指導綱要。
   ISO 9001～9003是三類不同產品的品質保證系統模式。
5. ISO系列在企業管理層面與行銷層面皆有實質效益。
6. 品質機能展開，田口式品質工程及可靠度工程皆為品質管制較複雜之手法。
7. 品質機能展開由日本、美國及台灣中國生產力中心各研發共4種系統。
8. 福原證將品質機能展開分為4階段系統。
9. 田口玄一博士提出產出Q要愈大，可以以「損失」代替，但損失要愈小。
10. 田口式品質工程強調「技術開發」為改善品質之源流。
11. 可靠度廣義的定義是可靠性＋可維護性⇒可用性。

習題

1. ISO 9000系列，將品質系統分為哪兩種類型？其功能是什麼？
2. 試以系統圖形說明ISO 9000系列的效益有哪些？
3. 試述ISO 9000系列之特點。
4. ISO 9000系列在企業行銷面的效益有哪些？
5. 品質展開的定義為何？
6. 品質機能展開指狹義的意義為何？
7. 試述福原證的品質機能展開系統？
8. 中國生產力中心研發的品質機能展開內容如何？
9. 田口式品質工程之手段及對策如何？
10. 田口式品質工程的四大主張是什麼？
11. 企業生產可靠度工程為何有其必要性？
12. JIS對可靠度工程之定義為何？
13. 可靠度的表示方法有哪些？

附　　錄

附表一　常態分配數值表(縱座標表)

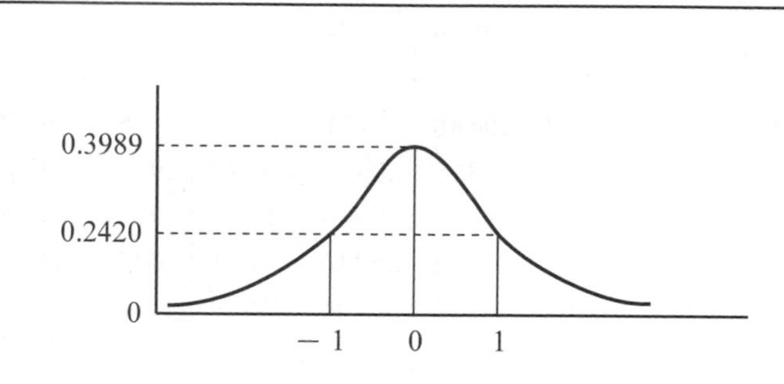

例：$Z=0$
縱座標＝0.3989
$Z=1$
縱座標＝0.2420

z	.00	.01	.02	.03	.04	.05	.06	.07	.08	.09
.0	3989	3989	3989	3988	3986	3984	3982	.3980	3977	3973
.1	.3970	.3965	.3961	.3956	.3951	.3945	.3939	.3932	.3925	.3918
.2	.3910	.3902	.3894	.3885	.3876	.3867	.3857	.3847	.3836	.3825
.3	.3814	.3802	.3790	.3778	.3765	.3752	.3739	.3725	.3712	.3697
.4	.3683	.3668	.3653	.3637	.3621	.3605	.3589	.3572	.3555	.3538
.5	.3521	.3503	.3485	.3467	.3448	.3429	.3410	.3391	.3372	.3352
.6	.3332	.3312	.3292	.3271	.3251	.3230	.3209	.3187	.3166	.3144
.7	.3123	.3101	.3079	.3056	.3034	.3011	.2989	.2966	.2943	.2920
.8	.2897	.2874	.2850	.2827	.2803	.2780	.2756	.2732	.2709	.2685
.9	.2661	.2637	.2613	.2589	.2565	.2541	.2516	.2492	.2468	.2444
1.0	.2420	.2396	.2371	.2347	.2323	.2299	.2275	.2251	.2227	.2203
1.1	.2179	.2155	.2131	.2107	.2083	.2059	.2036	.2012	.1989	.1965
1.2	.1942	.1919	.1895	.1872	.1849	.1826	.1804	.1781	.1758	.1736
1.3	.1714	.1691	.1669	.1647	.1626	.1604	.1582	.1561	.1539	.1518
1.4	.1497	.1476	.1456	.1435	.1415	.1394	.1374	.1354	.1334	.1315

附表一　常態分配數值表(縱座標表) (續)

z	.00	.01	.02	.03	.04	.05	.06	.07	.08	.09
1.5	..1295	.1276	..1257	..1238	.1219	..1200	.1182	..1163	.1145	.1127
1.6	.1109	.1092	.1074	.1057	.1040	.1023	.1006	.0989	.0973	.0957
1.7	.0940	.0925	.0909	.0893	.0878	.0863	.0848	.0833	.0818	.0804
1.8	.0790	.0775	.0761	.0748	.0734	.0721	.0707	.0794	.0681	.0669
1.9	.0656	.0644	.0632	.0620	.0608	.0596	.0584	.0573	.0562	.0551
2.0	.0540	.0529	.0519	.0508	.0498	.0488	.0478	.0468	.0459	.0449
2.1	.0440	.0431	.0422	.0413	.0404	.0396	.0387	.0379	.0371	.0363
2.2	.0355	.0347	.0339	.0332	.0325	.0317	.0310	.0303	.0297	.0290
2.3	.0283	.0277	.0270	.0264	.0258	.0252	.0246	.0241	.0235	.0229
2.4	.0224	.0219	.0213	.0208	.0203	.0198	.0194	.0189	.0184	.0180
2.5	.0175	.0171	.0167	.0163	.0158	.0154	.0151	.0147	.0143	.0139
2.6	.0136	.0132	.0129	.0126	.0122	.0119	.0116	.0113	.0110	.0107
2.7	.0104	.0101	.0099	.0096	.0093	.0091	.0088	.0086	.0084	.0081
2.8	.0079	.0077	.0075	.0073	.0071	.0069	.0067	.0065	.0063	.0061
2.9	.0060	.0058	.0056	.0055	.0053	.0051	.0050	.0048	.0047	.0046
3.0	.0044	.0043	.0042	.0040	.0039	.0038	.0037	.0036	.0035	.0034
3.1	.0033	.0032	.0031	.0030	.0029	.0028	.0027	.0026	.0025	.0025
3.2	.0024	.0023	.0022	.0022	.0021	.0020	.0020	.0019	.0018	.0018
3.3	.0017	.0017	.0016	.0016	.0015	.0015	.0014	.0014	.0013	.0012
3.4	.0012	.0012	.0012	.0011	.0011	.0010	.0010	.0010	.0009	.0009
3.5	.0009	.0008	.0008	.0008	.0008	.0007	.0007	.0007	.0007	.0006
3.6	.0006	.0006	.0006	.0005	.0005	.0005	.0005	.0005	.0005	.0004
3.7	.0004	.0004	.0004	.0004	.0004	.0004	.0003	.0003	.0003	.0003
3.8	.0003	.0003	.0003	.0003	.0003	.0002	.0002	.0002	.0002	.0002
3.9	.0002	.0002	.0002	.0002	.0002	.0002	.0002	.0002	.0001	.0001

註：$Z=\frac{x-\mu}{\sigma}$　　(μ：平均差；σ：標準差)

附表一　常態分配數值表(面積表) (續)

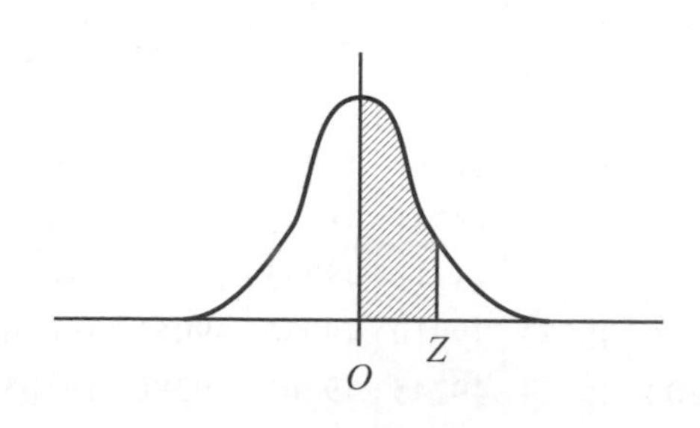

z	0.00	0.01	0.02	0.03	0.04	0.05	0.06	0.07	0.08	0.09
0.0	00000	00399	00798	01197	01595	01994	02392	02790	03188	03586
0.1	03983	04380	04776	05172	05567	05962	06356	06749	07142	07535
0.2	07926	08317	08706	09095	09483	09871	10257	10642	11026	11409
0.3	11791	12172	12552	12930	13307	13683	14058	14431	14803	15173
0.4	15554	15910	16276	16640	17003	17364	17724	18082	18439	18793
0.5	19146	19497	19847	20194	20540	20884	21226	21566	21904	22240
0.6	22575	22907	23237	23565	23891	24215	24537	24857	25175	25490
0.7	25804	26115	26424	26730	27035	27337	27637	27935	28230	28524
0.8	28814	29103	29389	29673	29955	30234	30511	30785	31057	31327
0.9	31594	31859	32121	32381	32639	32894	33147	33398	33646	33891
1.0	34134	34375	34614	34850	35083	35313	35543	35769	35993	36214
1.1	36433	36650	36864	37076	37286	37493	37698	37900	38100	38298
1.2	38493	38686	38877	39065	39251	39435	39617	39796	39973	40147
1.3	40320	40490	40658	40824	40988	41149	41308	41466	41621	41774
1.4	41924	42073	42220	42364	42507	42647	42786	42922	43056	43189
1.5	43319	43448	43574	43699	43822	43943	44062	44179	44295	44408
1.6	44520	44630	44738	44845	44950	45053	45154	45254	45352	45449
1.7	45543	45637	45728	45818	45907	45994	46080	46164	46246	46327
1.8	46407	46485	46562	46638	46712	46784	46856	46926	46995	47062
1.9	47128	47193	47257	47320	47381	47441	47500	47558	47615	47670

附表一　常態分配數值表(面積表) (續)

z	0.00	0.01	0.02	0.03	0.04	0.05	0.06	0.07	0.08	0.09
2.0	47725	47778	47831	47882	47932	47982	48030	48077	48124	48169
2.1	48214	48257	48300	48341	48382	48422	48461	48500	48537	48574
2.2	48610	48645	48679	48713	48745	48778	48809	48840	48870	48899
2.3	48928	48956	48983	49010	49036	49061	49086	49111	49134	49158
2.4	49180	49202	49224	49245	49266	49286	49305	49324	49343	49361
2.5	49379	49396	49413	49430	49446	49461	49477	49492	49506	49520
2.6	49534	49547	49560	49573	49585	49598	49609	49621	49632	49643
2.7	49653	49664	49674	49683	49693	49702	49711	49720	49728	49736
2.8	49744	49752	49760	49767	49774	49781	49788	49795	49801	49807
2.9	49813	49819	49825	49831	49836	49841	49846	49851	49856	49861
3.0	49865									
3.5	4997674									
4.0	4999683									
4.5	4999966									
5.0	499997133									

附表二　應用於建立管制圖的因數

樣本中的觀測數，N	圖的平均數			圖的標準差						圖的全距						
	管制界限的因數			中心線的因數		管制界限的因數				中心線的因數		管制界限的因數				
	A	A_1	A_2	c_1	$1/c_2$	B_1	B_2	B_3	B_4	d_2	$1/d_2$	d_2	D_1	D_2	D_3	D_4
2……	2.121	3.760	1.880	0.5642	1.7725	0	1.843	0	3.267	1.128	0.8865	0.853	0	3.686	0	3.267
3……	1.732	2.394	1.023	0.7236	1.3820	0	1.858	0	2.568	1.693	0.5907	0.888	0	4.358	0	2.575
4……	1.500	1.880	0.729	0.7979	1.2533	0	1.808	0	2.266	2.059	0.4857	0.880	0	4.698	0	2.282
5……	1.342	1.596	0.577	0.8407	1.1894	0	1.756	0	2.089	2.326	0.4299	0.864	0	4.918	0	2.115
6……	1.225	1.410	0.483	0.8686	1.1512	0.026	1.711	0.030	1.970	2.534	0.3946	0.848	0	5.078	0	2.004
7……	1.134	1.277	0.419	0.8882	1.1259	0.105	1.672	0.118	1.882	2.704	0.3698	0.833	0.205	5.203	0.076	1.924
8……	1.061	1.175	0.373	0.9027	1.1078	0.167	1.638	0.185	1.815	2.847	0.3512	0.820	0.387	5.307	0.136	1.864
9……	1.000	1.094	0.337	0.9139	1.0942	0.219	1.609	0.239	1.761	2.970	0.3367	0.808	0.546	5.394	0.184	1.816
10……	0.949	1.028	0.308	0.9227	1.0837	0.262	1.584	0.284	1.716	3.078	0.3249	0.797	0.687	5.469	0.223	1.777
11……	0.905	0.973	0.285	0.9300	1.0753	0.299	1.561	0.321	1.679	3.173	0.3152	0.787	0.812	5.534	0.256	1.744
12……	0.866	0.925	0.266	0.9359	1.0684	0.331	1.541	0.354	1.646	3.258	0.3069	0.778	0.924	5.592	0.284	1.716
13……	0.832	0.884	0.249	0.9410	1.0627	0.359	1.523	0.382	1.618	3.336	0.2998	0.770	1.026	5.646	0.308	1.692
14……	0.802	0.848	0.235	0.9453	1.0579	0.384	1.507	0.406	1.594	3.407	0.2935	0.762	1.121	5.693	0.329	1.671
15……	0.775	0.816	0.223	0.9490	1.0537	0.406	1.492	0.428	1.572	3.472	0.2880	0.755	1.207	5.737	0.348	1.652
16……	0.750	0.788	0.212	0.9523	1.0501	0.427	1.478	0.448	1.552	3.532	0.2831	0.749	1.285	5.779	0.364	1.636
17……	0.728	0.762	0.203	0.9551	1.0470	0.445	1.465	0.466	1.534	3.588	0.2787	0.743	1.359	5.817	0.379	1.621
18……	0.707	0.738	0.194	0.9576	1.0442	0.461	1.454	0.482	1.518	3.640	0.2747	0.738	1.426	5.854	0.392	1.608
19……	0.688	0.717	0.187	0.9599	1.0418	0.477	1.443	0.497	1.503	3.689	0.2711	0.732	1.490	5.888	0.404	1.596
20……	0.671	0.697	0.180	0.9619	1.0396	0.491	1.433	0.510	1.490	3.735	0.2677	0.729	1.548	5.922	0.414	1.586

附表二　應用於建立管制圖的因數（續）

樣本中的觀測數，N	圖的平均數			圖的標準差							圖的全距						
	管制界限的因數			中心線的因數		管制界限的因數					中心線的因數		管制界限的因數				
	A	A_1	A_2	c_1	$1/c_2$	B_1	B_2	B_3	B_4		d_2	$1/d_2$	d_2	D_1	D_2	D_3	D_4
21……	0.655	0.679	0.173	0.9638	1.0376	0.504	1.42	0.523	1.477		3.778	0.2647	0.724	1.606	5.950	0.425	1.575
22……	0.640	0.662	0.167	0.9655	1.0358	0.516	1.41	0.534	1.466		3.819	0.2618	0.720	1.659	5.979	0.434	1.566
23……	0.626	0.647	0.162	0.9670	1.0342	0.527	1.40	0.545	1.455		3.858	0.2592	0.716	1.710	6.006	0.443	1.557
24……	0.612	0.632	0.157	0.9684	1.0327	0.538	1.39	0.555	1.445		3.895	0.2567	0.712	1.759	6.031	0.452	1.548
25……	0.600	0.619	0.153	0.9696	1.0313	0.548	1.392	0.565	1.435		3.931	0.2544	0.709	1.804	6.058	0.459	1.541
超過25……	$\frac{3}{\sqrt{n}}$	$\frac{3}{\sqrt{n}}$		……	……	*	**	*	**		……	……	……	……	……	……	……

$*1-\frac{3}{\sqrt{2n}}$　　$**1+\frac{3}{\sqrt{2n}}$

管制圖	中心線	3σ管制界限
$\overline{X}$	$\overline{X}$	$\overline{X}\pm A_1\ s_x$ 或 $\overline{X}\pm A_2 R$
R	$\frac{\mu_X}{R}$	$\mu_X\pm A\sigma_X$，$D_3\overline{R}$及$D_4\overline{R}$
	$d_2\sigma_X$	$D_1\sigma_X$及$D_2\sigma_X$
σ_X	s_X	$B_3 s_X$及$B_4 s_X$
	σ_X	$B_1\sigma_X$及$B_2\sigma_X$

定義：$A=3/\sqrt{n}$，$A_1=\frac{3}{c_2\sqrt{n}}=A_2=\frac{3}{d_2\sqrt{n}}=B_1=C_2-K$，$B_2=C_2+K$，$B_3=1-\frac{K}{C_2}$，$\left(B_4=1+\frac{K}{C_2}\right)$ $D_2=d_2-3d_3$，$D_2=d_2+3d_3$，$D_3=1-3\frac{d_3}{d_2}$，及$D_4=1+3\frac{d_3}{d_2}$，

這裏　$K=3\sqrt{\frac{(n-1)-C_2^2}{n}}$

註：d_2及d_3係與平均數W及σ_w相同，出現於表D，並係同一原始資料。

注意：D_1，D_2，D_3及D_4的四種顯著數字的N大於5係可疑的。

本表採自：Table B_2 of the A. S. M. Manual on Quality Control of Quality Control of Materials, p. 115.

c_2因數係採自：Table 29 of W. A. Shewhart, Economic Control of Quality of Manufactured Product (New York：D. Van Nostrand & Co. 1931)，p.185.

附表三 MIL-STD-105D 計數值抽樣表

表 I 樣本大小之代字 (See 9.2 and 9.3)

批量			特殊檢驗水準				一般檢驗水準		
			S-1	S-2	S-3	S-4	I	II	III
2	to	8	A	A	A	A	A	A	B
9	to	15	A	A	A	A	A	B	C
16	to	25	A	A	B	B	B	C	D
26	to	50	A	B	B	C	C	D	E
51	to	90	B	B	C	C	C	E	F
91	to	150	B	B	C	D	D	F	G
151	to	280	B	C	D	E	E	G	H
281	to	500	B	C	D	E	F	H	J
501	to	1200	C	C	E	F	G	J	K
1201	to	3200	C	D	E	G	H	K	L
3201	to	10000	C	D	F	G	J	L	M
10001	to	35000	C	D	F	H	K	M	N
35001	to	150000	D	E	G	J	L	N	P
150001	to	500000	D	E	G	J	M	P	Q
500001	and	over	D	E	H	K	N	Q	R

代字

L_1及L_2……………………………S-1

L_3及L_4……………………………S-2

L_5及L_6……………………………S-3

L_7及L_8……………………………S-4

表II-A　正常檢驗單次抽樣計畫(主抽樣表)

(See 9.4 and 9.5)

Sample size code letter	Sample size	Acceptable Quality Levels(notmel inspection) 0.010	0.015	0.025	0.040	0.065	0.10	0.15	0.25	0.40	0.65	1.0	1.5	2.5	4.0	6.5	10	15	25	40	65	100	150	250	400	650	1000
		Ac Re	Ac Re	Ac Re	Ac Re	Ac Re	Ac Re	Ac Re	Ac Re	Ac Re	Ac Re	Ac Re	Ac Re	Ac Re	Ac Re	Ac Re	Ac Re	Ac Re	Ac Re	Ac Re	Ac Re	Ac Re	Ac Re	Ac Re	Ac Re	Ac Re	Ac Re
A	2	↓	↓	↓	↓	↓	↓	↓	↓	↓	↓	↓	↓	↓	↓	0 1	↓	↓	1 2	2 3	3 4	5 6	7 8	10 11	14 15	21 22	30 31
B	3	↓	↓	↓	↓	↓	↓	↓	↓	↓	↓	↓	↓	↓	0 1	↑	↓	1 2	2 3	3 4	5 6	7 8	10 11	14 15	21 22	30 31	44 45
C	5	↓	↓	↓	↓	↓	↓	↓	↓	↓	↓	↓	↓	0 1	↑	↓	1 2	2 3	3 4	5 6	7 8	10 11	14 15	21 22	30 31	44 45	↑
D	8	↓	↓	↓	↓	↓	↓	↓	↓	↓	↓	↓	0 1	↑	↓	1 2	2 3	3 4	5 6	7 8	10 11	14 15	21 22	30 31	44 45	↑	↑
E	13	↓	↓	↓	↓	↓	↓	↓	↓	↓	↓	0 1	↑	↓	1 2	2 3	3 4	5 6	7 8	10 11	14 15	21 22	30 31	44 45	↑	↑	↑
F	20	↓	↓	↓	↓	↓	↓	↓	↓	↓	0 1	↑	↓	1 2	2 3	3 4	5 6	7 8	10 11	14 15	21 22	↑	↑	↑	↑	↑	↑
G	32	↓	↓	↓	↓	↓	↓	↓	↓	0 1	↑	↓	1 2	2 3	3 4	5 6	7 8	10 11	14 15	21 22	↑	↑	↑	↑	↑	↑	↑
H	50	↓	↓	↓	↓	↓	↓	↓	0 1	↑	↓	1 2	2 3	3 4	5 6	7 8	10 11	14 15	21 22	↑	↑	↑	↑	↑	↑	↑	↑
J	80	↓	↓	↓	↓	↓	↓	0 1	↑	↓	1 2	2 3	3 4	5 6	7 8	10 11	14 15	21 22	↑	↑	↑	↑	↑	↑	↑	↑	↑
K	125	↓	↓	↓	↓	↓	0 1	↑	↓	1 2	2 3	3 4	5 6	7 8	10 11	14 15	21 22	↑	↑	↑	↑	↑	↑	↑	↑	↑	↑
L	200	↓	↓	↓	↓	0 1	↑	↓	1 2	2 3	3 4	5 6	7 8	10 11	14 15	21 22	↑	↑	↑	↑	↑	↑	↑	↑	↑	↑	↑
M	315	↓	↓	↓	0 1	↑	↓	1 2	2 3	3 4	5 6	7 8	10 11	14 15	21 22	↑	↑	↑	↑	↑	↑	↑	↑	↑	↑	↑	↑
N	500	↓	↓	0 1	↑	↓	1 2	2 3	3 4	5 6	7 8	10 11	14 15	21 22	↑	↑	↑	↑	↑	↑	↑	↑	↑	↑	↑	↑	↑
P	800	↓	0 1	↑	↓	1 2	2 3	3 4	5 6	7 8	10 11	14 15	21 22	↑	↑	↑	↑	↑	↑	↑	↑	↑	↑	↑	↑	↑	↑
Q	1250	0 1	↑	↓	1 2	2 3	3 4	5 6	7 8	10 11	14 15	21 22	↑	↑	↑	↑	↑	↑	↑	↑	↑	↑	↑	↑	↑	↑	↑
R	2000	↑	↑	1 2	2 3	3 4	5 6	7 8	10 11	14 15	21 22	↑	↑	↑	↑	↑	↑	↑	↑	↑	↑	↑	↑	↑	↑	↑	↑

單次正常

↓ ＝ 採用箭頭下第一個抽樣計畫，如樣本大小等於或超過批量時，則用100%檢驗

↑ ＝ 採用箭頭上第一個抽樣計畫

Ac ＝ 允收數

Re ＝ 拒收數

表II-B　加嚴檢驗單次抽樣計畫(主抽樣表)

(See 9.4 and 9.5)

Sample size code letter	Sample size	Acceptable Quality Levels(tightened inspection)																									
		0.010	0.015	0.025	0.040	0.065	0.10	0.15	0.25	0.40	0.65	1.0	1.5	2.5	4.0	6.5	10	15	25	40	65	100	150	250	400	650	1000
		Ac Re	Ac Re	Ac Re	Ac Re	Ac Re	Ac Re	Ac Re	Ac Re	Ac Re	Ac Re	Ac Re	Ac Re	Ac Re	Ac Re	Ac Re	Ac Re	Ac Re	Ac Re	Ac Re	Ac Re	Ac Re	Ac Re	Ac Re	Ac Re	Ac Re	Ac Re
A	2	↓	↓	↓	↓	↓	↓	↓	↓	↓	↓	↓	↓	↓	↓	↓	↓	↓	↓	1 2	2 3	3 4	5 6	8 9	12 13	18 19	27 28
B	3	↓	↓	↓	↓	↓	↓	↓	↓	↓	↓	↓	↓	↓	↓	0 1	↓	↓	1 2	2 3	3 4	5 6	8 9	12 13	18 19	27 28	41 42
C	5	↓	↓	↓	↓	↓	↓	↓	↓	↓	↓	↓	↓	↓	0 1	↓	↓	1 2	2 3	3 4	5 6	8 9	12 13	18 19	27 28	41 42	↑
D	8	↓	↓	↓	↓	↓	↓	↓	↓	↓	↓	↓	↓	0 1	↓	↓	1 2	2 3	3 4	5 6	8 9	12 13	18 19	27 28	41 42	↑	↑
E	13	↓	↓	↓	↓	↓	↓	↓	↓	↓	↓	↓	0 1	↓	↓	1 2	2 3	3 4	5 6	8 9	12 13	18 19	27 28	41 42	↑	↑	↑
F	20	↓	↓	↓	↓	↓	↓	↓	↓	↓	↓	0 1	↓	↓	1 2	2 3	3 4	5 6	8 9	12 13	18 19	↑	↑	↑	↑	↑	↑
G	32	↓	↓	↓	↓	↓	↓	↓	↓	↓	0 1	↓	↓	1 2	2 3	3 4	5 6	8 9	12 13	18 19	↑	↑	↑	↑	↑	↑	↑
H	50	↓	↓	↓	↓	↓	↓	↓	↓	0 1	↓	↓	1 2	2 3	3 4	5 6	8 9	12 13	18 19	↑	↑	↑	↑	↑	↑	↑	↑
J	80	↓	↓	↓	↓	↓	↓	↓	0 1	↓	↓	1 2	2 3	3 4	5 6	8 9	12 13	18 19	↑	↑	↑	↑	↑	↑	↑	↑	↑
K	125	↓	↓	↓	↓	↓	↓	0 1	↓	↓	1 2	2 3	3 4	5 6	8 9	12 13	18 19	↑	↑	↑	↑	↑	↑	↑	↑	↑	↑
L	200	↓	↓	↓	↓	↓	0 1	↓	↓	1 2	2 3	3 4	5 6	8 9	12 13	18 19	↑	↑	↑	↑	↑	↑	↑	↑	↑	↑	↑
M	315	↓	↓	↓	↓	0 1	↓	↓	1 2	2 3	3 4	5 6	8 9	12 13	18 19	↑	↑	↑	↑	↑	↑	↑	↑	↑	↑	↑	↑
N	500	↓	↓	↓	0 1	↓	↓	1 2	2 3	3 4	5 6	8 9	12 13	18 19	↑	↑	↑	↑	↑	↑	↑	↑	↑	↑	↑	↑	↑
P	800	↓	↓	0 1	↓	↓	1 2	2 3	3 4	5 6	8 9	12 13	18 19	↑	↑	↑	↑	↑	↑	↑	↑	↑	↑	↑	↑	↑	↑
Q	1250	↓	0 1	↓	↓	1 2	2 3	3 4	5 6	8 9	12 13	18 19	↑	↑	↑	↑	↑	↑	↑	↑	↑	↑	↑	↑	↑	↑	↑
R	2000	0 1	↑	↓	1 2	2 3	3 4	5 6	8 9	12 13	18 19	↑	↑	↑	↑	↑	↑	↑	↑	↑	↑	↑	↑	↑	↑	↑	↑
S	3150			1 2								↑	↑	↑	↑	↑	↑	↑	↑	↑	↑	↑	↑	↑	↑	↑	↑

單次
加嚴

⇩ ＝ 採用箭頭下第一個抽樣計畫，如樣本大小等於或超過批量時，則用 100%檢驗

⇧ ＝ 採用箭頭上第一個抽樣計畫

Ac ＝ 允收數

Re ＝ 拒收數

表II-C 減量檢驗單次抽樣計畫(主抽樣表)

(See 9.4 and 9.5)

Sample size code letter	Sample size	Acceptable Quality Levels(reducdd inspection)†																									
		0.010	0.015	0.025	0.040	0.065	0.10	0.15	0.25	0.40	0.65	1.0	1.5	2.5	4.0	6.5	10	15	25	40	65	100	150	250	400	650	1000
		Ac Re	Ac Re	Ac Re	Ac Re	Ac Re	Ac Re	Ac Re	Ac Re	Ac Re	Ac Re	Ac Re	Ac Re	Ac Re	Ac Re	Ac Re	Ac Re	Ac Re	Ac Re	Ac Re	Ac Re	Ac Re	Ac Re	Ac Re	Ac Re	Ac Re	Ac Re
A	2	↓	↓	↓	↓	↓	↓	↓	↓	↓	↓	↓	↓	↓	↓	0 1	↓	↓	1 2	2 3	3 4	5 6	7 8	10 11	14 15	21 22	30 31
B	2	↓	↓	↓	↓	↓	↓	↓	↓	↓	↓	↓	↓	↓	0 1	↑	↓	0 2	1 3	2 4	3 5	5 6	7 8	10 11	14 15	21 22	30 31
C	2	↓	↓	↓	↓	↓	↓	↓	↓	↓	↓	↓	↓	0 1	↑	↓	0 2	1 3	1 4	2 5	3 6	5 8	7 10	10 13	14 17	21 24	↑
D	3	↓	↓	↓	↓	↓	↓	↓	↓	↓	↓	↓	0 1	↑	↓	0 2	1 3	1 4	2 5	3 6	5 8	7 10	10 13	14 17	21 24	↑	↑
E	5	↓	↓	↓	↓	↓	↓	↓	↓	↓	↓	0 1	↑	↓	0 2	1 3	1 4	2 5	3 6	5 8	7 10	10 13	14 17	21 24	↑	↑	↑
F	8	↓	↓	↓	↓	↓	↓	↓	↓	↓	0 1	↑	↓	0 2	1 3	1 4	2 5	3 6	5 8	7 10	10 13	↑	↑	↑	↑	↑	↑
G	13	↓	↓	↓	↓	↓	↓	↓	↓	0 1	↑	↓	0 2	1 3	1 4	2 5	3 6	5 8	7 10	10 13	↑	↑	↑	↑	↑	↑	↑
H	20	↓	↓	↓	↓	↓	↓	↓	0 1	↑	↓	0 2	1 3	1 4	2 5	3 6	5 8	7 10	10 13	↑	↑	↑	↑	↑	↑	↑	↑
J	32	↓	↓	↓	↓	↓	↓	0 1	↑	↓	0 2	1 3	1 4	2 5	3 6	5 8	7 10	10 13	↑	↑	↑	↑	↑	↑	↑	↑	↑
K	50	↓	↓	↓	↓	↓	0 1	↑	↓	0 2	1 3	1 4	2 5	3 6	5 8	7 10	10 13	↑	↑	↑	↑	↑	↑	↑	↑	↑	↑
L	80	↓	↓	↓	↓	0 1	↑	↓	0 2	1 3	1 4	2 5	3 6	5 8	7 10	10 13	↑	↑	↑	↑	↑	↑	↑	↑	↑	↑	↑
M	125	↓	↓	↓	0 1	↑	↓	0 2	1 3	1 4	2 5	3 6	5 8	7 10	10 13	↑	↑	↑	↑	↑	↑	↑	↑	↑	↑	↑	↑
N	200	↓	↓	0 1	↑	↓	0 2	1 3	1 4	2 5	3 6	5 8	7 10	10 13	↑	↑	↑	↑	↑	↑	↑	↑	↑	↑	↑	↑	↑
P	315	↓	0 1	↑	↓	0 2	1 3	1 4	2 5	3 6	5 8	7 10	10 13	↑	↑	↑	↑	↑	↑	↑	↑	↑	↑	↑	↑	↑	↑
Q	500	0 1	↑	↓	0 2	1 3	1 4	2 5	3 6	5 8	7 10	10 13	↑	↑	↑	↑	↑	↑	↑	↑	↑	↑	↑	↑	↑	↑	↑
R	800	↑	↑	0 2	1 3	1 4	2 5	3 6	5 8	7 10	10 13	↑	↑	↑	↑	↑	↑	↑	↑	↑	↑	↑	↑	↑	↑	↑	↑

單次
減量

↓ = 採用箭頭下第一個抽樣計畫，如樣本大小等於或超過批量時，則用 100%檢驗
↑ = 採用箭頭上第一個抽樣計畫
Ac = 允收數
Re = 拒收數
† = 如不良數超過允收數，但尚未達到拒收數時，可允收該批，惟以後須回復到正常檢驗（參看 10.1.4）

表III-A 正常檢驗雙次抽樣計畫(主抽樣表)

(See 9.4 and 9.5)

Sample size code letter	Sample	Sample size	Cumulative Sample size	Acceptable Quality Levels(normal inspection)																									
				0.010	0.015	0.025	0.040	0.065	0.10	0.15	0.25	0.40	0.65	1.0	1.5	2.5	4.0	6.5	10	15	25	40	65	100	150	250	400	650	1000
				Ac Re	Ac Re	Ac Re	Ac Re	Ac Re	Ac Re	Ac Re	Ac Re	Ac Re	Ac Re	Ac Re	Ac Re	Ac Re	Ac Re	Ac Re	Ac Re	Ac Re	Ac Re	Ac Re	Ac Re	Ac Re	Ac Re	Ac Re	Ac Re	Ac Re	Ac Re
A				↓	↓	↓	↓	↓	↓	↓	↓	↓	↓	↓	↓	↓	↓	*	↓	↓	*	*	*	*	*	*	*	*	*
B	First Second	2 2	2 4	↓	↓	↓	↓	↓	↓	↓	↓	↓	↓	↓	↓	↓	*	↑	↓	0 2 1 2	0 3 3 4	1 4 4 5	2 5 6 7	3 7 8 9	5 9 12 13	7 11 18 19	11 16 26 27	17 22 37 38	25 31 56 57
C	First Second	3 3	3 6	↓	↓	↓	↓	↓	↓	↓	↓	↓	↓	↓	↓	*	↑	↓	0 2 1 2	0 3 3 4	1 4 4 5	2 5 6 7	3 7 8 9	5 9 12 13	7 11 18 19	11 16 26 27	17 22 37 38	25 31 56 57	↑
D	First Second	5 5	5 10	↓	↓	↓	↓	↓	↓	↓	↓	↓	↓	↓	*	↑	↓	0 2 1 2	0 3 3 4	1 4 4 5	2 5 6 7	3 7 8 9	5 9 12 13	7 11 18 19	11 16 26 27	17 22 37 38	25 31 56 57	↑	↑
E	First Second	8 8	8 16	↓	↓	↓	↓	↓	↓	↓	↓	↓	↓	*	↑	↓	0 2 1 2	0 3 3 4	1 4 4 5	2 5 6 7	3 7 8 9	5 9 12 13	7 11 18 19	11 16 26 27	17 22 37 38	25 31 56 57	↑	↑	↑
F	First Second	13 13	13 26	↓	↓	↓	↓	↓	↓	↓	↓	↓	*	↑	↓	0 2 1 2	0 3 3 4	1 4 4 5	2 5 6 7	3 7 8 9	5 9 12 13	7 11 18 19	11 16 26 27	↑	↑	↑	↑	↑	↑
G	First Second	20 20	20 40	↓	↓	↓	↓	↓	↓	↓	↓	*	↑	↓	0 2 1 2	0 3 3 4	1 4 4 5	2 5 6 7	3 7 8 9	5 9 12 13	7 11 18 19	11 16 26 27	↑	↑	↑	↑	↑	↑	↑
H	First Second	32 32	32 64	↓	↓	↓	↓	↓	↓	↓	*	↑	↓	0 2 1 2	0 3 3 4	1 4 4 5	2 5 6 7	3 7 8 9	5 9 12 13	7 11 18 19	11 16 26 27	↑	↑	↑	↑	↑	↑	↑	↑
J	First Second	50 50	50 100	↓	↓	↓	↓	↓	↓	*	↑	↓	0 2 1 2	0 3 3 4	1 4 4 5	2 5 6 7	3 7 8 9	5 9 12 13	7 11 18 19	11 16 26 27	↑	↑	↑	↑	↑	↑	↑	↑	↑
K	First Second	80 80	80 160	↓	↓	↓	↓	↓	*	↑	↓	0 2 1 2	0 3 3 4	1 4 4 5	2 5 6 7	3 7 8 9	5 9 12 13	7 11 18 19	11 16 26 27	↑	↑	↑	↑	↑	↑	↑	↑	↑	↑
L	First Second	125 125	125 250	↓	↓	↓	↓	*	↑	↓	0 2 1 2	0 3 3 4	1 4 4 5	2 5 6 7	3 7 8 9	5 9 12 13	7 11 18 19	11 16 26 27	↑	↑	↑	↑	↑	↑	↑	↑	↑	↑	↑
M	First Second	200 200	200 400	↓	↓	↓	*	↑	↓	0 2 1 2	0 3 3 4	1 4 4 5	2 5 6 7	3 7 8 9	5 9 12 13	7 11 18 19	11 16 26 27	↑	↑	↑	↑	↑	↑	↑	↑	↑	↑	↑	↑
N	First Second	315 315	315 630	↓	↓	*	↑	↓	0 2 1 2	0 3 3 4	1 4 4 5	2 5 6 7	3 7 8 9	5 9 12 13	7 11 18 19	11 16 26 27	↑	↑	↑	↑	↑	↑	↑	↑	↑	↑	↑	↑	↑
P	First Second	500 500	500 1000	↓	*	↑	↓	0 2 1 2	0 3 3 4	1 4 4 5	2 5 6 7	3 7 8 9	5 9 12 13	7 11 18 19	11 16 26 27	↑	↑	↑	↑	↑	↑	↑	↑	↑	↑	↑	↑	↑	↑
Q	First Second	800 800	800 1600	*	↑	↓	0 2 1 2	0 3 3 4	1 4 4 5	2 5 6 7	3 7 8 9	5 9 12 13	7 11 18 19	11 16 26 27	↑	↑	↑	↑	↑	↑	↑	↑	↑	↑	↑	↑	↑	↑	↑
R	First Second	1250 1250	1250 2500	↑	↑	0 2 1 2	0 3 3 4	1 4 4 5	2 5 6 7	3 7 8 9	5 9 12 13	7 11 18 19	11 16 26 27	↑	↑	↑	↑	↑	↑	↑	↑	↑	↑	↑	↑	↑	↑	↑	↑

雙次 正常

- ↓ = 採用箭頭下第一個抽樣計畫，如樣本大小等於或超過批量時，則用 100%檢驗
- ↑ = 採用箭頭上第一個抽樣計畫
- Ac = 允收數
- Re = 拒收數
- * = 採用對應的單次抽樣計畫（或採用下面的雙次抽樣計畫）

表III-B　加嚴檢驗雙次抽樣計畫(主抽樣表)

(See 9.4 and 9.5)

Acceptable Quality Levels(tightened inspection) — each cell: Ac Re (First / Second)

Sample size code letter	Sample	Sample size	Cumulative Sample size	0.010	0.015	0.025	0.040	0.065	0.10	0.15	0.25	0.40	0.65	1.0	1.5	2.5	4.0	6.5	10	15	25	40	65	100	150	250	400	650	1000
A				↓	↓	↓	↓	↓	↓	↓	↓	↓	↓	↓	↓	↓	↓	↓	↓	↓	↓	*	*	*	*	*	*	*	*
B	First Second	2 2	2 4	↓	↓	↓	↓	↓	↓	↓	↓	↓	↓	↓	↓	↓	↓	*	↓	↓	0 2 1 2	0 3 3 4	1 4 4 5	2 5 6 7	3 7 11 12	6 10 15 16	9 14 23 24	15 20 34 35	23 29 52 53
C	First Second	3 3	3 6	↓	↓	↓	↓	↓	↓	↓	↓	↓	↓	↓	↓	↓	*	↓	↓	0 2 1 2	0 3 3 4	1 4 4 5	2 5 6 7	3 7 11 12	6 10 15 16	9 14 23 24	15 20 34 35	23 29 52 53	↑
D	First Second	5 5	5 10	↓	↓	↓	↓	↓	↓	↓	↓	↓	↓	↓	↓	*	↓	↓	0 2 1 2	0 3 3 4	1 4 4 5	2 5 6 7	3 7 11 12	6 10 15 16	9 14 23 24	15 20 34 35	23 29 52 53	↑	↑
E	First Second	8 8	8 16	↓	↓	↓	↓	↓	↓	↓	↓	↓	↓	↓	*	↓	↓	0 2 1 2	0 3 3 4	1 4 4 5	2 5 6 7	3 7 11 12	6 10 15 16	9 14 23 24	15 20 34 35	23 29 52 53	↑	↑	↑
F	First Second	13 13	13 26	↓	↓	↓	↓	↓	↓	↓	↓	↓	↓	*	↓	↓	0 2 1 2	0 3 3 4	1 4 4 5	2 5 6 7	3 7 11 12	6 10 15 16	9 14 23 24	↑	↑	↑	↑	↑	↑
G	First Second	20 20	20 40	↓	↓	↓	↓	↓	↓	↓	↓	↓	*	↓	↓	0 2 1 2	0 3 3 4	1 4 4 5	2 5 6 7	3 7 11 12	6 10 15 16	9 14 23 24	↑	↑	↑	↑	↑	↑	↑
H	First Second	32 32	32 64	↓	↓	↓	↓	↓	↓	↓	↓	*	↓	↓	0 2 1 2	0 3 3 4	1 4 4 5	2 5 6 7	3 7 11 12	6 10 15 16	9 14 23 24	↑	↑	↑	↑	↑	↑	↑	↑
J	First Second	50 50	50 100	↓	↓	↓	↓	↓	↓	↓	*	↓	↓	0 2 1 2	0 3 3 4	1 4 4 5	2 5 6 7	3 7 11 12	6 10 15 16	9 14 23 24	↑	↑	↑	↑	↑	↑	↑	↑	↑
K	First Second	80 80	80 160	↓	↓	↓	↓	↓	↓	*	↓	↓	0 2 1 2	0 3 3 4	1 4 4 5	2 5 6 7	3 7 11 12	6 10 15 16	9 14 23 24	↑	↑	↑	↑	↑	↑	↑	↑	↑	↑
L	First Second	125 125	125 250	↓	↓	↓	↓	↓	*	↓	↓	0 2 1 2	0 3 3 4	1 4 4 5	2 5 6 7	3 7 11 12	6 10 15 16	9 14 23 24	↑	↑	↑	↑	↑	↑	↑	↑	↑	↑	↑
M	First Second	200 200	200 400	↓	↓	↓	↓	*	↓	↓	0 2 1 2	0 3 3 4	1 4 4 5	2 5 6 7	3 7 11 12	6 10 15 16	9 14 23 24	↑	↑	↑	↑	↑	↑	↑	↑	↑	↑	↑	↑
N	First Second	315 315	315 630	↓	↓	↓	*	↓	↓	0 2 1 2	0 3 3 4	1 4 4 5	2 5 6 7	3 7 11 12	6 10 15 16	9 14 23 24	↑	↑	↑	↑	↑	↑	↑	↑	↑	↑	↑	↑	↑
P	First Second	500 500	500 1000	↓	↓	*	↓	↓	0 2 1 2	0 3 3 4	1 4 4 5	2 5 6 7	3 7 11 12	6 10 15 16	9 14 23 24	↑	↑	↑	↑	↑	↑	↑	↑	↑	↑	↑	↑	↑	↑
Q	First Second	800 800	800 1600	↓	*	↓	↓	0 2 1 2	0 3 3 4	1 4 4 5	2 5 6 7	3 7 11 12	6 10 15 16	9 14 23 24	↑	↑	↑	↑	↑	↑	↑	↑	↑	↑	↑	↑	↑	↑	↑
R	First Second	1250 1250	1250 2500	*	↑	↓	0 2 1 2	0 3 3 4	1 4 4 5	2 5 6 7	3 7 11 12	6 10 15 16	9 14 23 24	↑	↑	↑	↑	↑	↑	↑	↑	↑	↑	↑	↑	↑	↑	↑	↑
S	First Second	2000 2000	2000 4000			0 2 1 2																							

雙次加嚴

↓ = 採用箭頭下第一個抽樣計畫，如樣本大小等於或超過批量時，則用100%檢驗

↑ = 採用箭頭上第一個抽樣計畫

Ac = 允收數

Re = 拒收數

* = 採用對應的單次抽樣計畫（或採用下面的雙次抽樣計畫）

表III-C　減量檢驗雙次抽樣計畫(主抽樣表)

(See 9.4 and 9.5)

Sample size code letter	Sample	Sample size	Cumulative Sample size	Acceptable Quality Levels(reduced inspection)†																									
				0.010	0.015	0.025	0.040	0.065	0.10	0.15	0.25	0.40	0.65	1.0	1.5	2.5	4.0	6.5	10	15	25	40	65	100	150	250	400	650	1000
				Ac Re	Ac Re	Ac Re	Ac Re	Ac Re	Ac Re	Ac Re	Ac Re	Ac Re	Ac Re	Ac Re	Ac Re	Ac Re	Ac Re	Ac Re	Ac Re	Ac Re	Ac Re	Ac Re	Ac Re	Ac Re	Ac Re	Ac Re	Ac Re	Ac Re	Ac Re
A																	↓	*		↓	*	*	*	*	*	*	*	*	*
B																↓	*	↑	↓	*	*	*	*	*	*	*	*	*	*
C															↓	*	↑	↓	*	*	*	*	*	*	*	*	*	*	↑
D	First	2	2												*	↑	↓	0 2	0 3	0 4	0 4	1 5	2 7	3 8	5 10	7 12	11 17	↑	
	Second	2	4															0 2	0 4	1 5	3 6	4 7	6 9	8 12	12 16	18 22	26 30		
E	First	3	3										↓	*	↑	↓	0 2	0 3	0 4	0 4	1 5	2 7	3 8	5 10	7 12	11 17	↑		
	Second	3	6														0 2	0 4	1 5	3 6	4 7	6 9	8 12	12 16	18 22	26 30			
F	First	5	5									↓	*	↑	↓	0 2	0 3	0 4	0 4	1 5	2 7	3 8	5 10	↑	↑	↑			
	Second	5	10													0 2	0 4	1 5	3 6	4 7	6 9	8 12	12 16						
G	First	8	8								↓	*	↑	↓	0 2	0 3	0 4	0 4	1 5	2 7	3 8	5 10	↑						
	Second	8	16												0 2	0 4	1 5	3 6	4 7	6 9	8 12	12 16							
H	First	13	13							↓	*	↑	↓	0 2	0 3	0 4	0 4	1 5	2 7	3 8	5 10	↑							
	Second	13	26											0 2	0 4	1 5	3 6	4 7	6 9	8 12	12 16								
J	First	20	20						↓	*	↑	↓	0 2	0 3	0 4	0 4	1 5	2 7	3 8	5 10	↑								
	Second	20	40										0 2	0 4	1 5	3 6	4 7	6 9	8 12	12 16									
K	First	32	32					↓	*	↑	↓	0 2	0 3	0 4	0 4	1 5	2 7	3 8	5 10	↑									
	Second	32	64									0 2	0 4	1 5	3 6	4 7	6 9	8 12	12 16										
L	First	50	50				↓	*	↑	↓	0 2	0 3	0 4	0 4	1 5	2 7	3 8	5 10	↑										
	Second	50	100								0 2	0 4	1 5	3 6	4 7	6 9	8 12	12 16											
M	First	80	80			↓	*	↑	↓	0 2	0 3	0 4	0 4	1 5	2 7	3 8	5 10	↑											
	Second	80	160							0 2	0 4	1 5	3 6	4 7	6 9	8 12	12 16												
N	First	125	125		↓	*	↑	↓	0 2	0 3	0 4	0 4	1 5	2 7	3 8	5 10	↑												
	Second	125	250						0 2	0 4	1 5	3 6	4 7	6 9	8 12	12 16													
P	First	200	200	↓	*	↑	↓	0 2	0 3	0 4	0 4	1 5	2 7	3 8	5 10	↑													
	Second	200	400					0 2	0 4	1 5	3 6	4 7	6 9	8 12	12 16														
Q	First	315	315	*	↑	↓	0 2	0 3	0 4	0 4	1 5	2 7	3 8	5 10	↑														
	Second	315	630				0 2	0 4	1 5	3 6	4 7	6 9	8 12	12 16															
R	First	500	500	↑		0 2	0 3	0 4	0 4	1 5	2 7	3 8	5 10	↑															
	Second	500	1000			0 2	0 4	1 5	3 6	4 7	6 9	8 12	12 16																

雙次減量

↓ = 採用箭頭下第一個抽樣計畫，如樣本大小等於或超過批量時，則用 100%檢驗
↑ = 採用箭頭上第一個抽樣計畫
Ac = 允收數
Re = 拒收數
* = 採用對應的單次抽樣計畫（或採用下面的雙次抽樣計畫）
† = 如在第二個樣本以後，不良數超過允收數，但尚未達到拒收數時，可允收該批，惟以後須回復到正常檢驗（參看 10.1.4）

表IV-A　正常檢驗多次抽樣計畫(主抽樣表)

(See 9.4 and 9.5)

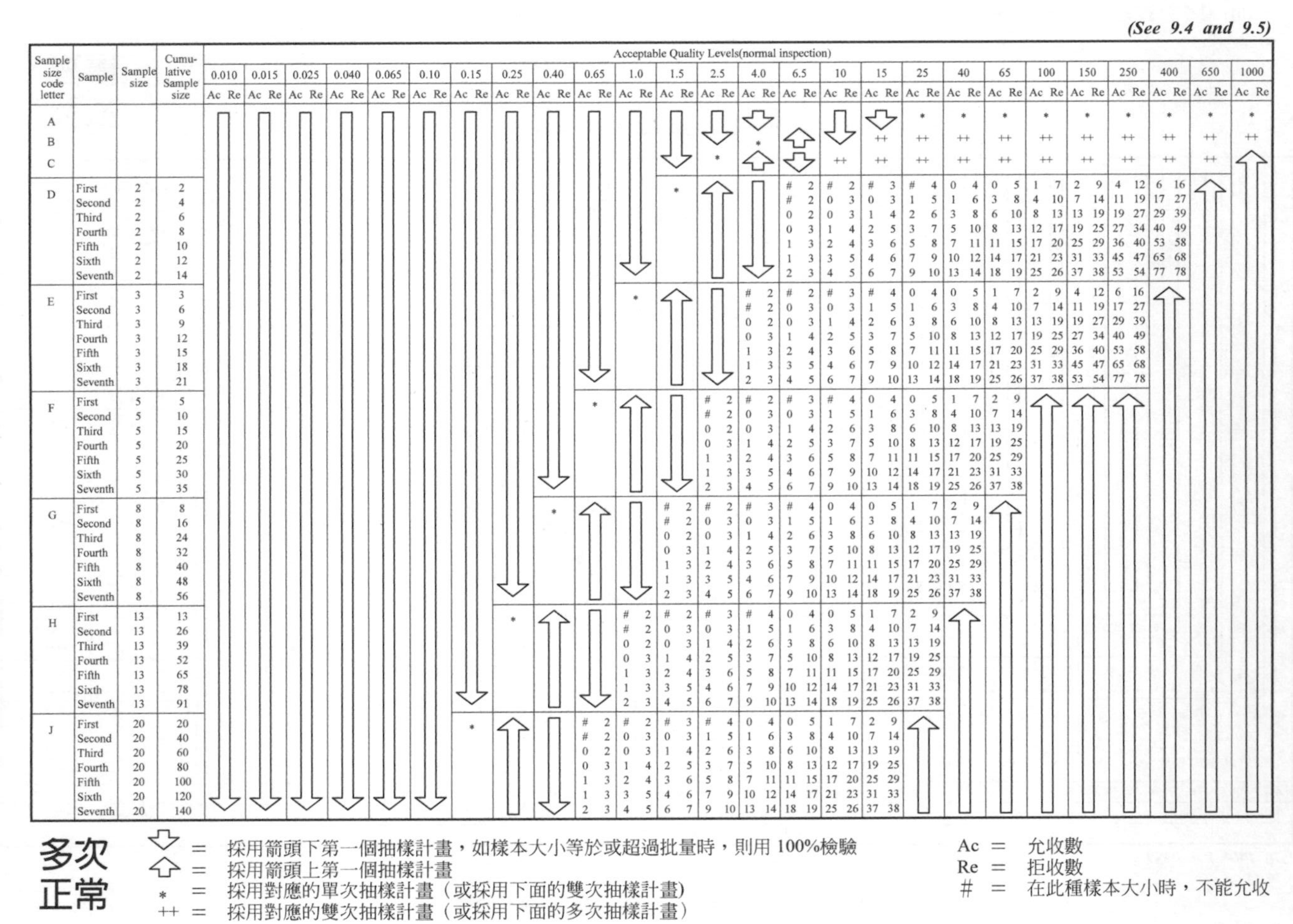

Sample size code letter	Sample	Sample size	Cumulative Sample size	Acceptable Quality Levels(normal inspection)																									
				0.010	0.015	0.025	0.040	0.065	0.10	0.15	0.25	0.40	0.65	1.0	1.5	2.5	4.0	6.5	10	15	25	40	65	100	150	250	400	650	1000
				Ac Re	Ac Re	Ac Re	Ac Re	Ac Re	Ac Re	Ac Re	Ac Re	Ac Re	Ac Re	Ac Re	Ac Re	Ac Re	Ac Re	Ac Re	Ac Re	Ac Re	Ac Re	Ac Re	Ac Re	Ac Re	Ac Re	Ac Re	Ac Re	Ac Re	Ac Re
A				↓	↓	↓	↓	↓	↓	↓	↓	↓	↓	↓	↓	↓	↓		↓	↓	*	*	*	*	*	*	*	*	*
B																	*	↑		++	++	++	++	++	++	++	++	++	++
C																*	↑	↓	++	++	++	++	++	++	++	++	++	++	↑
D	First	2	2	↓	↓	↓	↓	↓	↓	↓	↓	↓	↓	↓	*	↑	↓	# 2	# 2	# 3	# 4	0 4	0 5	1 7	2 9	4 12	6 16	↑	↑
	Second	2	4															# 2	0 3	0 3	1 5	1 6	3 8	4 10	7 14	11 19	17 27		
	Third	2	6															0 2	0 3	1 4	2 6	3 8	6 10	8 13	13 19	19 27	29 39		
	Fourth	2	8															0 3	1 4	2 5	3 7	5 10	8 13	12 17	19 25	27 34	40 49		
	Fifth	2	10															1 3	2 4	3 6	5 8	7 11	11 15	17 20	25 29	36 40	53 58		
	Sixth	2	12															1 3	3 5	4 6	7 9	10 12	14 17	21 23	31 33	45 47	65 68		
	Seventh	2	14															2 3	4 5	6 7	9 10	13 14	18 19	25 26	37 38	53 54	77 78		
E	First	3	3	↓	↓	↓	↓	↓	↓	↓	↓	↓	↓	*	↑	↓	# 2	# 2	# 3	# 4	0 4	0 5	1 7	2 9	4 12	6 16	↑	↑	↑
	Second	3	6														# 2	0 3	0 3	1 5	1 6	3 8	4 10	7 14	11 19	17 27			
	Third	3	9														0 2	0 3	1 4	2 6	3 8	6 10	8 13	13 19	19 27	29 39			
	Fourth	3	12														0 3	1 4	2 5	3 7	5 10	8 13	12 17	19 25	27 34	40 49			
	Fifth	3	15														1 3	2 4	3 6	5 8	7 11	11 15	17 20	25 29	36 40	53 58			
	Sixth	3	18														1 3	3 5	4 6	7 9	10 12	14 17	21 23	31 33	45 47	65 68			
	Seventh	3	21														2 3	4 5	6 7	9 10	13 14	18 19	25 26	37 38	53 54	77 78			
F	First	5	5	↓	↓	↓	↓	↓	↓	↓	↓	↓	*	↑	↓	# 2	# 2	# 3	# 4	0 4	0 5	1 7	2 9	↑	↑	↑	↑	↑	↑
	Second	5	10													# 2	0 3	0 3	1 5	1 6	3 8	4 10	7 14						
	Third	5	15													0 2	0 3	1 4	2 6	3 8	6 10	8 13	13 19						
	Fourth	5	20													0 3	1 4	2 5	3 7	5 10	8 13	12 17	19 25						
	Fifth	5	25													1 3	2 4	3 6	5 8	7 11	11 15	17 20	25 29						
	Sixth	5	30													1 3	3 5	4 6	7 9	10 12	14 17	21 23	31 33						
	Seventh	5	35													2 3	4 5	6 7	9 10	13 14	18 19	25 26	37 38						
G	First	8	8	↓	↓	↓	↓	↓	↓	↓	↓	*	↑	↓	# 2	# 2	# 3	# 4	0 4	0 5	1 7	2 9	↑	↑	↑	↑	↑	↑	↑
	Second	8	16												# 2	0 3	0 3	1 5	1 6	3 8	4 10	7 14							
	Third	8	24												0 2	0 3	1 4	2 6	3 8	6 10	8 13	13 19							
	Fourth	8	32												0 3	1 4	2 5	3 7	5 10	8 13	12 17	19 25							
	Fifth	8	40												1 3	2 4	3 6	5 8	7 11	11 15	17 20	25 29							
	Sixth	8	48												1 3	3 5	4 6	7 9	10 12	14 17	21 23	31 33							
	Seventh	8	56												2 3	4 5	6 7	9 10	13 14	18 19	25 26	37 38							
H	First	13	13	↓	↓	↓	↓	↓	↓	↓	*	↑	↓	# 2	# 2	# 3	# 4	0 4	0 5	1 7	2 9	↑	↑	↑	↑	↑	↑	↑	↑
	Second	13	26											# 2	0 3	0 3	1 5	1 6	3 8	4 10	7 14								
	Third	13	39											0 2	0 3	1 4	2 6	3 8	6 10	8 13	13 19								
	Fourth	13	52											0 3	1 4	2 5	3 7	5 10	8 13	12 17	19 25								
	Fifth	13	65											1 3	2 4	3 6	5 8	7 11	11 15	17 20	25 29								
	Sixth	13	78											1 3	3 5	4 6	7 9	10 12	14 17	21 23	31 33								
	Seventh	13	91											2 3	4 5	6 7	9 10	13 14	18 19	25 26	37 38								
J	First	20	20	↓	↓	↓	↓	↓	↓	*	↑	↓	# 2	# 2	# 3	# 4	0 4	0 5	1 7	2 9	↑	↑	↑	↑	↑	↑	↑	↑	↑
	Second	20	40										# 2	0 3	0 3	1 5	1 6	3 8	4 10	7 14									
	Third	20	60										0 2	0 3	1 4	2 6	3 8	6 10	8 13	13 19									
	Fourth	20	80										0 3	1 4	2 5	3 7	5 10	8 13	12 17	19 25									
	Fifth	20	100										1 3	2 4	3 6	5 8	7 11	11 15	17 20	25 29									
	Sixth	20	120										1 3	3 5	4 6	7 9	10 12	14 17	21 23	31 33									
	Seventh	20	140										2 3	4 5	6 7	9 10	13 14	18 19	25 26	37 38									

多次
正常

- ↓ = 採用箭頭下第一個抽樣計畫，如樣本大小等於或超過批量時，則用 100%檢驗
- ↑ = 採用箭頭上第一個抽樣計畫
- * = 採用對應的單次抽樣計畫（或採用下面的雙次抽樣計畫)
- ++ = 採用對應的雙次抽樣計畫（或採用下面的多次抽樣計畫）

Ac = 允收數
Re = 拒收數
# = 在此種樣本大小時，不能允收

表IV-A　正常檢驗多次抽樣計畫(主抽樣表)(續)

(See 9.4 and 9.5)

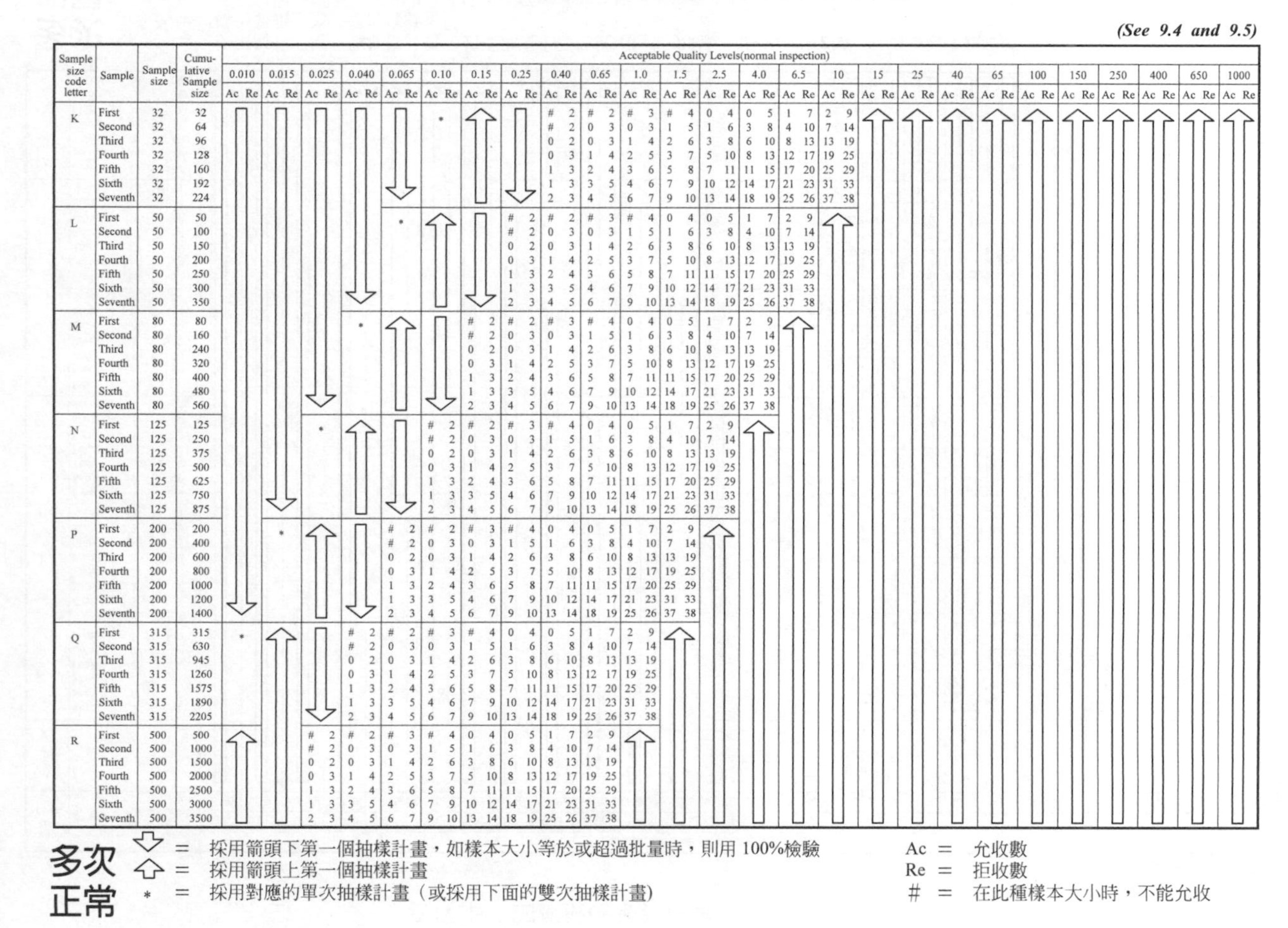

Sample size code letter	Sample	Sample size	Cumulative Sample size	Acceptable Quality Levels(normal inspection)																									
				0.010	0.015	0.025	0.040	0.065	0.10	0.15	0.25	0.40	0.65	1.0	1.5	2.5	4.0	6.5	10	15	25	40	65	100	150	250	400	650	1000
				Ac Re	Ac Re	Ac Re	Ac Re	Ac Re	Ac Re	Ac Re	Ac Re	Ac Re	Ac Re	Ac Re	Ac Re	Ac Re	Ac Re	Ac Re	Ac Re	Ac Re	Ac Re	Ac Re	Ac Re	Ac Re	Ac Re	Ac Re	Ac Re	Ac Re	Ac Re
K	First	32	32	↓	↓	↓	↓	↓	*	↑	↓	# 2	# 2	# 3	# 4	0 4	0 5	1 7	2 9	↑	↑	↑	↑	↑	↑	↑	↑	↑	↑
	Second	32	64									# 2	0 3	0 3	1 5	1 6	3 8	4 10	7 14										
	Third	32	96									0 2	0 3	1 4	2 6	3 8	6 10	8 13	13 19										
	Fourth	32	128									0 3	1 4	2 5	3 7	5 10	8 13	12 17	19 25										
	Fifth	32	160									1 3	2 4	3 6	5 8	7 11	11 15	17 20	25 29										
	Sixth	32	192									1 3	3 5	4 6	7 9	10 12	14 17	21 23	31 33										
	Seventh	32	224									2 3	4 5	6 7	9 10	13 14	18 19	25 26	37 38										
L	First	50	50	↓	↓	↓	↓	*	↑	↓	# 2	# 2	# 3	# 4	0 4	0 5	1 7	2 9	↑	↑	↑	↑	↑	↑	↑	↑	↑	↑	↑
	Second	50	100								# 2	0 3	0 3	1 5	1 6	3 8	4 10	7 14											
	Third	50	150								0 2	0 3	1 4	2 6	3 8	6 10	8 13	13 19											
	Fourth	50	200								0 3	1 4	2 5	3 7	5 10	8 13	12 17	19 25											
	Fifth	50	250								1 3	2 4	3 6	5 8	7 11	11 15	17 20	25 29											
	Sixth	50	300								1 3	3 5	4 6	7 9	10 12	14 17	21 23	31 33											
	Seventh	50	350								2 3	4 5	6 7	9 10	13 14	18 19	25 26	37 38											
M	First	80	80	↓	↓	↓	*	↑	↓	# 2	# 2	# 3	# 4	0 4	0 5	1 7	2 9	↑	↑	↑	↑	↑	↑	↑	↑	↑	↑	↑	↑
	Second	80	160							# 2	0 3	0 3	1 5	1 6	3 8	4 10	7 14												
	Third	80	240							0 2	0 3	1 4	2 6	3 8	6 10	8 13	13 19												
	Fourth	80	320							0 3	1 4	2 5	3 7	5 10	8 13	12 17	19 25												
	Fifth	80	400							1 3	2 4	3 6	5 8	7 11	11 15	17 20	25 29												
	Sixth	80	480							1 3	3 5	4 6	7 9	10 12	14 17	21 23	31 33												
	Seventh	80	560							2 3	4 5	6 7	9 10	13 14	18 19	25 26	37 38												
N	First	125	125	↓	↓	*	↑	↓	# 2	# 2	# 3	# 4	0 4	0 5	1 7	2 9	↑	↑	↑	↑	↑	↑	↑	↑	↑	↑	↑	↑	↑
	Second	125	250						# 2	0 3	0 3	1 5	1 6	3 8	4 10	7 14													
	Third	125	375						0 2	0 3	1 4	2 6	3 8	6 10	8 13	13 19													
	Fourth	125	500						0 3	1 4	2 5	3 7	5 10	8 13	12 17	19 25													
	Fifth	125	625						1 3	2 4	3 6	5 8	7 11	11 15	17 20	25 29													
	Sixth	125	750						1 3	3 5	4 6	7 9	10 12	14 17	21 23	31 33													
	Seventh	125	875						2 3	4 5	6 7	9 10	13 14	18 19	25 26	37 38													
P	First	200	200	↓	*	↑	↓	# 2	# 2	# 3	# 4	0 4	0 5	1 7	2 9	↑	↑	↑	↑	↑	↑	↑	↑	↑	↑	↑	↑	↑	↑
	Second	200	400					# 2	0 3	0 3	1 5	1 6	3 8	4 10	7 14														
	Third	200	600					0 2	0 3	1 4	2 6	3 8	6 10	8 13	13 19														
	Fourth	200	800					0 3	1 4	2 5	3 7	5 10	8 13	12 17	19 25														
	Fifth	200	1000					1 3	2 4	3 6	5 8	7 11	11 15	17 20	25 29														
	Sixth	200	1200					1 3	3 5	4 6	7 9	10 12	14 17	21 23	31 33														
	Seventh	200	1400					2 3	4 5	6 7	9 10	13 14	18 19	25 26	37 38														
Q	First	315	315	*	↑	↓	# 2	# 2	# 3	# 4	0 4	0 5	1 7	2 9	↑	↑	↑	↑	↑	↑	↑	↑	↑	↑	↑	↑	↑	↑	↑
	Second	315	630				# 2	0 3	0 3	1 5	1 6	3 8	4 10	7 14															
	Third	315	945				0 2	0 3	1 4	2 6	3 8	6 10	8 13	13 19															
	Fourth	315	1260				0 3	1 4	2 5	3 7	5 10	8 13	12 17	19 25															
	Fifth	315	1575				1 3	2 4	3 6	5 8	7 11	11 15	17 20	25 29															
	Sixth	315	1890				1 3	3 5	4 6	7 9	10 12	14 17	21 23	31 33															
	Seventh	315	2205				2 3	4 5	6 7	9 10	13 14	18 19	25 26	37 38															
R	First	500	500	↑	↑	# 2	# 2	# 3	# 4	0 4	0 5	1 7	2 9	↑	↑	↑	↑	↑	↑	↑	↑	↑	↑	↑	↑	↑	↑	↑	↑
	Second	500	1000			# 2	0 3	0 3	1 5	1 6	3 8	4 10	7 14																
	Third	500	1500			0 2	0 3	1 4	2 6	3 8	6 10	8 13	13 19																
	Fourth	500	2000			0 3	1 4	2 5	3 7	5 10	8 13	12 17	19 25																
	Fifth	500	2500			1 3	2 4	3 6	5 8	7 11	11 15	17 20	25 29																
	Sixth	500	3000			1 3	3 5	4 6	7 9	10 12	14 17	21 23	31 33																
	Seventh	500	3500			2 3	4 5	6 7	9 10	13 14	18 19	25 26	37 38																

多次
正常

⇩ = 採用箭頭下第一個抽樣計畫，如樣本大小等於或超過批量時，則用 100%檢驗
⇧ = 採用箭頭上第一個抽樣計畫
* = 採用對應的單次抽樣計畫（或採用下面的雙次抽樣計畫）

Ac = 允收數
Re = 拒收數
# = 在此種樣本大小時，不能允收

表IV-B 加嚴檢驗多次抽樣計畫(主抽樣表)

(See 9.4 and 9.5)

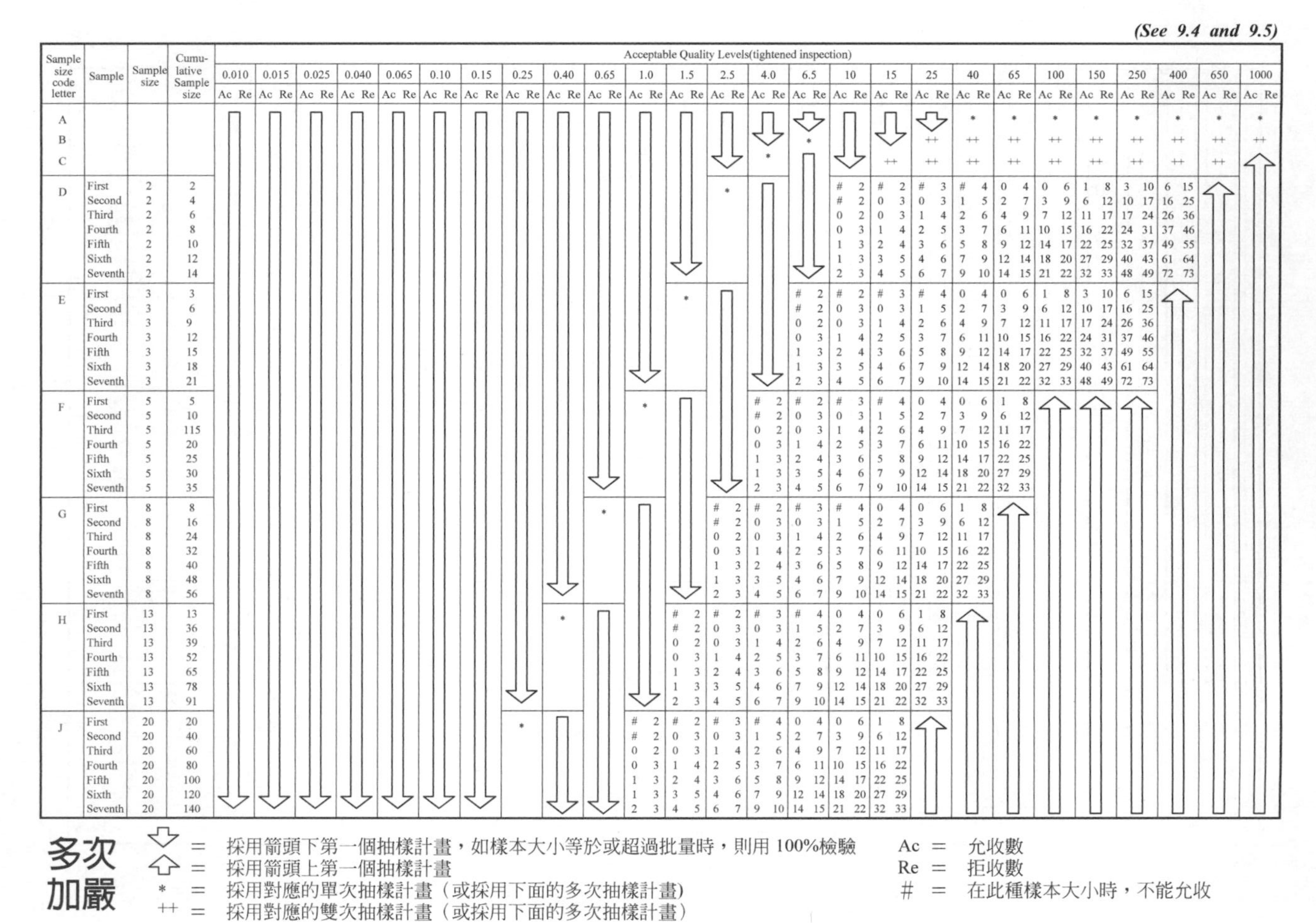

Acceptable Quality Levels(tightened inspection) (each cell: Ac Re)

Sample size code letter	Sample	Sample size	Cumulative Sample size	0.010	0.015	0.025	0.040	0.065	0.10	0.15	0.25	0.40	0.65	1.0	1.5	2.5	4.0	6.5	10	15	25	40	65	100	150	250	400	650	1000
A				↓	↓	↓	↓	↓	↓	↓	↓	↓	↓	↓	↓	↓	↓	↓	↓	↓	↓	*	*	*	*	*	*	*	*
B				↓	↓	↓	↓	↓	↓	↓	↓	↓	↓	↓	↓	↓	↓	*	↓	↓	++	++	++	++	++	++	++	++	++
C				↓	↓	↓	↓	↓	↓	↓	↓	↓	↓	↓	↓	↓	*	↓	↓	++	++	++	++	++	++	++	++	++	↑
D	First	2	2	↓	↓	↓	↓	↓	↓	↓	↓	↓	↓	↓	↓	*	↓	↓	# 2	# 2	# 3	# 4	0 4	0 6	1 8	3 10	6 15	↑	↑
	Second	2	4	↓	↓	↓	↓	↓	↓	↓	↓	↓	↓	↓	↓		↓	↓	# 2	0 3	0 3	1 5	2 7	3 9	6 12	10 17	16 25	↑	↑
	Third	2	6	↓	↓	↓	↓	↓	↓	↓	↓	↓	↓	↓	↓		↓	↓	0 2	0 3	1 4	2 6	4 9	7 12	11 17	17 24	26 36	↑	↑
	Fourth	2	8	↓	↓	↓	↓	↓	↓	↓	↓	↓	↓	↓	↓		↓	↓	0 3	1 4	2 5	3 7	6 11	10 15	16 22	24 31	37 46	↑	↑
	Fifth	2	10	↓	↓	↓	↓	↓	↓	↓	↓	↓	↓	↓	↓		↓	↓	1 3	2 4	3 6	5 8	9 12	14 17	22 25	32 37	49 55	↑	↑
	Sixth	2	12	↓	↓	↓	↓	↓	↓	↓	↓	↓	↓	↓	↓		↓	↓	1 3	3 5	4 6	7 9	12 14	18 20	27 29	40 43	61 64	↑	↑
	Seventh	2	14	↓	↓	↓	↓	↓	↓	↓	↓	↓	↓	↓	↓		↓	↓	2 3	4 5	6 7	9 10	14 15	21 22	32 33	48 49	72 73	↑	↑
E	First	3	3	↓	↓	↓	↓	↓	↓	↓	↓	↓	↓	↓	*	↓	↓	# 2	# 2	# 3	# 4	0 4	0 6	1 8	3 10	6 15	↑	↑	↑
	Second	3	6	↓	↓	↓	↓	↓	↓	↓	↓	↓	↓	↓		↓	↓	# 2	0 3	0 3	1 5	2 7	3 9	6 12	10 17	16 25	↑	↑	↑
	Third	3	9	↓	↓	↓	↓	↓	↓	↓	↓	↓	↓	↓		↓	↓	0 2	0 3	1 4	2 6	4 9	7 12	11 17	17 24	26 36	↑	↑	↑
	Fourth	3	12	↓	↓	↓	↓	↓	↓	↓	↓	↓	↓	↓		↓	↓	0 3	1 4	2 5	3 7	6 11	10 15	16 22	24 31	37 46	↑	↑	↑
	Fifth	3	15	↓	↓	↓	↓	↓	↓	↓	↓	↓	↓	↓		↓	↓	1 3	2 4	3 6	5 8	9 12	14 17	22 25	32 37	49 55	↑	↑	↑
	Sixth	3	18	↓	↓	↓	↓	↓	↓	↓	↓	↓	↓	↓		↓	↓	1 3	3 5	4 6	7 9	12 14	18 20	27 29	40 43	61 64	↑	↑	↑
	Seventh	3	21	↓	↓	↓	↓	↓	↓	↓	↓	↓	↓	↓		↓	↓	2 3	4 5	6 7	9 10	14 15	21 22	32 33	48 49	72 73	↑	↑	↑
F	First	5	5	↓	↓	↓	↓	↓	↓	↓	↓	↓	↓	*	↓	↓	# 2	# 2	# 3	# 4	0 4	0 6	1 8	↑	↑	↑	↑	↑	↑
	Second	5	10	↓	↓	↓	↓	↓	↓	↓	↓	↓	↓		↓	↓	# 2	0 3	0 3	1 5	2 7	3 9	6 12	↑	↑	↑	↑	↑	↑
	Third	5	115	↓	↓	↓	↓	↓	↓	↓	↓	↓	↓		↓	↓	0 2	0 3	1 4	2 6	4 9	7 12	11 17	↑	↑	↑	↑	↑	↑
	Fourth	5	20	↓	↓	↓	↓	↓	↓	↓	↓	↓	↓		↓	↓	0 3	1 4	2 5	3 7	6 11	10 15	16 22	↑	↑	↑	↑	↑	↑
	Fifth	5	25	↓	↓	↓	↓	↓	↓	↓	↓	↓	↓		↓	↓	1 3	2 4	3 6	5 8	9 12	14 17	22 25	↑	↑	↑	↑	↑	↑
	Sixth	5	30	↓	↓	↓	↓	↓	↓	↓	↓	↓	↓		↓	↓	1 3	3 5	4 6	7 9	12 14	18 20	27 29	↑	↑	↑	↑	↑	↑
	Seventh	5	35	↓	↓	↓	↓	↓	↓	↓	↓	↓	↓		↓	↓	2 3	4 5	6 7	9 10	14 15	21 22	32 33	↑	↑	↑	↑	↑	↑
G	First	8	8	↓	↓	↓	↓	↓	↓	↓	↓	↓	*	↓	↓	# 2	# 2	# 3	# 4	0 4	0 6	1 8	↑	↑	↑	↑	↑	↑	↑
	Second	8	16	↓	↓	↓	↓	↓	↓	↓	↓	↓		↓	↓	# 2	0 3	0 3	1 5	2 7	3 9	6 12	↑	↑	↑	↑	↑	↑	↑
	Third	8	24	↓	↓	↓	↓	↓	↓	↓	↓	↓		↓	↓	0 2	0 3	1 4	2 6	4 9	7 12	11 17	↑	↑	↑	↑	↑	↑	↑
	Fourth	8	32	↓	↓	↓	↓	↓	↓	↓	↓	↓		↓	↓	0 3	1 4	2 5	3 7	6 11	10 15	16 22	↑	↑	↑	↑	↑	↑	↑
	Fifth	8	40	↓	↓	↓	↓	↓	↓	↓	↓	↓		↓	↓	1 3	2 4	3 6	5 8	9 12	14 17	22 25	↑	↑	↑	↑	↑	↑	↑
	Sixth	8	48	↓	↓	↓	↓	↓	↓	↓	↓	↓		↓	↓	1 3	3 5	4 6	7 9	12 14	18 20	27 29	↑	↑	↑	↑	↑	↑	↑
	Seventh	8	56	↓	↓	↓	↓	↓	↓	↓	↓	↓		↓	↓	2 3	4 5	6 7	9 10	14 15	21 22	32 33	↑	↑	↑	↑	↑	↑	↑
H	First	13	13	↓	↓	↓	↓	↓	↓	↓	↓	*	↓	↓	# 2	# 2	# 3	# 4	0 4	0 6	1 8	↑	↑	↑	↑	↑	↑	↑	↑
	Second	13	36	↓	↓	↓	↓	↓	↓	↓	↓		↓	↓	# 2	0 3	0 3	1 5	2 7	3 9	6 12	↑	↑	↑	↑	↑	↑	↑	↑
	Third	13	39	↓	↓	↓	↓	↓	↓	↓	↓		↓	↓	0 2	0 3	1 4	2 6	4 9	7 12	11 17	↑	↑	↑	↑	↑	↑	↑	↑
	Fourth	13	52	↓	↓	↓	↓	↓	↓	↓	↓		↓	↓	0 3	1 4	2 5	3 7	6 11	10 15	16 22	↑	↑	↑	↑	↑	↑	↑	↑
	Fifth	13	65	↓	↓	↓	↓	↓	↓	↓	↓		↓	↓	1 3	2 4	3 6	5 8	9 12	14 17	22 25	↑	↑	↑	↑	↑	↑	↑	↑
	Sixth	13	78	↓	↓	↓	↓	↓	↓	↓	↓		↓	↓	1 3	3 5	4 6	7 9	12 14	18 20	27 29	↑	↑	↑	↑	↑	↑	↑	↑
	Seventh	13	91	↓	↓	↓	↓	↓	↓	↓	↓		↓	↓	2 3	4 5	6 7	9 10	14 15	21 22	32 33	↑	↑	↑	↑	↑	↑	↑	↑
J	First	20	20	↓	↓	↓	↓	↓	↓	↓	*	↓	↓	# 2	# 2	# 3	# 4	0 4	0 6	1 8	↑	↑	↑	↑	↑	↑	↑	↑	↑
	Second	20	40	↓	↓	↓	↓	↓	↓	↓		↓	↓	# 2	0 3	0 3	1 5	2 7	3 9	6 12	↑	↑	↑	↑	↑	↑	↑	↑	↑
	Third	20	60	↓	↓	↓	↓	↓	↓	↓		↓	↓	0 2	0 3	1 4	2 6	4 9	7 12	11 17	↑	↑	↑	↑	↑	↑	↑	↑	↑
	Fourth	20	80	↓	↓	↓	↓	↓	↓	↓		↓	↓	0 3	1 4	2 5	3 7	6 11	10 15	16 22	↑	↑	↑	↑	↑	↑	↑	↑	↑
	Fifth	20	100	↓	↓	↓	↓	↓	↓	↓		↓	↓	1 3	2 4	3 6	5 8	9 12	14 17	22 25	↑	↑	↑	↑	↑	↑	↑	↑	↑
	Sixth	20	120	↓	↓	↓	↓	↓	↓	↓		↓	↓	1 3	3 5	4 6	7 9	12 14	18 20	27 29	↑	↑	↑	↑	↑	↑	↑	↑	↑
	Seventh	20	140	↓	↓	↓	↓	↓	↓	↓		↓	↓	2 3	4 5	6 7	9 10	14 15	21 22	32 33	↑	↑	↑	↑	↑	↑	↑	↑	↑

多次 加嚴

↓ = 採用箭頭下第一個抽樣計畫，如樣本大小等於或超過批量時，則用 100%檢驗

↑ = 採用箭頭上第一個抽樣計畫

* = 採用對應的單次抽樣計畫（或採用下面的多次抽樣計畫)

++ = 採用對應的雙次抽樣計畫（或採用下面的多次抽樣計畫）

Ac = 允收數

Re = 拒收數

\# = 在此種樣本大小時，不能允收

表IV-B 加嚴檢驗多次抽樣計畫(主抽樣表)(續)

(See 9.4 and 9.5)

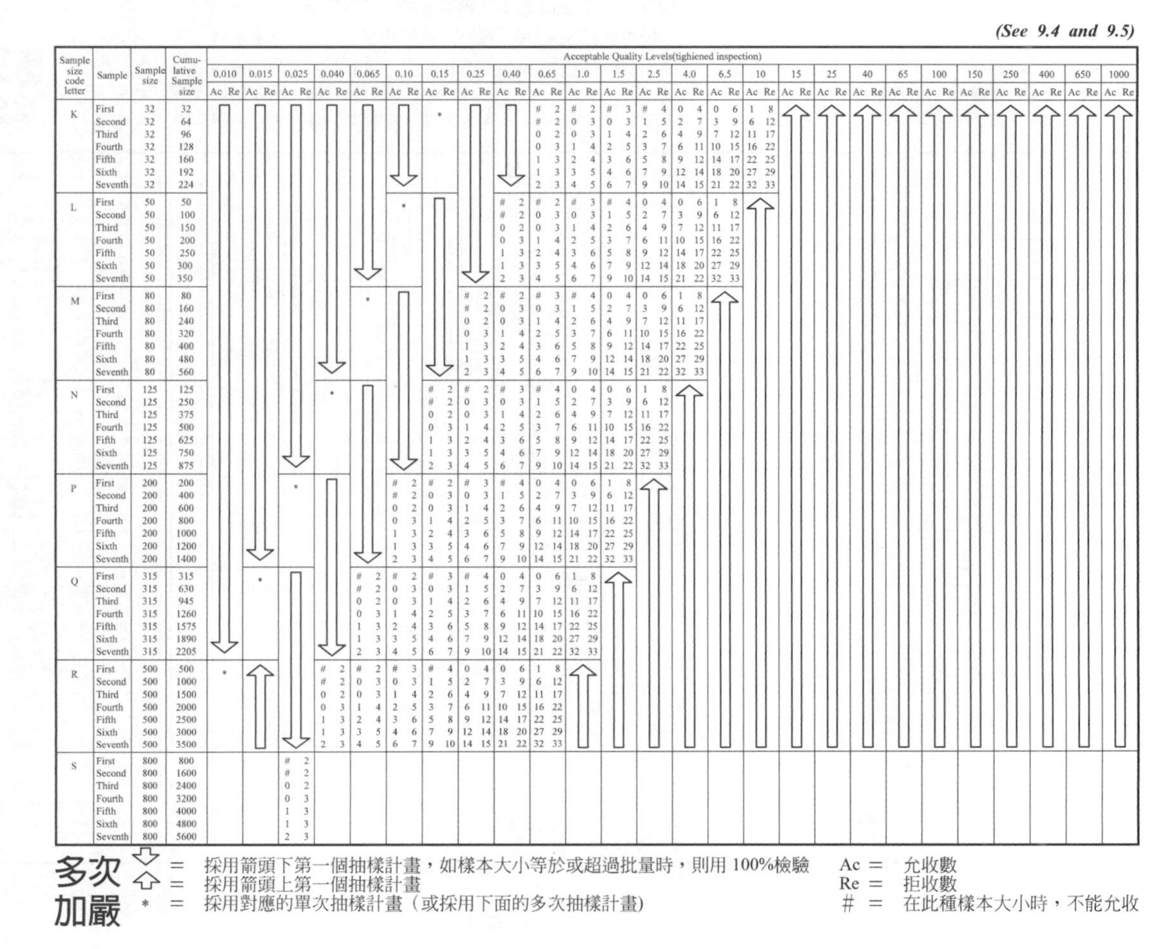

Sample size code letter	Sample	Sample size	Cumulative Sample size	0.010	0.015	0.025	0.040	0.065	0.10	0.15	0.25	0.40	0.65	1.0	1.5	2.5	4.0	6.5	10	15	25	40	65	100	150	250	400	650	1000
				Acceptable Quality Levels(tighiened inspection)																									
				Ac Re	Ac Re	Ac Re	Ac Re	Ac Re	Ac Re	Ac Re	Ac Re	Ac Re	Ac Re	Ac Re	Ac Re	Ac Re	Ac Re	Ac Re	Ac Re	Ac Re	Ac Re	Ac Re	Ac Re	Ac Re	Ac Re	Ac Re	Ac Re	Ac Re	Ac Re
K	First	32	32	↓	↓	↓	↓	↓	↓	*	↓	↓	# 2	# 2	# 3	# 4	0 4	0 6	1 8	↑	↑	↑	↑	↑	↑	↑	↑	↑	↑
	Second	32	64	↓	↓	↓	↓	↓	↓		↓	↓	# 2	0 3	0 3	1 5	2 7	3 9	6 12	↑	↑	↑	↑	↑	↑	↑	↑	↑	↑
	Third	32	96	↓	↓	↓	↓	↓	↓		↓	↓	0 2	0 3	1 4	2 6	4 9	7 12	11 17	↑	↑	↑	↑	↑	↑	↑	↑	↑	↑
	Fourth	32	128	↓	↓	↓	↓	↓	↓		↓	↓	0 3	1 4	2 5	3 7	6 11	10 15	16 22	↑	↑	↑	↑	↑	↑	↑	↑	↑	↑
	Fifth	32	160	↓	↓	↓	↓	↓	↓		↓	↓	1 3	2 4	3 6	5 8	9 12	14 17	22 25	↑	↑	↑	↑	↑	↑	↑	↑	↑	↑
	Sixth	32	192	↓	↓	↓	↓	↓	↓		↓	↓	1 3	3 5	4 6	7 9	12 14	18 20	27 29	↑	↑	↑	↑	↑	↑	↑	↑	↑	↑
	Seventh	32	224	↓	↓	↓	↓	↓	↓		↓	↓	2 3	4 5	6 7	9 10	14 15	21 22	32 33	↑	↑	↑	↑	↑	↑	↑	↑	↑	↑
L	First	50	50	↓	↓	↓	↓	↓	*	↓	↓	# 2	# 2	# 3	# 4	0 4	0 6	1 8	↑	↑	↑	↑	↑	↑	↑	↑	↑	↑	↑
	Second	50	100	↓	↓	↓	↓	↓		↓	↓	# 2	0 3	0 3	1 5	2 7	3 9	6 12	↑	↑	↑	↑	↑	↑	↑	↑	↑	↑	↑
	Third	50	150	↓	↓	↓	↓	↓		↓	↓	0 2	0 3	1 4	2 6	4 9	7 12	11 17	↑	↑	↑	↑	↑	↑	↑	↑	↑	↑	↑
	Fourth	50	200	↓	↓	↓	↓	↓		↓	↓	0 3	1 4	2 5	3 7	6 11	10 15	16 22	↑	↑	↑	↑	↑	↑	↑	↑	↑	↑	↑
	Fifth	50	250	↓	↓	↓	↓	↓		↓	↓	1 3	2 4	3 6	5 8	9 12	14 17	22 25	↑	↑	↑	↑	↑	↑	↑	↑	↑	↑	↑
	Sixth	50	300	↓	↓	↓	↓	↓		↓	↓	1 3	3 5	4 6	7 9	12 14	18 20	27 29	↑	↑	↑	↑	↑	↑	↑	↑	↑	↑	↑
	Seventh	50	350	↓	↓	↓	↓	↓		↓	↓	2 3	4 5	6 7	9 10	14 15	21 22	32 33	↑	↑	↑	↑	↑	↑	↑	↑	↑	↑	↑
M	First	80	80	↓	↓	↓	↓	*	↓	↓	# 2	# 2	# 3	# 4	0 4	0 6	1 8	↑	↑	↑	↑	↑	↑	↑	↑	↑	↑	↑	↑
	Second	80	160	↓	↓	↓	↓		↓	↓	# 2	0 3	0 3	1 5	2 7	3 9	6 12	↑	↑	↑	↑	↑	↑	↑	↑	↑	↑	↑	↑
	Third	80	240	↓	↓	↓	↓		↓	↓	0 2	0 3	1 4	2 6	4 9	7 12	11 17	↑	↑	↑	↑	↑	↑	↑	↑	↑	↑	↑	↑
	Fourth	80	320	↓	↓	↓	↓		↓	↓	0 3	1 4	2 5	3 7	6 11	10 15	16 22	↑	↑	↑	↑	↑	↑	↑	↑	↑	↑	↑	↑
	Fifth	80	400	↓	↓	↓	↓		↓	↓	1 3	2 4	3 6	5 8	9 12	14 17	22 25	↑	↑	↑	↑	↑	↑	↑	↑	↑	↑	↑	↑
	Sixth	80	480	↓	↓	↓	↓		↓	↓	1 3	3 5	4 6	7 9	12 14	18 20	27 29	↑	↑	↑	↑	↑	↑	↑	↑	↑	↑	↑	↑
	Seventh	80	560	↓	↓	↓	↓		↓	↓	2 3	4 5	6 7	9 10	14 15	21 22	32 33	↑	↑	↑	↑	↑	↑	↑	↑	↑	↑	↑	↑
N	First	125	125	↓	↓	↓	*	↓	↓	# 2	# 2	# 3	# 4	0 4	0 6	1 8	↑	↑	↑	↑	↑	↑	↑	↑	↑	↑	↑	↑	↑
	Second	125	250	↓	↓	↓		↓	↓	# 2	0 3	0 3	1 5	2 7	3 9	6 12	↑	↑	↑	↑	↑	↑	↑	↑	↑	↑	↑	↑	↑
	Third	125	375	↓	↓	↓		↓	↓	0 2	0 3	1 4	2 6	4 9	7 12	11 17	↑	↑	↑	↑	↑	↑	↑	↑	↑	↑	↑	↑	↑
	Fourth	125	500	↓	↓	↓		↓	↓	0 3	1 4	2 5	3 7	6 11	10 15	16 22	↑	↑	↑	↑	↑	↑	↑	↑	↑	↑	↑	↑	↑
	Fifth	125	625	↓	↓	↓		↓	↓	1 3	2 4	3 6	5 8	9 12	14 17	22 25	↑	↑	↑	↑	↑	↑	↑	↑	↑	↑	↑	↑	↑
	Sixth	125	750	↓	↓	↓		↓	↓	1 3	3 5	4 6	7 9	12 14	18 20	27 29	↑	↑	↑	↑	↑	↑	↑	↑	↑	↑	↑	↑	↑
	Seventh	125	875	↓	↓	↓		↓	↓	2 3	4 5	6 7	9 10	14 15	21 22	32 33	↑	↑	↑	↑	↑	↑	↑	↑	↑	↑	↑	↑	↑
P	First	200	200	↓	↓	*	↓	↓	# 2	# 2	# 3	# 4	0 4	0 6	1 8	↑	↑	↑	↑	↑	↑	↑	↑	↑	↑	↑	↑	↑	↑
	Second	200	400	↓	↓		↓	↓	# 2	0 3	0 3	1 5	2 7	3 9	6 12	↑	↑	↑	↑	↑	↑	↑	↑	↑	↑	↑	↑	↑	↑
	Third	200	600	↓	↓		↓	↓	0 2	0 3	1 4	2 6	4 9	7 12	11 17	↑	↑	↑	↑	↑	↑	↑	↑	↑	↑	↑	↑	↑	↑
	Fourth	200	800	↓	↓		↓	↓	0 3	1 4	2 5	3 7	6 11	10 15	16 22	↑	↑	↑	↑	↑	↑	↑	↑	↑	↑	↑	↑	↑	↑
	Fifth	200	1000	↓	↓		↓	↓	1 3	2 4	3 6	5 8	9 12	14 17	22 25	↑	↑	↑	↑	↑	↑	↑	↑	↑	↑	↑	↑	↑	↑
	Sixth	200	1200	↓	↓		↓	↓	1 3	3 5	4 6	7 9	12 14	18 20	27 29	↑	↑	↑	↑	↑	↑	↑	↑	↑	↑	↑	↑	↑	↑
	Seventh	200	1400	↓	↓		↓	↓	2 3	4 5	6 7	9 10	14 15	21 22	32 33	↑	↑	↑	↑	↑	↑	↑	↑	↑	↑	↑	↑	↑	↑
Q	First	315	315	↓	*	↓	↓	# 2	# 2	# 3	# 4	0 4	0 6	1 8	↑	↑	↑	↑	↑	↑	↑	↑	↑	↑	↑	↑	↑	↑	↑
	Second	315	630	↓		↓	↓	# 2	0 3	0 3	1 5	2 7	3 9	6 12	↑	↑	↑	↑	↑	↑	↑	↑	↑	↑	↑	↑	↑	↑	↑
	Third	315	945	↓		↓	↓	0 2	0 3	1 4	2 6	4 9	7 12	11 17	↑	↑	↑	↑	↑	↑	↑	↑	↑	↑	↑	↑	↑	↑	↑
	Fourth	315	1260	↓		↓	↓	0 3	1 4	2 5	3 7	6 11	10 15	16 22	↑	↑	↑	↑	↑	↑	↑	↑	↑	↑	↑	↑	↑	↑	↑
	Fifth	315	1575	↓		↓	↓	1 3	2 4	3 6	5 8	9 12	14 17	22 25	↑	↑	↑	↑	↑	↑	↑	↑	↑	↑	↑	↑	↑	↑	↑
	Sixth	315	1890	↓		↓	↓	1 3	3 5	4 6	7 9	12 14	18 20	27 29	↑	↑	↑	↑	↑	↑	↑	↑	↑	↑	↑	↑	↑	↑	↑
	Seventh	315	2205	↓		↓	↓	2 3	4 5	6 7	9 10	14 15	21 22	32 33	↑	↑	↑	↑	↑	↑	↑	↑	↑	↑	↑	↑	↑	↑	↑
R	First	500	500	*	↑	↓	# 2	# 2	# 3	# 4	0 4	0 6	1 8	↑	↑	↑	↑	↑	↑	↑	↑	↑	↑	↑	↑	↑	↑	↑	↑
	Second	500	1000		↑	↓	# 2	0 3	0 3	1 5	2 7	3 9	6 12	↑	↑	↑	↑	↑	↑	↑	↑	↑	↑	↑	↑	↑	↑	↑	↑
	Third	500	1500		↑	↓	0 2	0 3	1 4	2 6	4 9	7 12	11 17	↑	↑	↑	↑	↑	↑	↑	↑	↑	↑	↑	↑	↑	↑	↑	↑
	Fourth	500	2000		↑	↓	0 3	1 4	2 5	3 7	6 11	10 15	16 22	↑	↑	↑	↑	↑	↑	↑	↑	↑	↑	↑	↑	↑	↑	↑	↑
	Fifth	500	2500		↑	↓	1 3	2 4	3 6	5 8	9 12	14 17	22 25	↑	↑	↑	↑	↑	↑	↑	↑	↑	↑	↑	↑	↑	↑	↑	↑
	Sixth	500	3000		↑	↓	1 3	3 5	4 6	7 9	12 14	18 20	27 29	↑	↑	↑	↑	↑	↑	↑	↑	↑	↑	↑	↑	↑	↑	↑	↑
	Seventh	500	3500		↑	↓	2 3	4 5	6 7	9 10	14 15	21 22	32 33	↑	↑	↑	↑	↑	↑	↑	↑	↑	↑	↑	↑	↑	↑	↑	↑
S	First	800	800			# 2																							
	Second	800	1600			# 2																							
	Third	800	2400			0 2																							
	Fourth	800	3200			0 3																							
	Fifth	800	4000			1 3																							
	Sixth	800	4800			1 3																							
	Seventh	800	5600			2 3																							

多次 加嚴

⇩ = 採用箭頭下第一個抽樣計畫，如樣本大小等於或超過批量時，則用 100%檢驗

⇧ = 採用箭頭上第一個抽樣計畫

* = 採用對應的單次抽樣計畫（或採用下面的多次抽樣計畫）

Ac = 允收數

Re = 拒收數

= 在此種樣本大小時，不能允收

表IV-C　減量檢驗多次抽樣計畫(主抽樣表)

(See 9.4 and 9.5)

Sample size code letter	Sample	Sample size	Cumulative Sample size	Acceptable Quality Levels(reduced inspection)†																					
				0.010		0.015		0.025		0.040		0.065		0.10		0.15		0.25		0.40		0.65		1.0	
				Ac	Re	Ac	Re	Ac	Re	Ac	Re	Ac	Re	Ac	Re	Ac	Re	Ac	Re	Ac	Re	Ac	Re	Ac	Re
A				⇩		⇩		⇩		⇩		⇩		⇩		⇩		⇩		⇩		⇩		⇩	
B				⇩		⇩		⇩		⇩		⇩		⇩		⇩		⇩		⇩		⇩		⇩	
C				⇩		⇩		⇩		⇩		⇩		⇩		⇩		⇩		⇩		⇩		⇩	
D				⇩		⇩		⇩		⇩		⇩		⇩		⇩		⇩		⇩		⇩		⇩	
E				⇩		⇩		⇩		⇩		⇩		⇩		⇩		⇩		⇩		⇩		*	
F	First	2	2	⇩		⇩		⇩		⇩		⇩		⇩		⇩		⇩		⇩		*		⇧	
	Second	2	4																						
	Third	2	6																						
	Fourth	2	8																						
	Fifth	2	10																						
	Sixth	2	12																						
	Seventh	2	14																						
G	First	3	3	⇩		⇩		⇩		⇩		⇩		⇩		⇩		⇩		*		⇧		⇩	
	Second	3	6																						
	Third	3	9																						
	Fourth	3	12																						
	Fifth	3	15																						
	Sixth	3	18																						
	Seventh	3	21																						
H	First	5	5	⇩		⇩		⇩		⇩		⇩		⇩		⇩		*		⇧		⇩		#	2
	Second	5	10																					#	2
	Third	5	15																					0	2
	Fourth	5	20																					0	3
	Fifth	5	25																					0	3
	Sixth	5	30																					0	3
	Seventh	5	35																					1	3
J	First	8	8	⇩		⇩		⇩		⇩		⇩		⇩		*		⇧		⇩		#	2	#	2
	Second	8	16																			#	2	#	3
	Third	8	24																			0	2	0	3
	Fourth	8	32																			0	3	0	4
	Fifth	8	40																			0	3	0	4
	Sixth	8	48																			0	3	1	5
	Seventh	8	56																			1	3	1	5
K	First	13	13	⇩		⇩		⇩		⇩		⇩		*		⇧		⇩		#	2	#	2	#	3
	Second	13	36																	#	2	#	3	#	3
	Third	13	39																	0	2	0	3	0	4
	Fourth	13	52																	0	3	0	4	0	5
	Fifth	13	65																	0	3	0	4	1	6
	Sixth	13	78																	0	3	1	5	1	6
	Seventh	13	91																	1	3	1	5	2	7

Sample size code letter	Sample	Sample size	Cumulative Sample size	Acceptable Quality Levels(reduced inspection)†																													
				1.5		2.5		4.0		6.5		10		15		25		40		65		100		150		250		400		650		1000	
				Ac	Re	Ac	Re	Ac	Re	Ac	Re	Ac	Re	Ac	Re	Ac	Re	Ac	Re	Ac	Re	Ac	Re	Ac	Re	Ac	Re	Ac	Re	Ac	Re	Ac	Re
A				⇩		⇩		⇩		*		⇩		⇩		*		*		*		*		*		*		*		*		*	
B				⇩		⇩		*		⇧		⇩		*		*		*		*		*		*		*		*		*		*	
C				⇩		*		⇧		⇩		*		*		*		*		*		*		*		*		*		*		⇧	
D				*		⇧		⇩		++		++		++		++		++		++		++		++		++		++		⇧		⇧	
E				⇧		⇩		++		++		++		++		++		++		++		++		++		++		⇧		⇧		⇧	
F	First	2	2	⇩		#	2	#	2	#	3	#	3	#	4	#	4	0	5	0	6	⇧		⇧		⇧		⇧		⇧		⇧	
	Second	2	4			#	2	#	3	#	3	0	4	0	5	1	6	1	7	3	9												
	Third	2	6			0	2	0	3	0	4	0	5	1	6	2	8	3	9	6	12												
	Fourth	2	8			0	3	0	4	0	5	1	6	2	7	3	10	5	12	8	15												
	Fifth	2	10			0	3	0	4	1	6	2	7	3	8	5	11	7	13	11	17												
	Sixth	2	12			0	3	1	5	1	6	3	7	4	9	7	12	10	15	14	20												
	Seventh	2	14			1	3	1	5	2	7	4	8	6	10	9	14	13	17	18	22												
G	First	3	3	#	2	#	2	#	3	#	3	#	4	#	4	0	5	0	6	⇧		⇧		⇧		⇧		⇧		⇧		⇧	
	Second	3	6	#	2	#	3	#	3	0	4	0	5	1	6	1	7	3	9														
	Third	3	9	0	2	0	3	0	4	0	5	1	6	2	8	3	9	6	12														
	Fourth	3	12	0	3	0	4	0	5	1	6	2	7	3	10	5	12	8	15														
	Fifth	3	15	0	3	0	4	1	6	2	7	3	8	5	11	7	13	11	17														
	Sixth	3	18	0	3	1	5	1	6	3	7	4	9	7	12	10	15	14	20														
	Seventh	3	21	1	3	1	5	2	7	4	8	6	10	9	14	13	17	18	22														
H	First	5	5	#	2	#	3	#	3	#	4	#	4	0	5	0	6	⇧		⇧		⇧		⇧		⇧		⇧		⇧		⇧	
	Second	5	10	#	3	#	3	0	4	0	5	1	6	1	7	3	9																
	Third	5	15	0	3	0	4	0	5	1	6	2	8	3	9	6	12																
	Fourth	5	20	0	4	0	5	1	6	2	7	3	10	5	12	8	15																
	Fifth	5	25	0	4	1	6	2	7	3	8	5	11	7	13	11	17																
	Sixth	5	30	1	5	1	6	3	7	4	9	7	12	10	15	14	20																
	Seventh	5	35	1	5	2	7	4	8	6	10	9	14	13	17	18	22																
J	First	8	8	#	3	#	3	#	4	#	4	0	5	0	6	⇧		⇧		⇧		⇧		⇧		⇧		⇧		⇧		⇧	
	Second	8	16	#	3	0	4	0	5	1	6	1	7	3	9																		
	Third	8	24	0	4	0	5	1	6	2	8	3	9	6	12																		
	Fourth	8	32	0	5	1	6	2	7	3	10	5	12	8	15																		
	Fifth	8	40	1	6	2	7	3	8	5	11	7	13	11	17																		
	Sixth	8	48	1	6	3	7	4	9	7	12	10	15	14	20																		
	Seventh	8	56	2	7	4	8	6	10	9	14	13	17	18	22																		
K	First	13	13	#	3	#	4	#	4	0	5	0	6	⇧		⇧		⇧		⇧		⇧		⇧		⇧		⇧		⇧		⇧	
	Second	13	36	0	4	0	5	1	6	1	7	3	9																				
	Third	13	39	0	5	1	6	2	8	3	9	6	12																				
	Fourth	13	52	1	6	2	7	3	10	5	12	8	15																				
	Fifth	13	65	2	7	3	8	5	11	7	13	11	17																				
	Sixth	13	78	3	7	4	9	7	12	10	15	14	20																				
	Seventh	13	91	4	8	6	10	9	14	13	17	18	22																				

多次
減量

⇩ = 採用箭頭下第一個抽樣計畫，如樣本大小等於或超過批量時，則用 100%檢驗

⇧ = 採用箭頭上第一個抽樣計畫

* = 採用對應的單次抽樣計畫（或採用下面的雙次抽樣計畫）

† = 如在最後樣本以後，不良數超過允收數，但尚未達到拒收數，可允收該批，以後須回復到正常檢驗（參看 10.1.4）

++ = 採用對應的雙次抽樣計畫（或採用下面的多次抽樣計畫）

Ac = 允收數

Re = 拒收數

\# = 在此種樣本大小時，不能允收

表IV-C　減量檢驗多次抽樣計畫(主抽樣表)(續)

(See 9.4 and 9.5)

Sample size code letter	Sample	Sample size	Cumulative Sample size	Acceptable Quality Levels(reduced inspection)†																									
				0.010	0.015	0.025	0.040	0.065	0.10	0.15	0.25	0.40	0.65	1.0	1.5	2.5	4.0	6.5	10	15	25	40	65	100	150	250	400	650	1000
				Ac Re	Ac Re	Ac Re	Ac Re	Ac Re	Ac Re	Ac Re	Ac Re	Ac Re	Ac Re	Ac Re	Ac Re	Ac Re	Ac Re	Ac Re	Ac Re	Ac Re	Ac Re	Ac Re	Ac Re	Ac Re	Ac Re	Ac Re	Ac Re	Ac Re	Ac Re
L	First	20	20	⇩	⇩	⇩	⇩	*	⇧	⇩	# 2	# 2	# 3	# 3	# 4	# 4	0 5	0 6	⇧	⇧	⇧	⇧	⇧	⇧	⇧	⇧	⇧	⇧	⇧
	Second	20	40								# 2	# 3	# 3	0 4	0 5	1 6	1 7	3 9											
	Third	20	60								0 2	0 3	0 4	0 5	1 6	2 8	3 9	6 12											
	Fourth	20	80								0 3	0 4	0 5	1 6	2 7	3 10	5 12	8 15											
	Fifth	20	100								0 3	0 4	1 6	2 7	3 8	5 11	7 13	11 17											
	Sixth	20	120								0 3	1 5	1 6	3 7	4 9	7 12	10 15	14 20											
	Seventh	20	140								1 3	1 5	2 7	4 8	6 10	9 14	13 17	18 22											
M	First	32	32	⇩	⇩	⇩	*	⇧	⇩	# 2	# 2	# 3	# 3	# 4	# 4	0 5	0 6	⇧	⇧	⇧	⇧	⇧	⇧	⇧	⇧	⇧	⇧	⇧	⇧
	Second	32	64							# 2	# 3	# 3	0 4	0 5	1 6	1 7	3 9												
	Third	32	96							0 2	0 3	0 4	0 5	1 6	2 8	3 9	6 12												
	Fourth	32	128							0 3	0 4	0 5	1 6	2 7	3 10	5 12	8 15												
	Fifth	32	160							0 3	0 4	1 6	2 7	3 8	5 11	7 13	11 17												
	Sixth	32	192							0 3	1 5	1 6	3 7	4 9	7 12	10 15	14 20												
	Seventh	32	224							1 3	1 5	2 7	4 8	6 10	9 14	13 17	18 22												
N	First	50	50	⇩	⇩	*	⇧	⇩	# 2	# 2	# 3	# 3	# 4	# 4	0 5	0 6	⇧	⇧	⇧	⇧	⇧	⇧	⇧	⇧	⇧	⇧	⇧	⇧	⇧
	Second	50	100						# 2	# 3	# 3	0 4	0 5	1 6	1 7	3 9													
	Third	50	150						0 2	0 3	0 4	0 5	1 6	2 8	3 9	6 12													
	Fourth	50	200						0 3	0 4	0 5	1 6	2 7	3 10	5 12	8 15													
	Fifth	50	250						0 3	0 4	1 6	2 7	3 8	5 11	7 13	11 17													
	Sixth	50	300						0 3	1 5	1 6	3 7	4 9	7 12	10 15	14 20													
	Seventh	50	350						1 3	1 5	2 7	4 8	6 10	9 14	13 17	18 22													
P	First	80	80	⇩	*	⇧	⇩	# 2	# 2	# 3	# 3	# 4	# 4	0 5	0 6	⇧	⇧	⇧	⇧	⇧	⇧	⇧	⇧	⇧	⇧	⇧	⇧	⇧	⇧
	Second	80	160					# 2	# 3	# 3	0 4	0 5	1 6	1 7	3 9														
	Third	80	240					0 2	0 3	0 4	0 5	1 6	2 8	3 9	6 12														
	Fourth	80	320					0 3	0 4	0 5	1 6	2 7	3 10	5 12	8 15														
	Fifth	80	400					0 3	0 4	1 6	2 7	3 8	5 11	7 13	11 17														
	Sixth	80	480					0 3	1 5	1 6	3 7	4 9	7 12	10 15	14 20														
	Seventh	80	560					1 3	1 5	2 7	4 8	6 10	9 14	13 17	18 22														
Q	First	125	125	*	⇧	⇩	# 2	# 2	# 3	# 3	# 4	# 4	0 5	0 6	⇧	⇧	⇧	⇧	⇧	⇧	⇧	⇧	⇧	⇧	⇧	⇧	⇧	⇧	⇧
	Second	125	250				# 2	# 3	# 3	0 4	0 5	1 6	1 7	3 9															
	Third	125	375				0 2	0 3	0 4	0 5	1 6	2 8	3 9	6 12															
	Fourth	125	500				0 3	0 4	0 5	1 6	2 7	3 10	5 12	8 15															
	Fifth	125	625				0 3	0 4	1 6	2 7	3 8	5 11	7 13	11 17															
	Sixth	125	750				0 3	1 5	1 6	3 7	4 9	7 12	10 15	14 20															
	Seventh	125	875				1 3	1 5	2 7	4 8	6 10	9 14	13 17	18 22															
R	First	200	200	⇧	⇧	# 2	# 2	# 3	# 3	# 4	# 4	0 5	0 6	⇧	⇧	⇧	⇧	⇧	⇧	⇧	⇧	⇧	⇧	⇧	⇧	⇧	⇧	⇧	⇧
	Second	200	400			# 2	# 3	# 3	0 4	0 5	1 6	1 7	3 9																
	Third	200	600			0 2	0 3	0 4	0 5	1 6	2 8	3 9	6 12																
	Fourth	200	800			0 3	0 4	0 5	1 6	2 7	3 10	5 12	8 15																
	Fifth	200	1000			0 3	0 4	1 6	2 7	3 8	5 11	7 13	11 17																
	Sixth	200	1200			0 3	1 5	1 6	3 7	4 9	7 12	10 15	14 20																
	Seventh	200	1400			1 3	1 5	2 7	4 8	6 10	9 14	13 17	18 22																

⇩ ＝ 採用箭頭下第一個抽樣計畫，如樣本大小等於或超過批量時，則用 100%檢驗

⇧ ＝ 採用箭頭上第一個抽樣計畫（必要時參考前頁）

Ac ＝ 允收數

Re ＝ 拒收數

\# ＝ 在此種樣本大小時，不能允收

† ＝ 如在最後樣本以後，不良數超過允收數，但尚未達到拒收數，可允收該批，惟以後須回復到正常檢驗（參看 10.1.4）

多次減量

表 V-A　正常檢驗的平均出廠品質界限係數(單次抽樣)

(*See 11.4*)

Code Letter	Sample Size	Accepatable Quality Level																									
		0.010	0.015	0.025	0.040	0.065	0.10	0.15	0.25	0.40	0.65	1.0	1.5	2.5	4.0	6.5	10	15	25	40	65	100	150	250	400	650	1000
A	2															18			42	69	97	160	220	330	470	730	1100
B	3														12		17	28	46	65	110	150	220	310	490	720	1100
C	5													7.4				27	39	63	90	130	190	290	430	660	
D	8															11	17	24	40	56	82	120	180	270	410		
E	13											2.8	4.6		6.5	11	15	24	34	50	72	110	170	250			
F	20										1.8			4.2	6.9	9.7	16	22	33	47	73						
G	32												2.6	4.3	6.1	9.9	14	21	29	46							
H	50								0.74	1.2		1.7	2.7	3.9	6.3	9.0	13	19	29								
J	80							0.46			11	1.7	2.4	4.0	5.6	8.2	12	18									
K	125						0.29			0.67	1.1	1.6	2.5	3.6	5.2	7.5											
L	200					0.18			0.42	0.69	0.97	1.6	2.2	3.3	4.7	7.3	12										
M	315				0.12			0.27	0.44	0.62	1.00	1.4	2.1	3.0	4.7												
N	500			0.074			0.17	0.27	0.39	0.63	0.90	1.3	1.9	2.9													
P	800		0.046			0.11	0.17	0.24	0.40	0.56	0.82	1.2	1.8														
Q	1250	0.029			0.067	0.11	0.16	0.25	0.36	0.52	0.75	1.2															
R	2000			0.042	0.069	0.097	0.16	0.22	0.33	0.47	0.73																

AOQL 正常

註：欲求正確的 AOQL 值，須將表內數值乘以 $\left(1-\frac{\text{樣本大小}}{\text{批量}}\right)$

表V-B　加嚴檢驗的平均出廠品質界限係數(單次抽樣)　　(*See 11.4*)

Code Letter	Sample Size	Accepatable Quality Level																									
		0.010	0.015	0.025	0.040	0.065	0.10	0.15	0.25	0.40	0.65	1.0	1.5	2.5	4.0	6.5	10	15	25	40	65	100	150	250	400	650	1000
A	2																			42	69	97	160	260	400	620	970
B	3														7.4	12		17	28	46	65	110	170	270	410	650	1100
C	5																		27	39	63	100	160	260	390	610	
D	8															6.5	11	17	24	40	64	99	160	240			
E	13											1.8	2.8	4.6		6.9	11	15	24	40	61	95	150	240	380		
F	20														4.2		9.7	16	26	40	62						
G	32										1.2			2.6	4.3	6.1	9.9	16	25	39							
H	50									0.74			1.7	2.7	3.9	6.3	10	16	25								
J	80								0.46			1.1	1.7	2.4	4.0	6.4	9.9	16									
K	125							0.29			0.67	1.1	1.6	2.5	4.1	6.4	9.9										
L	200						0.18			0.42	0.69	0.97	1.6	2.6	4.0	6.2											
M	315					0.12			0.27	0.44	0.62	1.0	1.6	2.5	3.9												
N	500				0.074			0.17	0.27	0.39	0.63	1.0	1.6	2.5													
P	800			0.046			0.11	0.17	0.24	0.40	0.64	0.99	1.6														
Q	1250		0.029			0.067	0.11	0.16	0.25	0.41	0.64	0.99															
R	2000	0.018				0.069	0.097	0.16	0.26	0.40	0.62																
S	3150			0.027	0.042																						

AOQL 加嚴

註：欲求正確的 AOQL 值，須將表內數值乘以 $\left(1-\frac{\text{樣本大小}}{\text{批量}}\right)$

表VI-A　Pa = 10 %時的界限品質(不良率) (用於正常檢驗，單次抽樣)　(*See 11.6*)

Code Letter	Sample Size	Acceptable Quality Level															
		0.010	0.015	0.025	0.040	0.065	0.10	0.15	0.25	0.40	0.65	1.0	1.5	2.5	4.0	6.5	10
A	2															68	
B	3														54		
C	5													37			58
D	8												25			41	54
E	13											16			27	36	44
F	20										11			18	25	30	42
G	32									6.9			12	16	20	27	34
H	50								4.5			7.6	10	13	18	22	29
J	80							2.8			4.8	6.5	8.2	11	14	19	24
K	125						1.8			3.1	4.3	5.4	7.4	9.4	12	16	23
L	200					1.2			2.0	2.7	3.3	4.6	5.9	7.7	10	14	
M	315				0.73			1.2	1.7	2.1	2.9	3.7	4.9	6.4	9.0		
N	500			0.46			0.78	1.1	1.3	1.9	2.4	3.1	4.0	5.6			
P	800		0.29			0.49	0.67	0.84	1.2	1.5	1.9	2.5	3.5				
Q	1250	0.18			0.31	0.43	0.53	0.74	0.94	1.2	1.6	2.3					
R	2000			0.20	0.27	0.33	0.46	0.59	0.77	1.0	1.4						

LQ(不良數)
10.0 %

表VI-B　Pa = 10 %時的界限品質(百件缺點數) (用於正常檢驗，單次抽樣)　(*See 11.6*)

Code Letter	Sample Size	Accepatable Quality Level																									
		0.010	0.015	0.025	0.040	0.065	0.10	0.15	0.25	0.40	0.65	1.0	1.5	2.5	4.0	6.5	10	15	25	40	65	100	150	250	400	650	1000
A	2															120			200	270	330	460	590	770	1000	1400	1900
B	3														77			130	180	220	310	390	510	670	940	1300	1800
C	5													46			78	110	130	190	240	310	400	560	770	1100	
D	8												29			49	67	84	120	150	190	250	350	480	670		
E	13											18			30	41	51	71	91	120	160	220	300	410			
F	20										12			20	27	33	46	59	77	100	140						
G	32									7.2			12	17	21	29	37	48	63	88							
H	50								4.6			7.8	11	13	19	24	31	40	56								
J	80							2.9			4.9	6.7	8.4	12	15	19	25	35									
K	125						1.8			3.1	4.3	5.4	7.4	9.4	12	16	23										
L	200					1.2			2.0	2.7	3.3	4.6	5.9	7.7	10	14											
M	315				0.73			1.2	1.7	2.1	2.9	3.7	4.9	6.4	9.0												
N	500			0.46			0.78	1.1	1.3	1.9	2.4	3.1	4.0	5.6													
P	800		0.29			0.49	0.67	0.84	1.2	1.5	1.9	2.5	3.5														
Q	1250	0.18			0.31	0.43	0.53	0.74	0.94	1.2	1.6	2.3															
R	2000			0.20	0.27	0.33	0.46	0.59	0.77	1.0	1.4																

LQ(缺點數)

10 %

表Ⅶ-A　Pa ＝ 5 %時的界限品質(不良率) (用於正常檢驗，單次抽樣)　***(See 11.6)***

Code Letter	Sample Size	Acceptable Quality Level															
		0.010	0.015	0.025	0.040	0.065	0.10	0.15	0.25	0.40	0.65	1.0	1.5	2.5	4.0	6.5	10
A	2															78	
B	3														63		
C	5													45			66
D	8												31			47	60
E	13											21			32	41	50
F	20										14			22	28	34	46
G	32									8.9			14	18	23	30	37
H	50								5.8			9.1	12	15	20	25	32
J	80							3.7			5.8	7.7	9.4	13	16	20	26
K	125						2.4			3.8	5.0	6.2	8.4	11	14	18	24
L	200					1.5			2.4	3.2	3.9	5.3	6.6	8.5	11	15	
M	315				0.95			1.5	2.0	2.5	3.3	4.2	5.4	7.0	9.6		
N	500			0.60			0.95	1.3	1.6	2.1	2.6	3.4	4.4	6.1			
P	800		0.38			0.59	0.79	0.97	1.3	1.6	2.1	2.7	3.8				
Q	1250	0.24			0.38	0.50	0.62	0.84	1.1	1.4	1.8	2.4					
R	2000			0.24	0.32	0.39	0.53	0.66	0.85	1.1	1.5						

LQ(不良數)
5.0 %

表Ⅶ-B　Pa = 5％時的界限品質(百件缺點數)(用於正常檢驗，單次抽樣)　(*See 11.6*)

Code Letter	Sample Size	Accepatable Quality Level																									
		0.010	0.015	0.025	0.040	0.065	0.10	0.15	0.25	0.40	0.65	1.0	1.5	2.5	4.0	6.5	10	15	25	40	65	100	150	250	400	650	1000
A	2															150			240	320	390	530	660	850	1100	1500	2000
B	3														100			160	210	260	350	440	570	730	1000	1400	1900
C	5													60			95	130	160	210	260	340	440	610	810	1100	
D	8												38			59	79	97	130	160	210	270	380	510	710		
E	13											23			37	48	60	81	100	130	170	230	310	440			
F	20										15			24	32	39	53	66	85	110	150						
G	32									9.4			15	20	24	33	41	53	68	95							
H	50								6.0			9.5	13	16	21	26	34	44	61								
J	80							3.8			5.9	7.9	9.7	13	16	21	27	38									
K	125						2.4		2.4	3.8	5.0	6.2	8.4	11	14	18	24										
L	200					1.5			2.0	3.2	3.9	5.3	6.6	8.5	11	15											
M	315				0.95			1.5		2.5	3.3	4.2	5.4	7.0	9.6												
N	500			0.60			0.95	1.3	1.6	2.1	2.6	3.4	4.4	6.1													
P	800		0.38			0.59	0.79	0.97	1.3	1.6	2.1	2.7	3.8														
Q	1250	0.24			0.38	0.50	0.62	0.84	1.1	1.4	1.8	2.4															
R	2000			0.24	0.32	0.39	0.53	0.66	0.85	1.1	1.5																

LQ(缺點數)

5％

表VIII　減量檢驗的界限值

(*See 8.3.3*)

Number of sample units from last 10 lota or batches	Accepatable Quality Level																								
	0.010	0.015	0.025	0.040	0.065	0.10	0.15	0.25	0.40	0.65	1.0	1.5	2.5	4.0	6.5	10	15	25	40	65	100	150	250	400	650	1000
20-29	*	*	*	*	*	*	*	*	*	*	*	*	*	*	*	0	0	2	4	8	14	22	40	68	115	181
30-49	*	*	*	*	*	*	*	*	*	*	*	*	*	*	0	0	1	3	7	13	22	35	63	105	176	277
50-79	*	*	*	*	*	*	*	*	*	*	*	*	*	0	0	2	3	7	14	25	40	63	110	181	301	
80-129	*	*	*	*	*	*	*	*	*	*	*	*	0	0	2	4	7	14	24	42	68	105	181	297		
130-199	*	*	*	*	*	*	*	*	*	*	*	0	0	2	4	7	13	25	42	72	115	177	301	490		
200-319	*	*	*	*	*	*	*	*	*	*	0	0	2	4	8	14	22	40	68	115	181	277	471			
320-499	*	*	*	*	*	*	*	*	*	0	0	1	4	8	14	24	39	68	113	109						
500-799	*	*	*	*	*	*	*	*	0	0	2	3	7	14	25	40	63	110	181							
800-1249	*	*	*	*	*	*	*	0	0	2	4	7	14	24	42	68	105	181								
1250-1999	*	*	*	*	*	*	0	0	2	4	7	13	24	40	69	110	169									
2000-3149	*	*	*	*	*	0	0	2	4	8	14	22	40	68	115	181										
3150-4999	*	*	*	*	0	0	1	4	8	14	24	38	67	111	185											
5000-7999	*	*	*	0	0	2	3	7	14	25	40	63	110	181												
8000-12499	*	*	0	0	2	4	7	14	24	42	68	105	181													
12500-19999	*	0	0	2	4	7	13	24	40	69	110	169														
20000-31499	0	0	2	4	8	14	22	40	68	115	181															
31500-49999	0	1	4	8	14	24	36	67	111	186																
50000 & Over	2	3	7	14	25	40	63	110	181	301																

界限值　表示在此種 AQL 下，從最近 10 批中所抽取的樣本單位數，尚不足以採用減量檢驗。
在本例中，可用 10 批以上來作計算，但須爲最近連續的批，並均採用正常檢驗。
而在原來檢驗中從未有一批被拒收者。

國家圖書館出版品預行編目資料

品質管制 / 王獻彰編著. -- 三版. -- 臺北縣
土城市 : 全華圖書, 2009.06
面 ; 公分

ISBN 978-957-21-7199-8(平裝)
1. 品質管制
494.56 98008977

品質管制

編著 / 王獻彰
執行編輯 / 朱孝慈
發行人 / 陳本源
出版者 / 全華圖書股份有限公司
郵政帳號 / 0100836-1 號
印刷者 / 宏懋打字印刷股份有限公司
圖書編號 / 0223702
三版八刷 / 2020 年 1 月
定價 / 新台幣 340 元
ISBN / 978-957-21-7199-8
全華圖書 / www.chwa.com.tw
全華網路書店 Open Tech / www.opentech.com.tw
若您對書籍內容、排版印刷有任何問題，歡迎來信指導 book@chwa.com.tw

臺北總公司(北區營業處)
地址：23671 新北市土城區忠義路 21 號
電話：(02) 2262-5666
傳真：(02) 6637-3695、6637-3696

南區營業處
地址：80769 高雄市三民區應安街 12 號
電話：(07) 862-9123
傳真：(07) 862-5562

中區營業處
地址：40256 臺中市南區樹義一巷 26 號
電話：(04) 2261-8485
傳真：(04) 3600-9806

歡迎加入 全華會員

● 會員獨享

會員享購書折扣、紅利積點、生日禮金、不定期優惠活動…等。

● 如何加入會員

填妥讀者回函卡直接傳真（02）2262-0900 或寄回，將由專人協助登入會員資料，待收到 E-MAIL 通知後即可成為會員。

如何購買 全華書籍

1. 網路購書

全華網路書店「http://www.opentech.com.tw」，加入會員購書更便利，並享有紅利積點回饋等各式優惠。

2. 全華門市、全省書局

歡迎至全華門市（新北市土城區忠義路 21 號）或全省各大書局、連鎖書店選購。

3. 來電訂購

(1) 訂購專線：(02) 2262-5666 轉 321-324
(2) 傳真專線：(02) 6637-3696
(3) 郵局劃撥（帳號：0100836-1　戶名：全華圖書股份有限公司）
※　購書未滿一千元者，酌收運費 70 元。

全華網路書店 www.opentech.com.tw
E-mail: service@chwa.com.tw

※ 本會員制如有變更則以最新修訂制度為準，造成不便請見諒。

廣　告　回　信
板橋郵局登記證
板橋廣字第540號

行銷企劃部　收

23671 新北市土城區忠義路 21 號
全華圖書股份有限公司

讀者回函卡

填寫日期：　/　/

姓名：＿＿＿＿ 生日：西元＿＿年＿＿月＿＿日 性別：□男 □女

電話：（ ）＿＿＿＿ 傳真：（ ）＿＿＿＿ 手機：＿＿＿＿

e-mail：（必填）＿＿＿＿

註：數字零，請用 Φ 表示，數字 1 與英文 L 請另註明並書寫端正，謝謝。

通訊處：□□□□□＿＿＿＿

學歷：□博士 □碩士 □大學 □專科 □高中・職

職業：□工程師 □教師 □學生 □軍・公 □其他

學校 / 公司：＿＿＿＿ 科系 / 部門：＿＿＿＿

・需求書類：

□A. 電子 □B. 電機 □C. 計算機工程 □D. 資訊 □E. 機械 □F. 汽車 □I. 工管 □J. 土木

□K. 化工 □L. 設計 □M. 商管 □N. 日文 □O. 美容 □P. 休閒 □Q. 餐飲 □B. 其他

・本次購買圖書為：＿＿＿＿ 書號：＿＿＿＿

・您對本書的評價：

封面設計：□非常滿意 □滿意 □尚可 □需改善，請說明＿＿＿＿

內容表達：□非常滿意 □滿意 □尚可 □需改善，請說明＿＿＿＿

版面編排：□非常滿意 □滿意 □尚可 □需改善，請說明＿＿＿＿

印刷品質：□非常滿意 □滿意 □尚可 □需改善，請說明＿＿＿＿

書籍定價：□非常滿意 □滿意 □尚可 □需改善，請說明＿＿＿＿

整體評價：請說明＿＿＿＿

・您在何處購買本書？

□書局 □網路書店 □書展 □團購 □其他＿＿＿＿

・您購買本書的原因？（可複選）

□個人需要 □幫公司採購 □親友推薦 □老師指定之課本 □其他＿＿＿＿

・您希望全華以何種方式提供出版訊息及特惠活動？

□電子報 □DM □廣告（媒體名稱＿＿＿＿）

・您是否上過全華網路書店？（www.opentech.com.tw）

□是 □否 您的建議＿＿＿＿

・您希望全華出版那方面書籍？＿＿＿＿

・您希望全華加強那些服務？＿＿＿＿

～感謝您提供寶貴意見，全華將秉持服務的熱忱，出版更多好書，以饗讀者。

全華網路書店 http://www.opentech.com.tw　客服信箱 service@chwa.com.tw

2011.03 修訂

親愛的讀者：

感謝您對全華圖書的支持與愛護，雖然我們很慎重的處理每一本書，但恐仍有疏漏之處，若您發現本書有任何錯誤，請填寫於勘誤表內寄回，我們將於再版時修正，您的批評與指教是我們進步的原動力，謝謝！

全華圖書　敬上

勘誤表

書號		書名		作者	
頁數	行數	錯誤或不當之詞句		建議修改之詞句	

我有話要說：（其它之批評與建議，如封面、編排、內容、印刷品質等・・・）